高等学校教材

HUNNINGTU JIBEN GOUJIAN JI YUANLI

混凝土基本构件及原理

主 编 陈昌宏 黄 莺 姚 尧

编 者 陈昌宏 黄 莺 姚 尧 陈安英
余 波 林基础 朱彦飞 宫 贺
张 倩 伍 妍

主 审 张洵安

西北工業大學出版社

西 安

【内容简介】 本书基于最新的混凝土结构设计规范和国家一级注册结构工程师考试案例而编写。内容涵盖混凝土结构的材料、理论公式计算和构造要求，强调实际工程中的应用环节，能更好地适应当前混凝土结构课程教学的发展。

本书可供从事土木工程和结构工程设计的技术人员和科研人员以及高等学校的本科生和研究生参考使用。

图书在版编目(CIP)数据

混凝土基本构件及原理/陈昌宏，黄莺，姚尧主编．—西安：西北工业大学出版社，2018.6

ISBN 978-7-5612-5954-2

Ⅰ.①混… Ⅱ.①陈… ②黄… ③姚… Ⅲ.①混凝土结构—结构构件 Ⅳ.①TU528

中国版本图书馆 CIP 数据核字(2018)第 096106 号

策划编辑：雷　军

责任编辑：张　潼

出版发行：西北工业大学出版社

通信地址：西安市友谊西路 127 号　　邮编：710072

电　　话：(029)88493844　88491757

网　　址：www.nwpup.com

印 刷 者：陕西博闻印务有限责任公司

开　　本：787 mm×1 092 mm　　1/16

印　　张：14.25

字　　数：343 千字

版　　次：2018 年 6 月第 1 版　　2018 年 6 月第 1 次印刷

定　　价：40.00 元

前　　言

本教材是根据全国高校土木工程专业指导委员会审定通过的教学大纲编写的，属专业基础课教材。全书共10章，内容包括混凝土的结构概述，钢筋混凝土材料的基本性能，结构可靠度及结构设计方法，受弯构件正截面承载力，受压构件正截面承载力，受拉构件正截面承载力，受压构件正截面承载力，构件斜截面承载力，受扭构件扭曲截面受力性能与设计，正常使用极限状态验算及耐久性设计。为了满足读者需要，本教材按照最新颁布的国家标准《混凝土结构设计规范》(GB 50010－2002)和《建筑结构荷载规范》(GB 50009－2012)进行编写。

本教材的特色是除了对钢筋混凝土基本构件做了较为详细的叙述之外，结合全国注册工程委员会颁布的一级、二级注册结构工程师考试中对混凝土部分应掌握的重难点配置了大量的注册工程师考试例题及其标准解答，充分满足了结合理论与实际应用的要求。

本教材被列为西北工业大学校级规划教材，由西北工业大学陈昌宏副教授、西安建筑科技大学黄莺副教授、西北工业大学姚尧教授任主编，西北工业大学张洵安教授主审。参加具体编写的有陈昌宏(第1,2,3,4章)，黄莺(第5,6,7,8章)，姚尧(第9,10章)，合肥工业大学陈安英副教授参与了第3,4章的编写，南京工业大学的余波博士参与了第10章的编写，郑州大学的林基础博士参与了第7,8章的编写，西北工业大学研究生朱彦飞、宫贺、张倩、伍研参与了书中计算案例的编写和校对工作，在此一并感谢。

限于水平，书中如有不妥之处，请批评指正。

编　者

2018年2月

目　录

第1章　混凝土结构概述

本章在本课程中的作用

· 对混凝土结构的概念和本课程内容形成总体了解

本章的主要内容

· 混凝土结构的基本概念和特点

· 混凝土结构的应用及发展

· 混凝土结构设计原理的基本内容和学习方法

1.1　混凝土结构的基本概念和特点

1.1.1　混凝土结构的基本概念

混凝土结构是以混凝土为主要材料制成的结构，包括：①素混凝土结构；②钢筋混凝土结构；③预应力混凝土结构；④型钢混凝土结构；⑤纤维混凝土结构。图1-1所示为几种混凝土结构。

图1-1　混凝土结构示意图

(a)素混凝土结构；(b)钢筋混凝土结构；(c)预应力混凝土；(d)钢管混凝土

素混凝土梁的破坏特征为断裂破坏，承载能力和变形能力均很低，属脆性破坏。

钢筋混凝土梁的破坏特征为受拉钢筋应力先达到其屈服强度，受压区混凝土最后被压坏，承载能力和变形能力均较高，属延性破坏。

钢筋混凝土梁的极限承载力和变形能力大大超过同样条件的素混凝土梁，如图 1-2(b)所示。

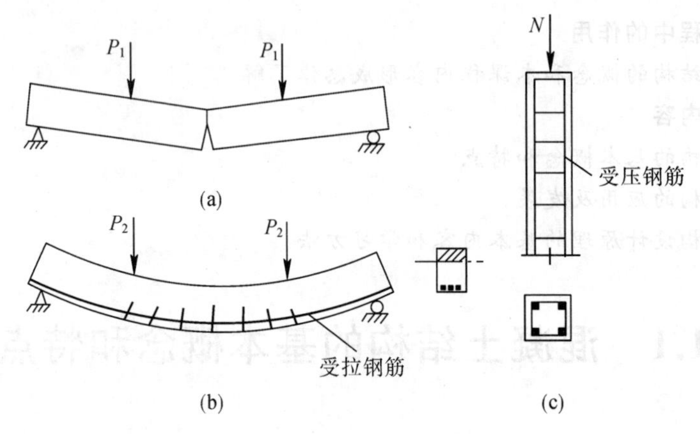

图 1-2　素混凝土梁及钢筋混凝土梁

钢筋与混凝土两种材料共同工作的基础：①钢筋与混凝土之间存在黏结力，使两者能协调变形，共同工作；②钢筋与混凝土两种材料的温度线膨胀系数很接近，钢材料为 1.2×10^{-5}，混凝土为 $(1.0\sim1.5)\times10^{-5}$，使两者间的黏结力免遭破坏；③混凝土对钢筋起保护和固定作用，提高了混凝土结构的耐久性和耐火性等；④钢筋的端部，留一定的锚固长度或做弯钩，防止受力钢筋被拔出或产生较大滑移。

1.1.2　混凝土结构的特点

混凝土结构的主要优点有：①就地取材；②耐久性；③耐火性；④整体性；⑤可模性；⑥节约钢材。

混凝土结构也具有下列缺点：①自重大；②抗裂性差；③需用模板。

改进措施：①可采用 T 形、I 形、箱形等更合理的构件截面形式，轻质、高强混凝土及预应力混凝土可减小结构自身重力并提高其抗裂性；②采用可重复使用的钢模板会降低工程造价；③采用预制装配式结构，可以改善混凝土结构的制作条件，少受或不受气候条件的影响，并能提高工程质量及加快施工进度等。

1.2　混凝土结构的发展及应用

1.2.1　发展阶段

第一阶段(1850—1920 年)：仅能建造一些小型的梁、板、柱、基础等构件；按弹性理论进行结构设计。

第二阶段(1920—1950年):已建成各种空间结构;发明了预应力混凝土并应用于实际工程;开始按破损安全理论进行构件截面设计。

第三阶段(1950—1980年):材料强度的提高,混凝土单层房屋和桥梁结构的跨度不断增大;混凝土高层建筑的高度已达262 m;结构构件设计已过渡到按极限状态的设计方法。

第四阶段(1980年以后):全面发展;结构构件的设计已采用以概率理论为基础的极限状态设计方法。

1.2.2　应用

(1)混凝土强度:C50~C80级混凝土甚至更高强度混凝土的应用已较普遍。

(2)房屋建筑:钢筋混凝土楼盖和屋盖。其中包括:

・单层厂房:很多采用钢筋混凝土柱、基础,钢筋混凝土或预应力混凝土屋架及薄腹梁等。

・高层建筑:混凝土结构体系的应用甚为广泛。

(3)桥梁工程:中、小跨度桥梁绝大部分采用混凝土结构建造,大跨度桥梁也有相当多的是采用混凝土结构建造。

(4)隧道及地下工程:多采用混凝土结构建造。

(5)水利工程:水电站、拦洪坝、引水渡槽、污水排灌管等均采用钢筋混凝土结构。

(6)特种结构:烟囱、水塔、筒仓、储水池、电视塔、核电站反应堆安全壳、近海采油平台等也有很多采用混凝土结构建造。

1.2.3　混凝土拓展应用

・高性能混凝土(high performance concrete)结构。

・纤维增强混凝土(fibre reinforced concrete)结构。

・活性粉末混凝土(Reactive Powder Concrete,RPC)。

・工程化的纤维增强水泥基复合材料(Engineered Cementitious Composites,ECC)。

1.3　本课程的主要内容及特点

1.3.1　主要内容

1.混凝土结构的基本构件

(1)受弯构件,如梁、板等。这类构件的截面上有弯矩作用,故称为受弯构件。与此同时,构件截面上也有剪力存在。

(2)受压构件,如柱、墙等。这类构件都有压力作用。当压力沿构件纵轴作用在构件截面上时,则为轴心受压构件;如果压力在截面上不是沿纵轴作用或截面上同时有压力和弯矩作用时，则为偏心受压构件。

(3)受拉构件，如屋架下弦杆、拉杆拱中的拉杆等，通常按轴心受拉构件(忽略构件自重重力)考虑。又如层数较多的框架结构，在竖向荷载和水平荷载共同作用下，有的柱截面上除产生剪力和弯矩外，还可能出现拉力，则为偏心受拉构件。

(4)受扭构件，如曲梁、框架结构的边梁等。这类构件的截面上除产生弯矩和剪力外，还会产生扭矩。因此，对这类结构构件应考虑扭矩的作用。

2.预应力混凝土构件

预应力混凝土(prestressed concrete)是在构件使用(加载)以前，预先给混凝土施加预压力，即在混凝土的受拉区内，用人工加力的方法，将钢筋进行张拉，利用钢筋的回缩力，使混凝土受拉区预先受压力。这种储存下来的预加压力，当构件承受由外荷载产生拉力时，首先抵消受拉区混凝土中的预压力，然后随荷载增加，才使混凝土受拉，这就限制了混凝土的伸长，延缓或不使裂缝出现，弥补混凝土过早出现裂缝的现象。

预压应力用来减小或抵消荷载所引起的混凝土拉应力，从而将结构构件的拉应力控制在较小范围，甚至处于受压状态，以推迟混凝土裂缝的出现和开展，从而提高构件的抗裂性能和刚度如图 1－3 所示，预应力构件的实际制作过程如图 1－4 所示。

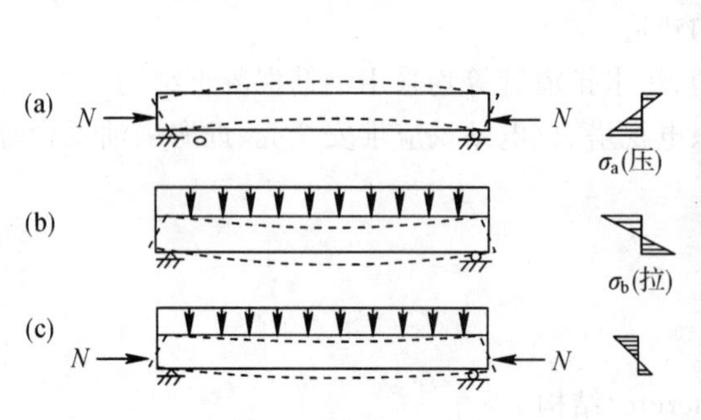

图 1－3　预应力受力示意图

图 1－4　预应力锚具

根据预加应力值大小对构件截面裂缝控制程度的不同分为以下 3 类：

(1)全预应力混凝土(FPC)。在使用荷载作用下，不允许截面上混凝土出现拉应力的构件，属严格要求不出现裂缝的构件，和严格控制预应力构件的截面尺寸和预应力梁的挠度。

(2)部分预应力混凝土(PPC)。允许出现裂缝，但最大裂缝宽度不超过允许值的构件，属允许出现裂缝的构件。

(3)无黏结预应力钢筋。将预应力钢筋的外表面涂以沥清，油脂或其他润滑防锈材料，以减小摩擦力并防锈蚀，并用塑料套管或以纸带、塑料带包裹，以防止施工中碰坏涂层，并使之与周围混凝土隔离，而在张拉时可沿纵向发生相对滑移的后张预应力钢筋。

1.3.2　课程特点与学习方法

(1)材料力学公式一般不能直接用来计算钢筋混凝土构件的承载力和变形。

(2)两种材料，在强度和数量上存在一个合理的配比范围。如果钢筋和混凝土在面积上的比例及材料强度的搭配超过了这个范围，就会引起构件受力性能的改变，从而引起构件截面设计方法的改变。

(3)钢筋混凝土构件的计算方法是建立在试验研究基础上的，即

试验研究 → 破坏机理和受力性能 → 构件计算公式

(4)需要解决的不仅是构件的承载力和变形计算等问题，还包括构件的截面形式、材料选用及配筋构造等。

本课程的实践性很强，其基本原理和设计方法必须通过构件设计来掌握，并在设计过程中逐步熟悉和正确运用我国有关的设计规范和标准。

第2章 钢筋和混凝土材料的基本性能

本章的主要内容

· 钢筋的强度和变形性能

· 混凝土的强度和变形性能

· 钢筋与混凝土的黏结-滑移性能

本章的重点和难点

重点：

· 混凝土的强度和变形性能

难点：

· 复杂受力状态下混凝土的强度

· 混凝土的变形和应力-应变关系

2.1 钢筋的基本性能

2.1.1 钢筋成分及品种

GB50010 — 2010《混凝土结构设计规范》(以下简称《砼规》)规定：钢筋混凝土梁柱构件可使用热轧钢筋，预应力混凝土钢筋宜采用预应力钢丝、钢绞线和预应力螺纹钢筋，钢筋类别及种类见表2-1。

表2-1 钢筋类别及种类

钢筋名称	钢筋种类	图示	备注
热轧钢筋	HPB300Ⅰ级钢筋 HRB335Ⅱ级钢筋 HRB400Ⅲ级钢筋 RRB400Ⅲ级钢筋	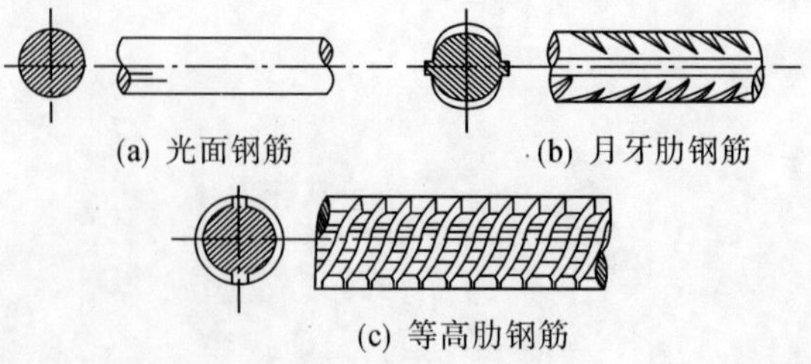 (a) 光面钢筋 (b) 月牙肋钢筋 (c) 等高肋钢筋	①～⑤

续表

钢筋名称	钢筋种类	图　示	备　注
预应力钢绞线	按一根钢绞线中的钢丝数量分：2丝钢绞线、3丝钢绞线、7丝钢绞线及19丝钢绞线。按表面形态可以分：光面钢绞线、刻痕钢绞线、模拔钢绞线(compact)、涂环氧树脂钢绞线等。还可以按照直径、或强度级别、或标准分类	 	⑥⑦⑧
消除应力钢丝	光面钢丝，螺旋肋钢丝，刻痕钢丝光面钢丝，螺旋肋钢丝，以上两类按直径可分别划分为$\phi 4\phi 5\phi 6\phi 7\phi 8\phi 9$；刻痕钢丝$\varphi^I 5\varphi^I 7$	 	⑦⑧
热处理钢筋	$40Si_2Mn$ $48Si_2Mn$ $45Si_2Cr$		⑨⑩
冷加工钢筋	冷拔钢筋(提高抗拉进和抗压强度)，冷拉钢筋(提高抗拉强度)		⑩

注：①HPB—Hot rolled Plain steel Bars (热轧光面钢筋)。

②HRB—Hot rolled Ribbed steel Bars (热轧带肋钢筋)。

③RRB—Remained heat treatment Ribbed steel Bars(余热处理带肋筋)。

④H(R/P)B分别表示：生产工艺，表面形状，钢筋(非钢丝)。数字300表示钢筋抗拉强度标准值为300N/mm^2。

⑤HPB300级钢筋又称光面钢筋，常用于梁、柱板的箍筋。

⑥HRB335，HRB400和RRB400级钢筋又称变形钢筋，一般用于构件的纵向受力钢筋。

⑦预应力钢绞线有15－7ϕ5,12－7ϕ5,9－7ϕ5等型号规格的预应力钢绞线。现以15－7ϕ5为例,5表示单根直径5.0 mm的钢丝,7Φ5表示7条这种钢丝组成一根钢绞线,而15表示每股钢绞线的直径为15 mm,总的含义就是“一束由直径15 mm的7丝(每根总直径约15.24 mm,尺寸偏差(＋0.40,－0.20);每丝直径约为5.0 mm)钢绞线组成的钢筋”。一般截面积按140 mm^2 计算,理论破断值＝140×1860＝260.4 kN,按预应力60%～65%标准,可承受拉力156.24～169.26kN。

⑧钢丝的直径为4～9 mm,钢绞线的直径8.6～15.2 mm(3股或7股钢丝),热轧钢筋的直径为6～30 mm(常用)。天津一工程最大55 mm。

⑨钢丝和钢绞线以及热处理钢筋一般用于预应力混凝土结构,故这些钢筋也成为预应力钢筋。

⑩热处理钢筋能较大幅度的提高钢筋强度,同时塑性降低较小。

⑪冷拔可以同时提高钢筋的抗拉进和抗压强度,冷拉钢筋仅提高钢筋的抗拉强度。

2.1.2 钢筋的强度和变形性能

1.钢筋的应力-应变曲线

(1)软钢的应力-应变曲线如图2－1所示。

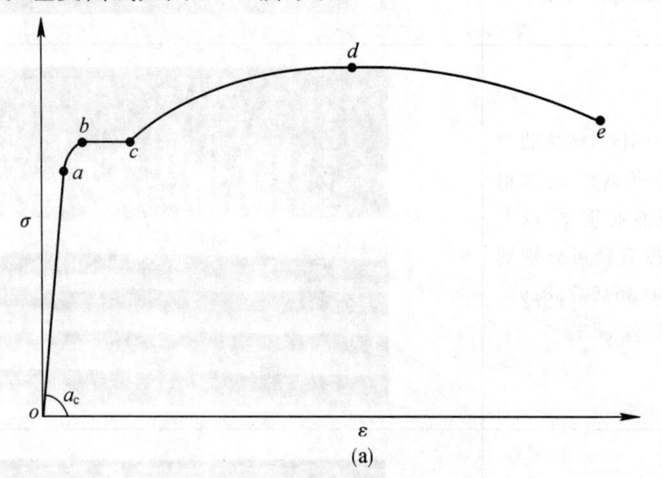

图2－1 软钢的应力-应变曲线

(2)硬钢的应力-应变曲线如图2－2所示。

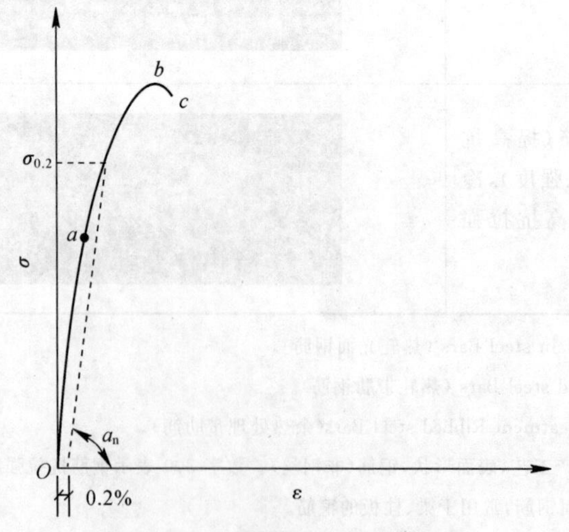

图2－2 硬钢的应力-应变曲线

条件屈服强度取残余应变为 0.2%所对应的应力作为无明显流幅钢筋的强度限值。

3)钢筋的应力应变简化模型如图 2-3 所示。

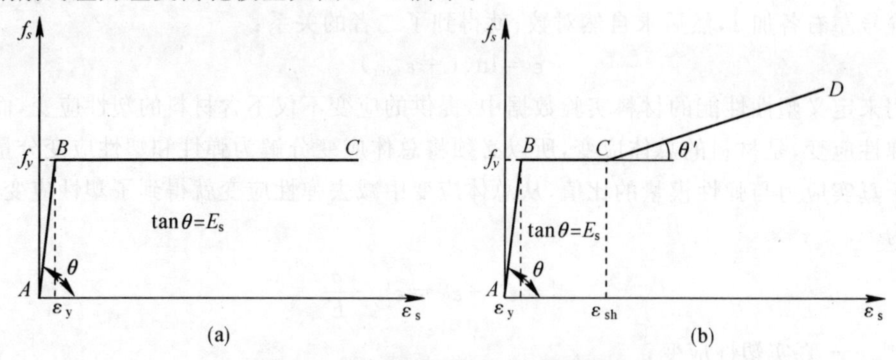

图 2-3　钢筋的应力应变简化模型

(a)理想弹塑性模型;(b)三段线性模型

(4)钢筋的真实应力-应变关系。钢筋在小变形时具有良好的线性应力-应变关系,但在应变较大时材料会发生屈服特性,此时钢筋的响应变成了非线性和不可逆的,如图 2-1～图 2-3 所示。钢筋的工程应力(利用未变形平面计算得到的单位面积上的力)称为名义应力(工程应力),即 F/A_0,与之对应的为名义应变(工程应变,每单位未变形长度的伸长),即 $\Delta l/l_0$。在实验室通过单向拉伸/压缩试验中得到的数据通常是工程应力和应变。

在仅考虑 $\Delta l \to \mathrm{d}l \to 0$ 的情况下,拉伸和压缩应变式相同的,即

$$\mathrm{d}\varepsilon=\frac{\mathrm{d}l}{l}$$

$$\varepsilon=\int_0^l \frac{\mathrm{d}l}{l}=\ln\left(\frac{l}{l_0}\right)$$

式中　l_0——原始长度;

l——当前长度;

ε——真实应变,与真实应变对应的真实应力为 $\sigma=\dfrac{F}{A}$(其中 F 为材料受力,A 是当前面积)。

由于塑性变形的不可压缩性,真实应力与名义应力(工程应力)之间的关系

$$l_0A_0=lA$$

可以看出当前面积与原始面积的关系

$$A=\frac{l_0A_0}{l}$$

将 A 的表达式代入真实应力的定义式中,得

$$\sigma=\frac{F}{A}=\frac{F}{A_0}\frac{l}{l_0}=\sigma_{\mathrm{nom}}\left(\frac{l}{l_0}\right)$$

其中,$\dfrac{l}{l_0}$ 也可以写为 $1+\varepsilon_{\mathrm{nom}}$(对于拉伸试验,$\varepsilon_{\mathrm{nom}}$ 是正值;对于压缩试验 $\varepsilon_{\mathrm{nom}}$ 为负值)。

这样就得到了应力的真实值和名义值(工程值)之间的关系:

$$\sigma=\sigma_{\mathrm{nom}}(1+\varepsilon_{\mathrm{nom}})$$

此外,名义应变的推导:

$$\varepsilon_{nom}=\frac{l-l_0}{l_0}=\frac{l}{l_0}-1$$

上式中等号左右各加1,然后求自然对数,就得到了二者的关系：

$$\varepsilon=\ln(1+\varepsilon_{nom})$$

在用来定义塑性性能的材料实验数据中,提供的应变不仅不含材料的塑性应变,而且包括材料的弹性应变,是材料的总体应变,所以必须将总体应变分解为弹性和塑性应变分量。弹性应变等于真实应力与弹性模量的比值,从总体应变中减去弹性应变就得到了塑性应变,其关系表达式为

$$\varepsilon^{pl}=\varepsilon^{t}-\varepsilon^{el}=\varepsilon^{t}-\frac{\sigma}{E}$$

式中 ε^{pl} ——真实塑性应变；

ε^{t} ——总体真实应变；

ε^{el} ——真实弹性应变。

表2-2中的应力-应变数据用来示范如何将定义材料塑性特性的试验特性的数据转化为需要的真实塑性应变。

首先,用公式将名义应力和名义应变转化为真实应力和应变。得到这些值后,就可以用公式确定与屈服应力相关的塑性应变。转换后的数据见表2-2,可以看出:在小应变时,真实应变和名义应变间的差别很小;而在大应变时,二者间会有明显的差别。因此,在实际工程计算中若应变比较大,就需要使用真实的应力-应变数据。

表2-2 应力-应变名义值与真实值的转化

名义应力/MPa	名义应变	真实应力/MPa	真实应变	塑性应变
200	0.000 95	200.2	0.000 95	0.0
240	0.025	246	0.024 7	0.023 5
280	0.050	294	0.048 8	0.047 4
340	0.100	374	0.095 3	0.093 5
380	0.150	437	0.139 8	0.137 7
400	0.200	480	0.182 3	0.180 0

2.钢筋的塑性性能

(1)延伸率。如图2-4(a)所示,延伸率

$$\delta=\frac{l'-l}{l}\times 100\%$$

其中,$l=5d$(或$10d$)。

延伸率越大,钢筋的塑性和变形能力越好。

(2)冷弯性能:如图2-4(b)所示。弯心直径越小,弯过的角度越大,冷弯性能越好,钢筋的塑性性能越好。

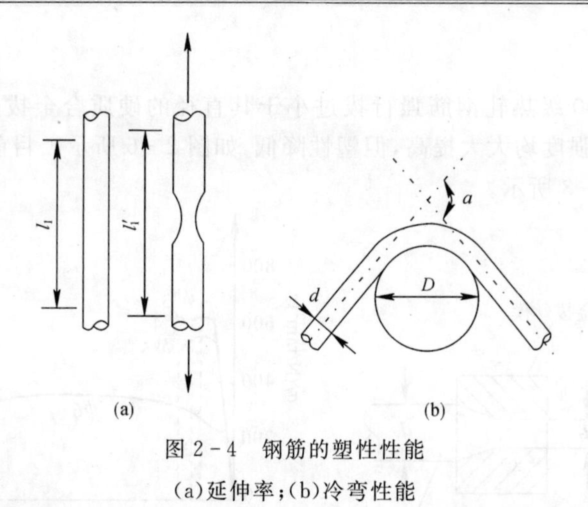

图 2-4　钢筋的塑性性能

(a)延伸率;(b)冷弯性能

3.钢筋的徐变和松弛

(1)徐变:钢筋在高应力作用下,随时间增长其应变继续增加的现象称为徐变。

(2)松弛:钢筋受力后,长度保持不变,其应力随时间增长而降低的现象称为松弛。

4.钢筋的疲劳性能

钢筋的疲劳强度是指在某一规定应力变化幅度内,经受一定次数循环荷载后,才发生疲劳破坏的最大应力值。

2.1.3　钢筋的冷加工

1.钢筋的冷拉

在常温下用机械方法将有明显确认的钢筋拉到超过屈服强度的某一应力值,然后卸载至零,如图 2-5 所示。

钢筋在冷拉后,未经时效前,一般没有明显的屈服台阶;经过停放或加热后进一步提高了屈服强度并恢复了屈服台阶,这种现象称为冷拉时效硬化。

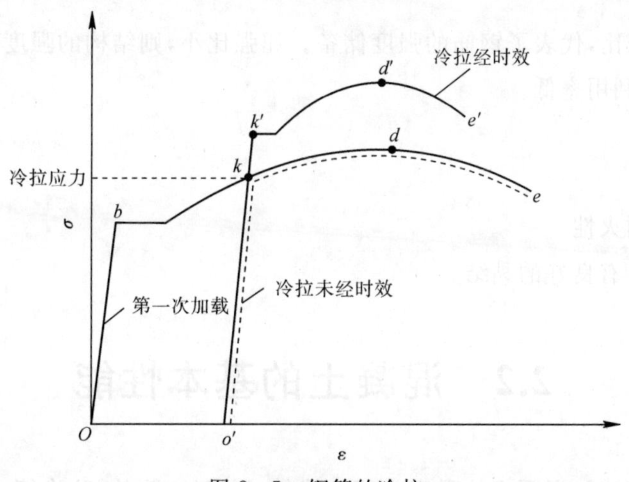

图 2-5　钢筋的冷拉

2.钢筋的冷拔

冷拔量将 HPB300 级热轧钢筋强行拔过小于其直径的硬质合金拔丝模具。经过几次冷拔的钢丝，抗拉、抗压强度均大大提高，但塑性降低，如图 2－6 所示。目前，规范作者使用的四件钢筋类别如下表 2－3 所示。

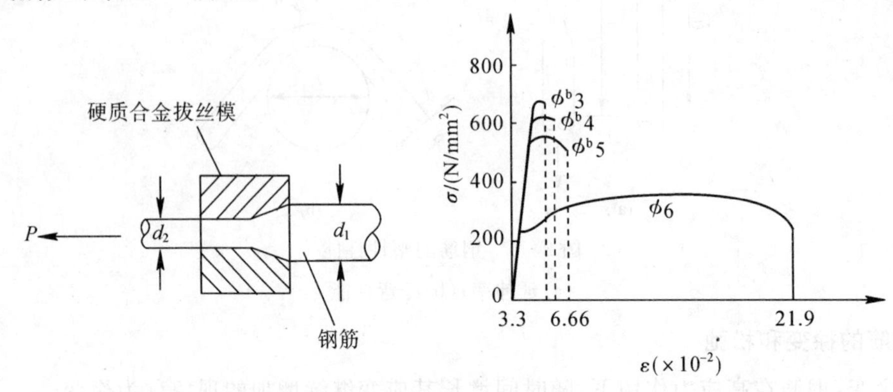

图 2－6　钢筋的冷拔

表 2－3　普通钢筋参数(N/mm²)

种　类	极限强度标准值 f_{stk}	屈服强度标准值 f_{yk}	抗拉强度设计值 f_y	抗压强度设计值 f'_y	横向钢筋抗拉设计值 f_{yv}	E_s
HPB300	420	300	270	270	270	2.1×10^5
HRB335	455	335	300	300	300	2.0×10^5
HRB400	540	400	360	360	360	2.0×10^5
HRB500	630	500	435	410	360	2.0×10^5

2.1.4　混凝土结构对钢筋性能的要求

(1)适当的屈强比，代表了钢筋的强度储备。屈强比小，则结构的强度储备大，但比值太小则钢筋强度的有效利用率低。

(2)足够的塑性。

(3)可焊性。

(4)耐久性和耐火性。

(5)与混凝土具有良好的黏结。

2.2　混凝土的基本性能

混凝土的性能包括：混凝土的强度、变形、碳化、耐腐蚀、耐热、防渗等。本节主要阐述混凝土的强度和变形问题。

2.2.1　混凝土强度

1.立方体的抗压强度 $f_{cu,k}$

我国把立方体强度值作为混凝土强度的基本指标，并把立方体抗压强度作为评定混凝土强度等级的标准，《混凝土结构设计规范》GB50010－2010 规定：用边长为 150mm 的标准立方体试块在标准条件下（28±3℃，≥90％）养护 28d 后，以标准试验方法测得的破坏时的平均压应力为混凝土的立方体抗压强度。按上述规定所测得的具有 95％保证率的抗压强度称为混凝土的。按照立方体抗压强度标准值 $f_{cu,k}$ 将混凝土划分为 C15，C20，C25，C30 ～C80 等 14 个等级。以 C30 为例，C30 表示立方体抗压强度标准值 30 N/mm^2。其中，C50～ C 80 属于高强混凝土范畴。常见的混凝土指标参数见表 2－4。

试验方法对混凝土立方体抗压强度有较大影响，主要影响因素有尺寸效应（尺寸越大，内部缺陷较多，强度较低）、加载速度（加载速度越快，强度越低）及端部约束等（涂润滑油，强度降低）。其中试件尺寸越大，结构内部的缺陷越多，将导致测量强度比实际有所降低。加载速度对实验结果也有影响，加载速度越快测得强度越高。通常规定加载速度：混凝土强度等级高于或等于 C30 时，取每分钟（0.5～0.8）N/mm^2。如果时间端部受到约束，约束会影响试件的变形能力，相当在试件上套箍，此情况下所测抗压强度比无约束时大，如图 2－7 所示。

混凝土强度等级的选用：素混凝土结构的混凝土强度等级不应低于 C15；钢筋混凝土结构的混凝土强度等级不应低于 C20；采用强度等级 400 MPa 及以上的钢筋时，混凝土强度等级不应低于 C25；预应力混凝土结构的混凝土强度等级不宜低于 C40，且不应低于 C30；承受重复荷载的钢筋混凝土构件，混凝土强度等级不应低于 C30；采用高强钢丝作预应力钢筋时，不宜低于 C40。

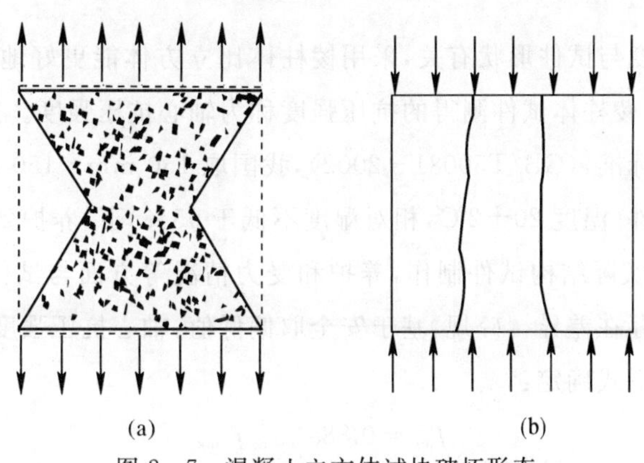

图 2－7　混凝土立方体试块破坏形态

（a）支承面有摩擦力；（b）支承面无摩擦力

表 2-4 混凝土参数(N/mm^2)

混凝土强度等级	强度标准值		强度设计值		模量		
	抗压	抗拉	抗压	抗拉	弹性	剪变	疲变
	f_{ck}	f_{tk}	f_c	f_t	E_c	$G_c=0.4E_c$	E_{cf}
C15	10.0	1.27	7.2	0.91	2.20x10^4	0.88 x10^4	
C20	13.4	1.54	9.6	1.10	2.55×10^4	1.02×10^4	1.10×10^4
C25	16.7	1.78	11.9	1.27	2.80×10^4	1.12×10^4	1.20×10^4
C30	20.1	2.01	14.3	1.43	3.00×10^4	1.20×10^4	1.30×10^4
C35	23.4	2.20	16.7	1.57	3.15×10^4	1.26×10^4	1.40×10^4
C40	26.8	2.39	19.1	1.71	3.25×10^4	1.30×10^4	1.50×10^4
C45	29.6	2.51	21.1	1.80	3.35×10^4	1.34×10^4	1.55×10^4
C50	32.4	2.64	23.1	1.89	3.45×10^4	1.38×10^4	1.60×10^4
C55	35.5	2.74	25.3	1.96	3.55×10^4	1.42×10^4	1.65 x10^4
C60	38.5	2.85	27.5	2.04	3.60×10^4	1.44×10^4	1.70×10^4
C65	41.5	2.93	29.7	2.09	3.65×10^4	1.46×10^4	1.75×10^4
C70	44.5	2.99	31.8	2.14	3.70×10^4	1.48×10^4	1.80×10^4
C75	47.4	3.05	33.8	2.18	3.75×10^4	1.50×10^4	1.85×10^4
C80	50.2	3.11	35.9	2.22	3.80×10^4	1.52×10^4	1.90×10^4

2.轴心抗压强度 f_c^s

混凝土的抗压强度与试件形状有关，采用棱柱体比立方体能更好地反映混凝土结构的实际抗压强度，用混凝土棱柱体试件测得的抗压强度称为轴心抗压强度。按国家标准《普通混凝土力学性能试验方法标准》(GB/T50081－2002)，我国取 150 mm×150 mm×300 mm 为标准试件。在标准养护条件(温度 20±2℃，相对湿度不低于 95%)下，养护到 28d 后测得抗压强度(见图 2-8)。考虑到实际结构试件制作，养护和受力情况等方面与试件的差别，实际构件强度与试件强度之间将存在差异，《砼规》基于安全取偏低值，轴心抗压强度标准值与立方体抗压强度标准值的关系按下式确定：

$$f_{ck}=0.88\alpha_{c1}\alpha_{c2}f_{cu,k}$$

式中，f_{ck} 为轴心抗压强度标准值；$f_{cu,k}$ 为立方体抗压强度标准值；0.88 为结构中混凝土强度余试件混凝土强度的差异而取的修正系数；α_{c1} 为棱柱体与立方体强度的比值；α_{c2} 为脆性折减系数。

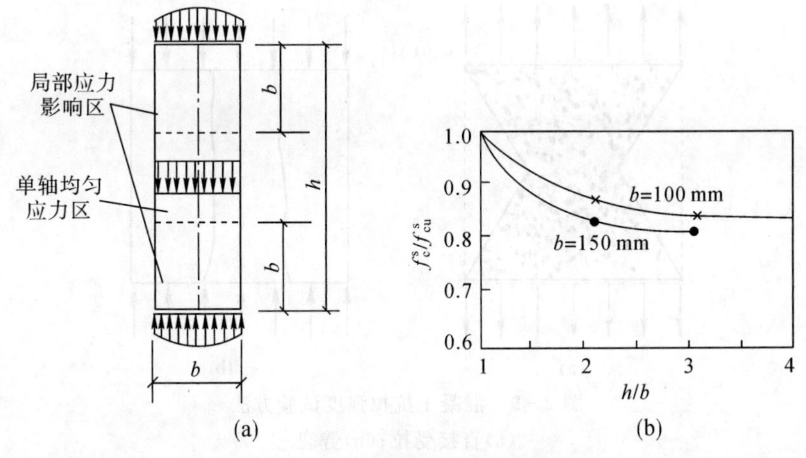

图 2-8　混凝土轴心抗压强度

(a)试件的应力区;(b)试件高最比的影响

3.轴心抗拉强度 f_t^s

抗拉强度是混凝土的基本力学指标之一,其大小可通过直接受拉试验;劈裂试验等试验方法测得,如图 2-9 所示。用钢模浇筑成型的 100 mm×100 mm×500 mm 的棱柱体试件通过预埋在试件轴线两端的钢筋,对试件施加均匀拉力,试件破坏时的平均拉应力即为混凝土的轴心抗拉强度,即

$$f_t^s=\frac{P}{\pi a^2}$$

式中　P ——试验时所施加的拉力;

f_t^s ——混凝土劈裂抗拉强度;

a ——试件半径。

混凝土劈裂试验是在圆柱体试件的直径方向上放入上、下两根垫条,施加相对的线性荷载,使之沿试件直径向破坏,测得试件的抗拉强度:

$$f_t^s=\frac{2P}{\pi a^2}$$

式中　P ——试验时所施加的压力;

f_t^s ——混凝土劈裂抗拉强度;

a ——试件半径。

劈裂试验不适用于非脆性岩石。

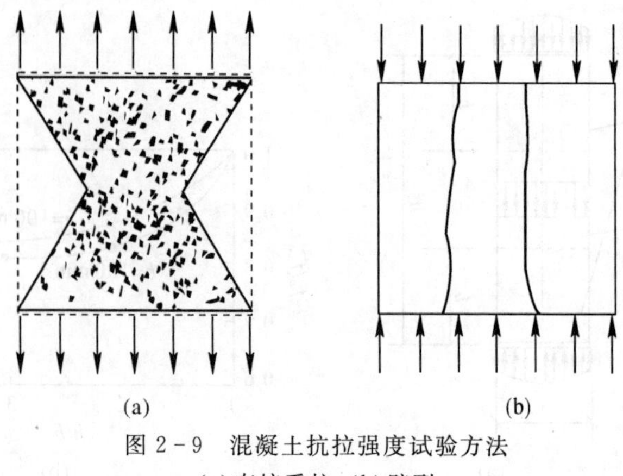

图 2-9　混凝土抗拉强度试验方法

(a)直接受拉;(b)劈裂

2.2.2　混凝土的徐变与收缩

1.徐变

在不变的应力长期持续作用下,混凝土的变形随时间而徐徐增长的现象称为混凝土的徐变(creep)。

徐变的特点是先快后慢,最终趋于稳定。产生徐变的原因:①水泥凝胶体在荷载作用下产生黏性流动;②混凝土内部微裂缝在荷载长期作用下不断发展和增加。

影响因素主要有以下几个方面。

(1)应力大小:线性徐变,非线性徐变,发散型;

(2)混凝土的组成成分和配合比:骨料多,徐变小;

(3)环境条件:养护环境湿度越大,徐变就越小。

徐变会使钢筋与混凝土间产生应力重分布,使混凝土应力减小,钢筋应力相应增大;徐变使受弯和偏心受压构件的受压区变形加大,故而使受弯构件挠度增加,使偏压构件的附加偏心距增大而导致构件承载力降低;徐变使预应力混凝土构件产生预应力损失等等。如图 2-10 所示。

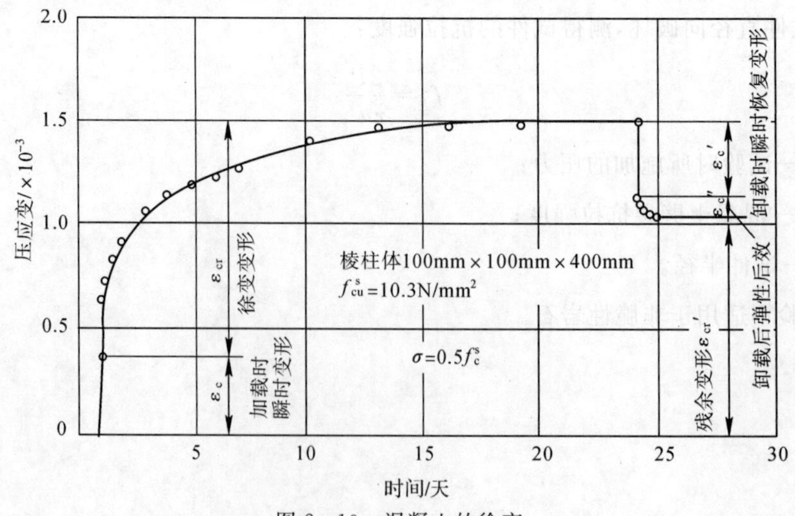

图 2-10　混凝土的徐变

2.混凝土的收缩、膨胀和温度变形

收缩:混凝土在空气中结硬时其体积会缩小。

膨胀:混凝土在水中结硬时体积会膨胀。

收缩对结构的影响:温度变形——会使混凝土热胀冷缩,在结构中产生温度应力,甚至会使构件开裂以至损坏。

2.3　钢筋与混凝土的黏结

2.3.1　黏结力的概念

- 黏结力:钢筋与混凝土接触面上产生的沿钢筋纵向的剪应力 τ 。
- 黏结强度:钢筋被拔出或混凝土被劈裂时的最大黏结应力。
- 黏结应力的分类:锚固黏结应力,局部黏结应力。

2.3.2　黏结应力测试方法

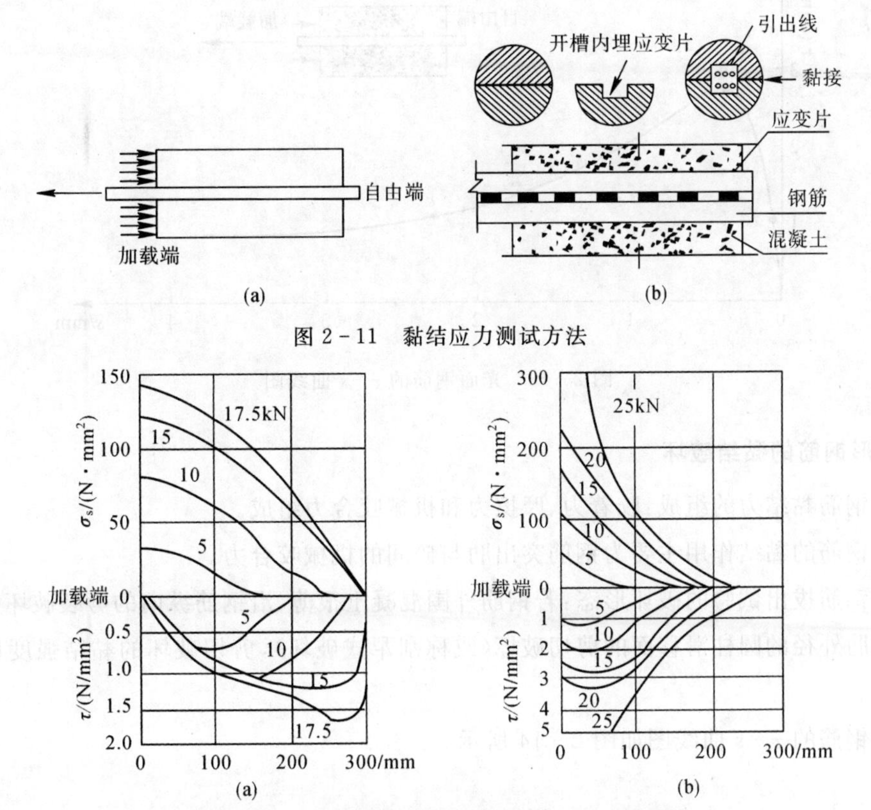

图 2-11　黏结应力测试方法

图 2-12　拔出试验的钢筋应力及黏结应力分布

(a) d =13 mm 光面钢筋;(b) d =13 mm 变形钢筋

测定沿钢筋纵向黏结应力的分布通常采用中心拔出试件(见图 2-11(a)),各点的黏结应力可由相邻两点间钢筋的应力差值除以接触面积近似计算。

将钢筋沿纵向切为两半,在钢筋内开槽并埋入标距为 1~3 mm 的应变片和直径为 0.3~0.35 mm 的引出线,然后用环氧树脂将两半钢筋黏结在一起,如图 2-12(b)所示。

如图 2-11 所示的黏结应力测试方法,经过测试,拔出试验的钢筋应力及黏结应力分布图,如图 2-12 所示。

2.3.3 黏结破坏机理

1.光面钢筋的黏结破坏

光面钢筋的黏结力组成:①混凝土中水泥凝胶体与钢筋表面的化学胶着力;②钢筋与混凝土接触面间的摩擦力;③钢筋表面粗糙不平的机械咬合力。

光面钢筋的黏结作用:滑移前主要取决于胶着力,滑移后则由摩擦力和机械咬合力提供。

光面钢筋拔出试验的破坏形态为钢筋从混凝土中被拔出的剪切破坏。如图 2-13 所示。

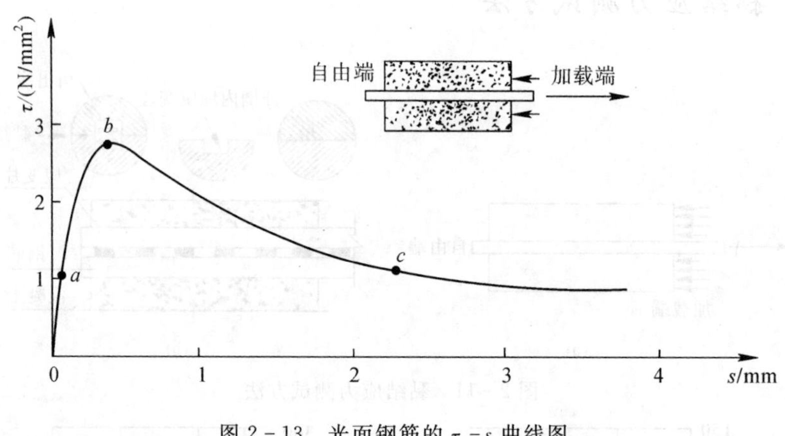

图 2-13 光面钢筋的 $\tau-s$ 曲线图

2.变形钢筋的黏结破坏

变形钢筋黏结力的组成:胶着力、摩擦力和机械咬合力组成。

变形钢筋的黏结作用主要为钢筋突出肋与砼间的机械咬合力。

变形钢筋拔出试验的破坏形态:若钢筋外围混凝土很薄,沿钢筋纵向的劈裂破坏;反之,则为沿钢筋肋外径的圆柱滑移面的剪切破坏(或称刮犁式破坏),剪切破坏的黏结强度比劈裂破坏的要大。

变形钢筋的 $\tau-s$ 曲线图如图 2-14 所示。

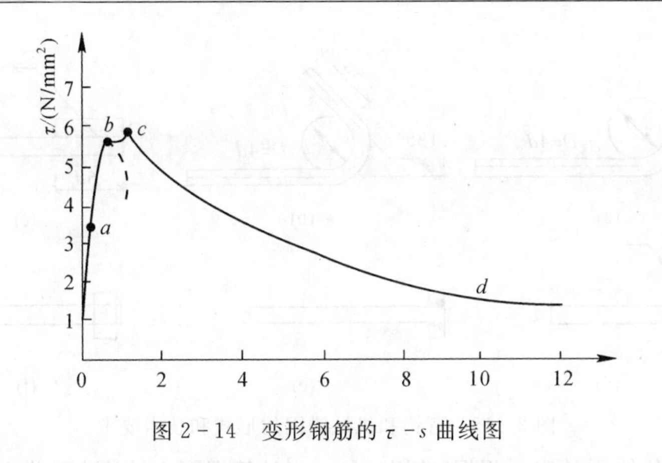

图 2-14　变形钢筋的 $\tau-s$ 曲线图

2.3.4　影响黏结强度的因素

影响黏结强度的因素有以下几个方面：①混凝土强度；②混凝土保护层厚度及钢筋净间距；③钢筋的外形；④横向配筋；⑤侧向压应力。

2.3.5　钢筋的锚固和连接

钢筋的锚固包括直钢筋的锚固、带弯钩或弯折钢筋的锚固和机械锚固。钢筋的连接包括绑扎搭接、机械连接或焊接。

1.钢筋的锚固计算

(1)受拉钢筋的锚固长度。

普通钢筋：

$$l_a = \alpha \frac{f_y}{f_t} d$$

预应力筋：

$$l_a = \alpha \frac{f_{py}}{f_t} d$$

式中　f_{py}，f_y ——普通钢筋、预应力筋的抗拉强度设计值；

f_t ——混凝土轴心抗拉强度设计值，超过 C40 时，按 C40 取值；

d ——钢筋的公称直径；

α ——钢筋的外形系数，其取值由表 2-5 规定。

表 2-5　锚固钢筋的外形系数 α

钢筋类型	光面钢筋	带肋钢筋	刻痕钢筋	螺旋钢筋	三股钢筋	七股钢绞线
α	0.16	0.14	0.19	0.13	0.16	0.17

注：光圆钢筋末端做 180°弯钩，弯后平直段长度不应小于 $3d$，但作为受压钢筋时可不做弯钩。

当纵向受拉普通钢筋末端采用弯钩或机械锚固措施时，包括弯钩或锚固端头在内的锚固长度(投影长度)可取为基本锚固长度 l_{ab} 的 60%。弯钩和机械锚固的形式如图 2-15 所示。

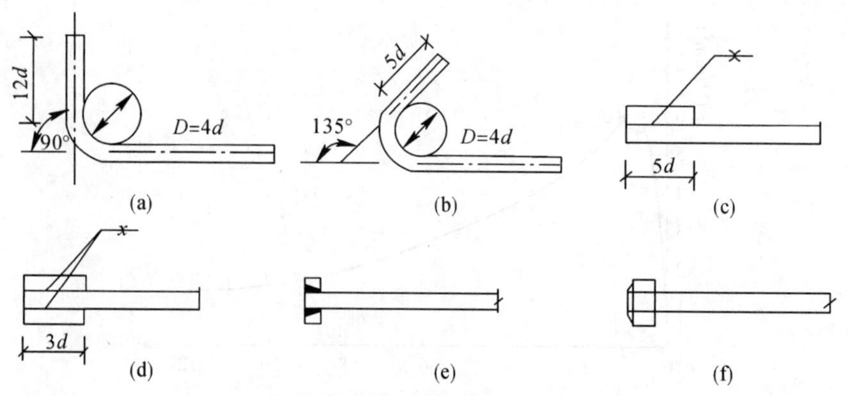

图 2-15　弯钩和机械锚固的形式和技术要求

(2)受压钢筋的锚固长度。根据《砼规》可知，当计算混凝土结构中的纵向受压钢筋的锚固长度时，若充分利用其抗压强度时，锚固长度不应小于相应受拉锚固长度的70%(见表2-6)。并且受压钢筋不应采用末端弯钩和一侧贴焊锚筋的锚固措施。受压钢筋锚固长度范围内的横向构造钢筋应符合受拉时的规定。

表 2-6　纵向受拉钢筋的锚固长度 l_{ab}

钢筋种类	抗震等级	混凝土等级									
		C15	C20	C25	C30	C35	C40	C45	C50	C55	≥C60
HPB 300	一、二	54.60 d	45.17d	39.12d	34.75d	31.65d	29.06d	27.60d	26.29d	25.35d	24.36d
	三	49.85 d	41.24d	35.72d	31.73d	28.90d	26.53d	25.20d	24.00d	23.15d	22.24d
	四、非抗震	47.48 d	39.28d	34.02d	30.21d	27.52d	25.27d	24.00d	22.86d	22.05d	21.18d
HRB 335	一、二	53.08 d	43.91d	38.04d	33.78d	30.77d	28.25d	26.84d	25.56d	24.65d	23.68d
	三	48.47 d	40.10d	34.73d	30.84d	28.09d	25.79d	24.50d	23.34d	22.50d	21.62d
	四、非抗震	46.16 d	38.19d	33.08d	29.38d	26.76d	24.57d	23.34d	22.23d	21.43d	20.59d
HRB 400	一、二	63.70 d	52.70d	45.64d	40.54d	36.92d	33.90d	32.20d	30.67d	29.58d	28.42d
	三	58.16 d	48.11d	41.67d	37.01d	33.71d	30.95d	29.40d	28.00d	27.00d	25.95d
	四、非抗震	55.39 d	45.82d	39.69d	35.25d	32.11d	29.48d	28.00d	26.67d	25.72d	24.71d
HRB 550	一、二		63.67 d	55.15d	48.98d	44.61d	40.96d	38.91d	37.06d	35.74d	34.34d
	三		58.14 d	50.36d	44.72d	40.73d	37.40d	35.53d	33.84d	32.63d	31.35d
	四、非抗震		55.37 d	47.96d	42.59d	38.79d	35.62d	33.84d	32.23d	31.08d	29.86d

注：锚固长度修正系数详见《砼规》8.3.2条。

【例题 2-1】　(注册结构工程师类型题)当采用C25混凝土和HRB 335级钢筋时，纵向受拉钢筋的直径为 $d=28$mm，下列基本锚固长度 l_{ab} 中正确是(　)。

(A) $37d$　　(B) $35d$　　(C) $40d$　　(D) $33d$

正答：(D)

根据《混凝土结构设计规范》第8.3.1条，有

$$l_a=\alpha\frac{f_y}{f_t}d=0.14\times\frac{300}{1.27}d=33d$$

【例题 2-2】 （注册结构工程师类型题）当采用 C40 混凝土和 HRB 335 级钢筋，直径 $d=28$ mm 时，下列纵向受拉钢筋的锚回长度 l_{ab} 中哪项是正确的？

(A) $24.56d$　　(B) $25.67d$　　(C) $27.0d$　　(D) $30.0d$

正答：(C)

根据《砼规》第 8.3.1 条和 8.3.2 条，当钢筋的直径大于 25 mm 时，其锚固长度应乘以修正系数 1.1，即

$$l_a=\alpha\frac{f_y}{f_t}d=0.14\times\frac{300}{1.71}\times 1.1d=27.0d$$

【例题 2-3】 （注册结构工程师类型题）经过各种修正后的锚固长度不应小于下列何项取值？

(A) $0.6l_{ab}$　　(B) $0.6l_{ab}$，且不应小于 200 mm　　(C) 200 mm　　(D) 没有严格规定

正答：(B)

由《砼规》8.3.1-2 条："手拉钢筋的锚固长度应根据锚固条件按下列公式计算且不小于 200 mm"。$l_a=\zeta_a l_{ab}$ 其中 ζ_a 为锚固长度修正系数，对普通钢筋按《砼规》第 8.3.2 条的规定取用，当多于一项时，可按连乘计算，但不应小于 0.6，对预应力筋，可取 1.0。

【例题 2-4】 （注册结构工程类型题）某生根于大体积钢筋混凝土结构中的非抗震设防承受静力荷载悬臂受弯构件，其纵向受拉钢筋为 HRB 400 级直径 32 mm 钢筋；钢筋在锚固区的混凝土保护层厚度大下钢筋直径的 3 倍且配有箍筋；实配纵向受拉钢筋的截面积为设计计算面积的 1.05 倍；混凝土强度等级为 C45，试问下列纵向受拉钢筋的锚固长度 l_a 中何项数值(mm) 最接近按《砼规》的要求值？

(A) 667　　(B) 700　　(C) 918　　(D) 770

正答：(B)

按《砼规》第 8.3.1 条规定，$l_a=\alpha d f_y/f_t$，令 $d=32$ mm，$f_y=360$ N/mm² 时，$f_t=1.8$ N/mm²，混凝土强度等级高于 C60 时取 C60 的 f_t，$\alpha=0.13$，代入得

$$l_a=\alpha\frac{f_y}{f_t}d=0.13\times\frac{360}{1.81}\times 32=843\ \text{mm}$$

由于 $d>25$ mm，其锚固长度应乘以 1.1 修正系数；还由于锚固区钢筋的保护层大于钢筋直径 3 倍，其锚固长度可乘以修正系数 0.8；此外，由于实配钢筋较多，可乘以设计计算面积与实际配筋的比值 1/1.05，因而最终经修正的锚固长度 l'_a 为

$$l'_a=1.1\times 0.8\times\frac{1}{1.05}\times 832=697>0.71l'_a=613\ \text{mm}$$

2.钢筋的连接计算

通过绑扎搭接、焊接或机械连接，将一根钢筋所受的力传给另一根钢筋。混凝土结构中受力钢筋的连接接头宜设置在受力较小处。在同一根受力钢筋上宜少设接头。在结构的重要构件和关键传力部位，纵向受力钢筋不宜设置连接接头。

轴心受拉及小偏心受拉杆件的纵向受力钢筋不得采用绑扎搭接；其他构件中的钢筋采用绑扎搭接时，受拉钢筋直径不宜大于 25 mm，受压钢筋直径不宜大于 28 mm。

同一构件中相邻纵向受力钢筋的绑扎搭接接头宜互相错开。钢筋绑扎搭接接头连接区段的长度为 1.3 倍搭接长度，凡搭接接头中点位于该连接区段长度内的搭接接头均属于同一连

接区段(见图 2-16)。同一连接区段内纵向受力钢筋搭接接头面积百分率为该区段内有搭接接头的纵向受力钢筋与全部纵向受力钢筋截面面积的比值。当直径不同的钢筋搭接时,按直径较小的钢筋计算。

位于同一连接区段内的受拉钢筋搭接接头面积百分率:对梁类、板类及墙类构件,不宜大于 25%;对柱类构件,不宜大于 50%。当工程中确有必要增大受拉钢筋搭接接头面积百分率时,对梁类构件,不宜大于 50%;对板、墙、柱及预制构件的拼接处,可根据实际情况放宽。

并筋采用绑扎搭接连接时,应按每根单筋错开搭接的方式连接。接头面积百分率应按同一连接区段内所有的单根钢筋计算。并筋中钢筋的搭接长度应按单筋分别计算。

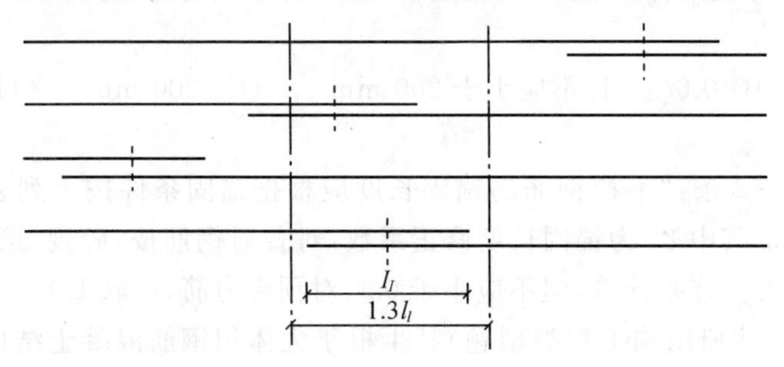

图 2-16　钢筋搭接接头的错开要求

【例题 2-5】 受力钢筋的接头宜优先采用焊接接头,无条件焊接时,也可采用绑扎接头,但何项不得采用绑扎接头?

(A)受弯构件及受扭构件　　(B) 轴心受压构件及偏心受压构件

(C)轴心受拉构件及偏心受拉构件　(D) 轴心受拉构件及小偏心受拉构件

正答:(D)

根据《砼规》第 8.4.2 条,轴心受拉构件及小偏心受拉构件的纵向受力钢筋不得采用绑扎搭接接头。当受拉钢筋的直径 $d>25$ mm 及受压钢筋的直径 $d>28$ mm 时,不宜采用绑扎搭接接头。

【例题 2-6】 下列连接设计的原则中何项不正确?

(A)受力钢筋接头宜设在受力较小处。

(B)在纵向受力钢筋搭接长度范围内应配置箍筋,其直径不应小于搭接钢筋较大直径的 $\frac{1}{4}$倍。

(C)同一构件中相邻纵向受力筋的绑扎搭接接头宜互相错开。

(D)纵向受力筋的机械连接接头或焊接接头宜互相错开。

(E)同一钢筋上宜少设接头。

正答:(D)

(A)见《砼规》第 8.4.1 条;(B)见《砼规》第 8.4.6 条,8.3.1 条;(C)见《砼规》第 8.4.3 条;(D)由《砼规》第 8.1.7 条、8.4.8 条,对机械连接接头是对的,对焊接接头要求更严,是“应互相错开”“宜互相错开”是不够的；(E)见《砼规》第 8.4.1 条。

【例题 2-7】 关于搭接长度 l_1 的取值，下列规定何项不正确？

(A)受拉钢筋的搭接长度 l_1 不应小于 $1.2l_a$。

(B)对梁、板、墙类构件，搭接接头面积百分率不宜大于 25%。当其小于等于 25%时，$l_1=1.2l_a$，且不应小于 300 mm。

(C)对柱类构件，搭接接头面积百分率不宜大于 50%；当其为 50% 时，$l_1=1.4l_a$，且不应小于 300 mm。

(D)纵向受压筋搭接长度 l_1' 不应小于 $0.7l_1$，且均不应小于 200 mm。

正答：(A)

(A) 根据《砼规》第 8.4.3 条的规定，不同的搭接接头面积百分率对 l_1 有不同要求；(B) 根据《砼规》第 8.4.3 条、8.4.4 条；(C)根据《砼规》第 8.4.3 条、8.4.4 条；(D)根据《砼规》第 8.4.5 条。

2.4　公路桥涵工程混凝土结构材料

2.4.1　钢筋

《公路桥涵设计通用规范》JJG D60 — 2004(以下简称《公路桥规》)中热轧钢筋的等级代号：R300，HRB335，HRB400 和 KL400。

钢筋混凝土及预应力混凝土构件中的普通钢筋：宜选用热轧 R300，HRB335，HRB400 和 KL400 钢筋，预应力混凝土构件中的箍筋应选用其中的带肋钢筋；按构造要求配置的钢筋网可采用冷轧带肋钢筋。

预应力混凝土构件中的预应力钢筋：应选用钢绞线、钢丝；中、小型构件或竖、横向预应力钢筋，也可选用精扎螺纹钢筋。

2.4.2　混凝土

《公路桥规》的混凝土强度等级划分与《砼规》相同，其受力构件的混凝土强度等级应按下列规定采用：钢筋混凝土构件不应低于 C20，当采用 HRB400，KL400 级钢筋配筋时，不应低于 C25；预应力混凝土构件不应低于 C40。

本章小结

钢筋混凝土结构用的钢筋主要为热轧钢筋，它有明显的流幅(软钢)；预应力钢筋主要为钢绞线、消除应力钢丝和热处理钢筋，这类钢筋没有明显的流幅(硬钢)。钢筋有两个强度指标：屈服强度(软钢)或条件屈服强度(硬钢)；极限强度。结构设计时，一般用屈服强度或条件屈服强度作为计算的依据。钢筋还有两个塑性指标：延伸率和冷弯性能。混凝土结构要求钢筋应具有适当的屈强比和良好的塑性。

混凝土的强度有立方体抗压强度、轴心抗压强度和抗拉强度。结构设计中要用到轴心抗压强度和抗拉强度两个强度指标。立方体抗压强度及其标准值(混凝土强度等级)只用作材料性能的基本代表值，其他强度均可与其建立相应的换算关系。混凝土双轴受压和三轴受压时强度提高，而一向受压另一向受拉时强度降低。

第3章 结构设计基本原理

本章的主要内容

- 结构上的作用、可靠度、极限状态的概念
- 概率极限状态设计方法的基本原理
- 极限状态设计表达式;荷载效应组合设计值,材料强度设计值;分项系数

本章的重点和难点

- 两类极限状态的区别
- 荷载效应组合的意义及种类;结构失效概率、可靠指标及目标可靠指标的关系

3.1 结构可靠度及结构设计方法

3.1.1 结构上的作用、作用效应及结构抗力

1.结构上的作用和作用效应

结构上的作用:施加在结构上的集中力或分布力,以及引起结构外加变形或约束变形的原因。结构上的作用,可分为以下三类:

(1)永久作用:也可称为永久荷载或恒荷载。在设计基准期内不一定出现,而一旦出现其量值很大且持续时间很短的作用,如:结构自重、土压力、预应力、地基沉降、焊接等。

(2)可变作用:如为直接作用,则通常称为可变荷载。在设计基准期内其量值不随时间变化,或其变化与平均值相比可以忽略不计的作用,如:楼面活荷载、吊车荷载、风荷载、雪荷载、温度变化等。

(3)偶然作用:当为直接作用时,通常称为偶然荷载。在设计基准期内其量值随时间变化,且其变化与平均值相比不可忽略的作用,如:爆炸力、撞击力、罕遇的地震等。

作用效应:由直接作用或间接作用在结构内产生的内力和变形。当为直接作用(即荷载)时,其效应也称为荷载效应,通常用 S 表示。

2.结构抗力(Resistance)

结构抗力 R 表示整个结构或结构构件承受作用效应(即内力和变形)的能力,如构件的承载能力、刚度及抗裂能力等。它是一个随机变量,则有下述表达式

$$R = R(\text{材料强度、几何尺寸、计算模式等})$$

举例说明,一个受力的简支梁的荷载、荷载效应、抗力……

3.设计基准期(Design Reference Period)

设计基准期是指为确定可变作用及与时间有关的材料性能等取值而选用的时间参数。我国的《建筑结构可靠度设计统一标准》(以下简称《可靠度标准》)规定设计基准期为50年。

3.1.2 结构的预定功能及结构可靠度

1.设计使用年限(Design Working Life)

设计使用年限即设计规定的结构或构件不需进行大修即可按其预定目的使用的时期。其分类及示例见表3-1。

表3-1 设计使用年限分类

类别	设计使用年限/a	示例
1	5	临时性结构
2	25	易于替换的结构构件
3	50	普通房屋和构筑物
4	100	纪念性建筑和特别重要的建筑物

2.结构的预定功能

(1)正常施工、正常使用时,承受各种作用:安全性。

(2)良好的工作性能:适用性。

(3)足够的耐久性能:耐久性。

安全性、适用性和耐久性总称为结构的可靠性;即结构在规定的时间内,在规定的条件下(三正常),完成预定功能的能力。

结构可靠度为结构可靠性的概率度量,即结构在规定的时间内,在规定的条件下,完成预定功能的概率。

【例题3-1】 (注册工程师类型题)试判断下面的一些见解,其中不正确的是( )。

(A)结构的可靠度与结构的使用年限有关

(B)建筑物中各类构件的安全等级宜与整个结构的安全等级相同,但可对部分构件的安全等级进行调整,但不得低于三级

(C)我国建筑结构设计规范采用的一般结构的设计基准期为50年

(D)结构安全等级为三级的建筑,当柱承受恒载为主时,其安全等级应提高一级

正答:(D)

依据《建筑结构可靠度设计统一标准》BG50068—2001(以下简称《可靠度标准》)第1.0.6条的条文说明,结构可靠度与结构的使用年限长短有关,故(A)项正确。根据《可靠度标准》第1.0.9条,建筑物中各类结构构件的安全等级,宜与整个结构的安全等级相同,对其中部分

结构构件的安全等级可进行调整，但不得低于三级，故(B) 项正确。依据《可靠度标准》第 1.0.4 条可知，我国建筑结构设计规范的设计基准期规定为 50 年，(C) 项正确。

不正确的见解为(D)项。

【例题 3-2】 (注册工程师类型题)关于设计基准期和设计使用年限的概念，下列叙述错误的是(　)。

(A)可靠度指结构在规定的时间内，在规定的条件下完成预定功能的概率。其中，规定的时间指设计基准期

(B)设计使用年限是设计规定的结构或构件不需要进行大修即可按其预定的目的使用的时期

(C)设计基准期是为确定可变作用及与时间有关的材料性能等取值而选用的时间参数，设计基准期为 50 年

(D)设计使用年限按 1,2,3,4 类分别采用 5 年，25 年，50 年，100 年

正答：(A)

根据《可靠度标准》第 2.1.2 条，结构可靠度是指结构在规定的时间内、规定的条件下完成预定功能的概率。其中，规定的时间是指设计使用年限，即设计规定的结构或结构构件不需进行大修即可按其预定目的使用的时期。而设计基准期是指为确定可变作用及与时间有关的材料性能等取值而选用的时间参数。

【例题 3-3】 设计基准期是确定(　)等取值而选用的时间参数。

(A)可变作用及与时间有关的材料性能

(B)可变作用

(C)可变抗力

(D)作用及与时间有关的材料性能

正答：(A)

根据《可靠度标准》第 2.1.6 条。

【例题 3-4】 设计使用年限是设计规定的结构或结构构件(　)。

(A)使用寿命

(B)耐久寿命

(C)可按预定目的使用的时期

(D)不需进行大修即可按其预定目的使用的时期

正答：(D)

根据《可靠度标准》第 2.1.7 条。

3.1.3　结构的安全等级

根据房屋的重要性和结构破坏可能产生的后果，结构的安全等级分为三级，见表 3-2。

表 3－2　建筑结构的安全等级

安全等级	破坏后果	建筑物类型
一级	很严重	重要的房屋
二级	严重	一般的房屋
三级	不严重	次要的房屋

3.1.4　混凝土结构构件设计计算方法

(1)水准Ⅰ——半概率法。对影响结构可靠度的某些参数，如荷载值和材料强度值等，用数理统计进行分析，并与工程经验相结合，引入某些经验系数，故称为半概率半经验法。

(2)水准Ⅱ——近似概率法。将结构抗力和荷载效应作为随机变量，按给定的概率分布估算失效概率或可靠指标，在分析中采用平均值和标准差两个统计参数，在具体计算时采用分项系数表达的极限状态设计表达式，各分项系数根据可靠度分析经优选确定。

(3)水准Ⅲ——全概率法，是完全基于概率论的设计法。

思考："三个关系"：①作用与作用效应的关系(因果)；②抗力与作用效应的关系；③设计使用年限与实际寿命的关系(退休年龄与死亡年龄)。

3.2　荷载和材料强度的取值

3.2.1 荷载值的确定

荷载在结构使用期间是变化的，包括永久荷载 G 和可变荷载 Q。

(1)永久荷载 G：经数理统计分析后，认为永久荷载这一随机变量符合正态分布。

(2)可变荷载 Q：楼面活荷载、风荷载和雪载的概率分布均可认为是极值Ⅰ型分布。

3.2.2　材料强度的确定

(1)材料强度的变异性及统计特性。统计资料表明，钢筋、混凝土强度的概率分布都符合正态分布，但混凝土的离散程度比钢筋要大得多。

(2)材料强度的选用。验算变形、裂缝宽度时，应采用材料强度的标准值；计算截面承载力时，要用比材料强度标准值小的材料强度设计值。材料强度设计值等于材料强度标准值除以材料强度的分项系数。例如，混凝土轴心抗拉强度设计值 $f_t = f_{tk}/\gamma_c$。这里，t 表示抗拉强度(tensile strength)；k 表示标准值；c 表示混凝土；γ_c 表示混凝土强度的分项系数，$\gamma_c = 1.4$。

3.3 概率极限状态设计法

3.3.1 结构的极限状态

整个结构或结构的一部分超过某一特定状态就不能满足设计规定的某一功能要求，此特定状态称为该功能的极限状态。结构的极限状态分为两类：承载能力极限状态；正常使用极限状态。

3.3.2 结构的设计状况

结构的设计状况可分为：持久状况，短暂状况和偶然状况。这三种设计状况，均应进行承载能力极限状态设计。对偶然状况，允许主要承重结构局部破坏；对持久状况，尚应进行正常使用极限状态设计；对短暂状况，可根据需要进行正常使用极限状态设计。

3.3.3 结构的功能函数和极限状态方程

功能函数的变量有各种作用、材料性能、几何参数、计算公式等。

这些变量一般都具有随机性，记为 $X_i\ (i=1,2,\cdots,n)$。

则功能函数可以表示为

$$Z=g(X_1,X_2,X_3,\cdots,X_n)$$

当

$$Z=g(X_1,X_2,X_3,\cdots,X_n)=0$$

时，称之为极限状态方程。

功能函数仅包括作用效应 S 和结构抗力 R 时：

$$Z=R-S$$

当 $Z>0$ 时，结构可靠；当 $Z<0$ 时，结构失效；当 $Z=0$ 时，结构处于极限状态。

3.4 结构极限状态设计表达式

3.4.1 承载能力极限状态设计表达式

1.极限状态设计表达式

按荷载效应的基本组合或偶然组合，采用下列极限状态设计表达式：

$$\gamma_0 S \leqslant R$$

$$R = R(f_c, f_s, a_k, \cdots) = R\left(\frac{f_{ck}}{\gamma_c}, \frac{f_{sk}}{\gamma_s}, a_k, \cdots\right)$$

式中 γ_0 ——结构重要性系数，对安全等级为一级、二级、三级或设计使用年限为100年、50年、5年及以下的结构构件，分别不应小于1.1、1.0和0.9；

S ——荷载效应组合的设计值，分别表示轴力、弯矩、剪力、扭矩等的设计值；

R ——结构构件的承载力设计值；

$R(\cdot)$ ——结构构件的承载力函数；

f_c，f_s ——混凝土、钢筋的强度设计值；

f_{ck}，f_{sk}——混凝土、钢筋的强度标准值；

γ_c，γ_s ——混凝土、钢筋的材料分项系数；

a_k ——几何参数的标准值。

2.荷载效应组合的设计值 S_d

1)可变荷载效应控制组合 $S_d = \sum_{j=1}^{m} \gamma_{Gj} S_{Gjk} + \gamma_{Q1}\gamma_{L1} S_{Q1k} + \sum_{i=2}^{n} \gamma_{Qi}\gamma_{Li}\Psi_{ci} S_{Qik}$

(2)永久荷载效应控制组合 $S = \sum_{j=1}^{m} \gamma_{Gj} S_{Gjk} + \sum_{i=2}^{n} \gamma_{Qi}\gamma_{Li}\Psi_{ci} S_{Qik}$

式中 γ_{Gj} ——第 j 个永久荷载的分项系数；

γ_{Qi} ——第 i 个可变荷载的分项系数，γ_{Q1} 为可变荷载 Q_1 的分项系数；

S_{Gjk}——按第 j 永久荷载标准值 G_{jk} 计算的荷载效应值；

S_{Qik}——按可变荷载标准值 Q_{ik} 计算的荷载效应值，其中 S_{Qik} 为诸可变荷载效应中起控制作用者；

Ψ_{ci} ——可变荷载 Q_i 的组合值系数；

γ_{Li} ——第 i 个可变荷载考虑设计使用年限的调整系数，其中 γ_{L1} 为主导可变荷载 Q_1 考虑设计使用年限的调整系数；

m ——参与组合的永久荷载数；

n ——参与组合的可变荷载数。

可变荷载考虑设计使用年限的调整系数应按下列规定采用：楼面和屋面活荷载考虑设计使用年限的调整系数 γ_{Li} 应按表3-3采用。对于雪荷载和风荷载，应取重现期为设计使用年限，按照《建筑结构荷载规范》GB50009—2012确定基本风压和基本雪压。2012版《建筑结构荷载规范》引入了可变荷载考虑结构设计使用年限的调整系数 γ_{Li}。引入可变荷载考虑结构设计使用年限调整系数的目的，是为解决设计使用年限与设计基准期不同时对可变荷载标准值的调整问题。当设计使用年限与设计基准期不同时，采用调整系数 γ_{Li} 对可变荷载的标准值进行调整。

表3-3 里面和屋面活荷载考虑设计使用年限的调整系数 γ_L

结构设计使用年限/a	5	50	100
γ_L	0.9	1.0	1.1

注：①当设计使用年限不为表中数值时，调整系数 γ_L 可按线性内插确定；

②对于荷载标准值可控制的的活荷载，设计使用年限调整系数 γ_L 取 1.0。

对于偶然组合，偶然荷载的代表值不乘分项系数；与偶然荷载同时出现的其他荷载可根据观测资料和工程经验采用适当的代表值。

3.荷载分项系数，荷载设计值

(1)荷载分项系数 γ_G，γ_Q。

1) 永久荷载分项系数 γ_G 对可变荷载效应控制的组合，取 1.2；对永久荷载控制的组合取 1.35。当永久荷载效应对结构有利（使结构内力减小）时，应取 1.0。

2)可变荷载分项系数 γ_Q 一般情况下应取 1.4；对工业建筑楼面结构，当活荷载标准值大于 4 kN/m^2 时，从经济效果考虑，应取 1.3。

(2)荷载设计值。荷载设计值是荷载分项系数与荷载标准值的乘积，如，永久荷载设计值：$\gamma_G G_k$，可变荷载设计值：$\gamma_Q Q_k$。

(3)荷载组合值系数 Ψ_{ci}，荷载组合值 $\Psi_{ci} Q_{ik}$。当结构上作用几个可变荷载时，各可变荷载最大值在同一时刻出现的概率很小，因而必须对可变荷载设计值再乘以调整系数，即荷载组合值系数 Ψ_{ci}。$\Psi_{ci} Q_{ik}$ 称为可变荷载的组合值。根据《建筑结构荷载规范》第 3.2.3 条及条文说明："对组合值系数，除风荷载取 Ψ_c 外，对其他可变荷载，目前建议统一取 $\Psi_c = 0.7$"。

4.材料分项系数、材料强度设计值

为了考虑材料的离散性和施工偏差，将材料强度标准值除以一个大于 1 的系数，即得材料强度设计值

$$f_c = f_{ck}/\gamma_c,\quad f_s = f_{sk}/\gamma_s$$

按设计可靠指标 $[\beta]$ 通过可靠度分析确定材料分项系数。对延性破坏，取 $[\beta] = 3.2$；对脆性破坏，取 $[\beta] = 3.7$。

根据上述原则确定的混凝土材料分项系数 γ_c；热轧钢筋的材料分项系数 $\gamma_s = 1.1$；预应力钢筋 $\gamma_s = 1.2$。

3.4.2　正常使用极限状态设计表达式

1.可变荷载的频遇值和准永久值

可变荷载有四种代表值，即标准值、组合值、频遇值和准永久值。标准值为基本代表值，其他三值可分别乘以相应系数（小于 1.0）而得。可变荷载的频遇值指在设计基准期内，其超越的总时间为规定的较小比率（μ_x 不大于 0.1）。

可变荷载的准永久值是指在设计基准期内，其超越的总时间约为设计基准期一半（即 μ_x 约等于 0.5）的荷载值，接近于永久荷载。

2.正常使用极限状态设计表达式

正常使用极限状态设计表达式为

$$S_d \leqslant C$$

式中　S_d——正常使用极限状态的荷载效应组合值（如变形、裂缝宽度、应力等的组合值）；

C——结构构件达到正常使用要求所规定的变形、裂缝宽度和应力等的限值。

(1)标准组合。对于标准组合，荷载效应组合值 S_d 为

$$S_d=\sum_{j=1}^{m}S_{Gjk}+S_{Q1k}+\sum_{i=2}^{n}\Psi_{ci}S_{Qik}$$

(2)频遇组合。对于频遇组合,荷载效应组合值 S_d 为

$$S_d=\sum_{j=1}^{m}S_{Gjk}+\Psi_{f1}S_{Q1k}+\sum_{i=2}^{n}\Psi_{qi}S_{Qik}$$

注:这种组合主要用于当一个极限状态被超越时将产生局部损害、较大变形或短暂振动等情况。

式中,Ψ_{f1},Ψ_{qi} 分别为可变荷载 Q_1 的频遇值系数、可变荷载 Q_i 的准永久值系数,可由《建筑结构荷载规范》查取。

(3)永久组合。对于准永久组合,荷载效应组合值 S_d 为

$$S_d=\sum_{j=1}^{m}S_{Gjk}+\sum_{i=1}^{n}\Psi_{qi}S_{Qik}$$

注:这种组合主要用在当荷载的长期效应是决定性因素时的一些情况。

以上 3 种组合中的设计值仅适用于荷载效应为线性的情况

【例题 3-5】 在结构设计的分项系数表达式中,针对承载能力和正常使用极限状态的设计要求应采用不同的荷载代表值。下列关于荷载代表值的规定正确的是( )。

(A)永久荷载和可变荷载均应采用荷载的标准值、组合值、频遇值或准永久值作为代表值

(B)永久荷载应采用标准值、组合值,可变荷载应采用组合值、频遇值或准永久值作为代表值

(C)永久荷载应采用标准值、频遇值,可变荷载应采用标准值、组合值或准永值作为代表值

(D)永久荷载应采用标准值,可变荷载应采用标准值、组合值、频遇值或准永久值作为代表值

正答:(D)

根据《可靠度标准》第 4.0.5 条,结构设计时,应根据各种极限状态的设计要求采用不同的荷载代表值。永久荷载应采用标准值作为代表值;可变荷载应采用标准值、组合值、频遇值或准永久值作为代表值。

【例题 3-6】 对于承载能力极限状态设计,应考虑结构作用效应的最不利组合,即( )。

(A)基本组合和标准组合　　(B) 标准组合和偶然组合

(C)基本组合和偶然组合　　(D) 持久状态和自然状态

正答:(C)

根据《可靠度标准》第 3.0.5 条可知。

【例题 3-7】 结构重要性系数 γ_0 应按结构构件的安全等级和( )确定。

(A)设计使用年限并考虑工程经验　　(B) 设计使用年限

(C)结构物的破坏状态　　(D) 施工、使用、维护的要求

正答:(A)

根据《可靠度标准》第 7.0.1 条。

【例题 3-8】 关于建立承载能力极限状态偶然组合设计表达式的原则,下列叙述不正确的是( )。

(A)只考虑一种偶然作用与其他荷载相组合

(B)偶然作用的代表值不乘以分项系数

(C)与偶然作用同时出现的可变荷载,应根据观测资料和工程经验采用适当的代表值,如组合值等

(D)荷载与抗力分项系数,可根据结构可靠度分析或工程经验确定,应符合专门规范的规定

正答:(C)

根据《可靠度标准》第7.0.2条及其条文说明,偶然组合极限状态设计表达式的确定原则为:①只考虑二种偶然作用与其他荷载相组合;②偶然作用不乘以荷载分项系数;③可变荷载可根据与偶然作用同时出现的可能性,采用适当的代表值,如准永久值等;④荷载与抗力分项系数值,可根据结构可靠度分析或工程经验确定。

【例题3-9】 间接作用是按引起结构的外加变形或约束变形的原因包括( )。

(A)自重、地震、风、泪度　(B)收缩、地震、沉降、温度

(C)自重、地震、沉阵、温度　(D)地震、风、收缩、温度

正答:(B)

根据《建筑结构荷载规范》第1.0.4条可知。

【例题3-10】 正常使用极限状态按荷载效应的频遇组合设计时,应采用( )作为可变荷载的代表值。

(A)准永久值　(B)频遇值

(C)频遇值、准永久值　(D)标准值

正答:(C)

根据《建筑结构荷载规范》第3.1.6条,正常使用极限状态按频遇组合设计时,应采用频遇值、准永久值作为可变荷载的代表值。

【例题3-11】 以下关于楼面均布活荷载的论述符合《建筑结构荷载规范》的是( )。

(A)住宅和教室的均布活荷载标准值不相同

(B)阳台的均布活荷载为2.0 kN/m²

(C)各种楼梯的均布活荷载相同

(D)屋面均布活荷载应与雪载同时考虑

正答:(A)

根据《建筑结构荷载规范》第5.1.1条表5.1.1,住宅的均布活荷载标准值为2.0 kN/m²,教室的均布活荷载标准值均为2.5 kN/m²,选项(A)是正确的;

阳台的均布活荷载分两种情况:一般情况为2.5 kN/m²,当人群有可能密集时为3.5 kN/m²,因此选项(B)是错误的;

楼梯的均布活荷载根据建筑类别而不同,多层住宅等为2.0 kN/m²,消防疏散及其他民用建筑等为3.5 kN/m²,因此选项(C)是错误的;

根据《建筑结构荷载规范》第4.3.1条规定,不上人的屋面均布活荷载,可不与雪荷载和风荷载同时组合,因此选项(D)是错误的。

【例题 3-12】 某住宅用户进行二次装修，地面采用 20 mm 水泥砂浆，然后在上面铺 10 mm厚大理石；而下家顶棚为 V 形钢龙骨吊顶，二层 9 mm 纸面石膏板，无保温层；则增加楼面自重与楼面活荷载标准值的比值为（ ）。

(A) 0.35　　(B) 0.44　　(C) 0.50　　(D) 0.59

正答：(B)

根据《建筑结构荷载规范》附录 A 表 A 常用材料和构件的自重表，各项材料的规定自重为：大理石 28 kN/m³，水泥砂浆 20 kN/m³，V 形轻钢龙骨吊顶（二层 9 mm 纸面石膏板，无保温层）0.20 kN/m²。

二次装修增加楼面自重分别为：10 mm 厚大理石 0.28 kN/m²（0.01 m × 28 kN/m³，20 mm厚水泥砂浆 0.4 kN/m²（0.02 m × 20 kN/m³），V 形轻钢龙骨吊顶 0.20 kN/m²，则二次装修增加楼面自重为：0.28＋0.40＋0.20＝0.88 kN/m²

根据《建筑结构荷载规范》表 5.1.1，住宅楼面活荷载标准值为 2.0 kN/m²，则该楼面二次装修增加楼面自重与楼面活荷载标准值的比值为：0.88/2.0 ＝0.44。

【例题 3-13】 ①教室、②教学楼的厕所、③消防楼梯的楼面均布活荷载标准值应按下列何组荷载取值才是全部正确的？（单位：kN/m²）

(A)①2.0，②2.5，③3.5　　(B) ①2.0，②2.0，③3.5

(C)①2.5，②2.5，③2.5　　(D) ①2.5，②2.0，③2.5

正答：(B)

根据《建筑结构荷载规范》第 5.1.1 条表 5.1.1。民用建筑楼面均布活荷载标准值：教室为 2.0 kN/m²；教学楼属于第 1 项中的民用建筑，其厕所为 2.0 kN/m²，消防疏散楼梯为3.5 kN/m²。

【例题 3-14】 一幢 16 层高的住宅楼，其标准层平面如图 3-1 所示，该楼中单元楼梯为用于一梯两户，且设置了电梯。该楼内的楼梯活荷载标准值 q_k 最接近下列何项？

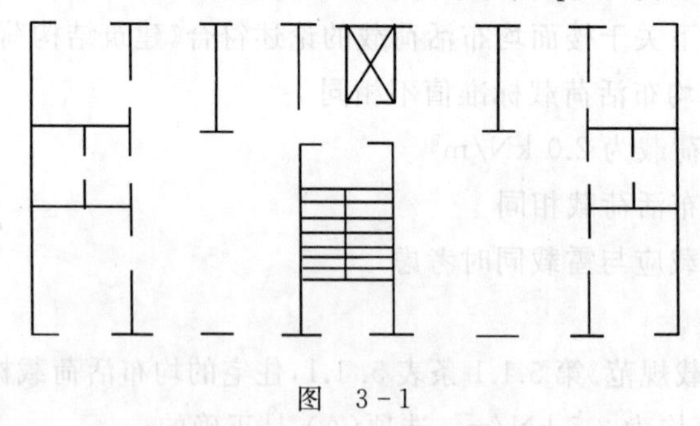

图 3-1

(A) 3.5　　(B) 2.0　　(C) 2.5　　(D) 3.0

正答：(A)

根据《建筑结构荷载规范》第 5.1.1 条表 5.1.1 第 11 项(3)，当人流可能密集时的楼梯 q_k＝3.5kN/m²。

【例题 3-15】 设计楼面梁、墙、柱及基础时，对楼面活荷载标准值的折减，以下何项不正确？

(A)设计办公楼的楼面梁时,只有当该楼面梁的服务面积超过 25 m^2 才考虑降低楼面活荷载标准值 10%。

(B) 设计办公楼的墙、性及基础时,按计算截面以上的层数多少确定折减系数值。

(C)设计商场大楼的墙、柱及基础时,当该墙、柱及基础各自的服务面积分别超过 50 m^2 时,可降低楼面活荷载标准值 10%。

(D) 设计商场大楼的电梯厅楼面大梁,由于人群密集,所以不论该楼面大梁的服务面积多少,可一律不降低楼面活荷载标准值。

正答:(D)

商场大楼的电梯厅楼面活荷载标准值,已考虑了人群密集的因素。若其楼面大梁的服务面积越过 50 m^2时。根据《建筑结构荷载规范》第 5.1.2 条可乘以 0.9 的折减系数。

【例题 3-16】 今有一位于非地震区的 18 层、高 58 m 住宅楼,钢筋混凝土剪力墙结构.在计算底层剪力墙时,由各层楼面(包括上人屋面)传来的竖向活荷载标准值(kN/m^2)最接近下列何项?

(A) 21.80　　(B) 25.92　　(C) 36.00　　(D) 13.20

正答:(A)

由《建筑结构荷载规范》表 5.1.1,住宅楼面活载为 2.0 kN/m^2;

由《建筑结构荷载规范》表 5.3.1,上人屋面活载为 2.0 kN/m^2;

由《建筑结构荷载规范》表 5.3.1,屋面活载的组合值系数为 0.70;

由《建筑结构荷载规范》表 5.1.2,底层墙截面以上有 17 层楼面,楼面活载的折减系数为 0.6。

【例题 3-17】 条件:某工厂工作平台静重 5.4 kN/m^2,活载 2.0 kN/m^2。要求:荷载组合设计值。

答案:(1) 以永久荷载控制,静载分项系数 1.35,活载分项系教取 1.4,荷载组合值系数 0.7

$$1.35 \times 5.4 + 1.4 \times 0.7 \times 2 = 9.25\ kN/m^2$$

(2)以可变荷载控制,荷载组合设计值为静载分项系数 1.2,活载分项系教取 1.4,则

$$1.2 \times 5.4 + 1.4 \times 2 = 9.28\ kN/m^2$$

本题关键在于荷载分项系数及组合值系数取值问题,从直观看题,永久荷载值大于可变荷载 2.7 倍,容易误解为当属永久荷载控制。实则不然,经轮次试算对比,本题仍应由变荷载控制。

【例题 3-18】 屋面板纵肋跨中弯矩的基本组合设计值。

条件:某厂房采用 1.5 m×6 m 的大型屋面板如图 3-2 所示,卷材防水保温屋面,永久荷载标准值为 2.7 kN/m^2,不上人的屋面活荷载为 0.7 kN/m^2。屋面积灰荷载为 0.5 kN/m^2,雪荷载为 0.4 kN/m^2,已如纵肋的计算跨度 $l = 5.87$ m 。

要求:求纵肋跨中弯矩的基本组合设计值。

答案:(1) 荷载标准值:

1) 永久荷载为

$$G_k = 2.7 \times 1.5/2 = 2.025\ kN/m$$

图 3-2　屋面板

2)可变荷载为

屋面活荷(不上人)　　$Q_{1k}=0.7\times1.5/2=0.525\ \text{kN/m}$

积灰荷载　　$Q_{1k}=0.5\times1.5/2=0.375\ \text{kN/m}$

雪荷载　　$Q_{1k}=0.4\times1.5/2=0.3\ \text{kN/m}$

(2)荷载效应组合:按照《建筑结构荷载规范》第 5.3.3 条:“不上人的屋面均布活荷载,可不与雪荷载和风荷载同时组合”的规定,那么屋面均布活荷载不与风荷载同时组合。故采用以下几种组合方式进行荷载组合,并取其最大值作为设计值。

1)由永久荷载控制的组合。由《建筑结构荷载规范》式(3.2.3-2)可得纵肋跨中弯矩设计值为

$$M=\gamma_G M_{Gk}+\gamma_{Q1}\gamma_{L1}\Psi_{c1}M_{1k}+\gamma_{Q2}\gamma_{L2}\Psi_{c2}M_{2k}=$$

$$1.35\times\frac{1}{8}G_{1k}l^2+1.4\times1.0\times0.7\times\frac{1}{8}Q_{1k}l^2+1.4\times0.9\times\frac{1}{8}Q_{2k}l^2=$$

$$1.35\times\frac{1}{8}\times2.025\times2.87^2+1.4\times0.7\times\frac{1}{8}\times0.525\times5.87^2+$$

$$1.4\times0.9\times\frac{1}{8}\times0.375\times5.87^2=16.03\ \text{kN}\cdot\text{m}$$

2)由可变荷载控制的组合,可得

$$S_d=\sum_{j=1}^{m}\gamma_{Gj}S_{Gjk}+\gamma_{Q1}\gamma_{L1}S_{Q1k}+\sum_{i=2}^{n}\gamma_{Qi}\gamma_{Li}\Psi_{ci}S_{Qik}$$

由《建筑结构荷载规范》式(3.2. 3-1)并分别采用屋面活荷载与积灰荷载作为第一可变荷载进行组合。计算弯矩设计值如下所述。

若屋面活荷载为第一可变荷载,《建筑结构荷载规范》第 4.4.1 条积灰荷载组合值系数取 0.90,则有

$$M=\gamma_G M_{Gk}+\gamma_{Q1}\gamma_{L1}M_{Q1K}+\gamma_{Q2}\gamma_{L2}\Psi_{c2}M_{Q2K}=$$

$$1.2\times\frac{1}{8}G_{1k}l^2+1.4\times\frac{1}{8}Q_{1k}l^2+1.4\times0.7\times\frac{1}{8}Q_{2k}l^2=15.67\ \text{kN}\cdot\text{m}$$

若屋面积灰荷载作为第一可变荷载,则有

$$M=\gamma_G M_{Gk}+\gamma_{Q1}\gamma_{L1}M_{Q1K}+\gamma_{Q2}\gamma_{L2}\Psi_{c2}M_{Q2K}=$$

$$1.2\times\frac{1}{8}G_{1k}l^2+1.4\times\frac{1}{8}Q_{1k}l^2+1.4\times0.7\times\frac{1}{8}Q_{2k}l^2=14.94\ \text{kN}\cdot\text{m}$$

对以上计算结果比较可知,由永久荷载控制的组合弯矩计算结果最大,故将其作为荷载效

应的设计植。

【例题 3-19】（注册结构类型题）一档案库的楼面悬臂梁如图 3-3 所示，其悬挑计算跨度 $l_0=5$ m，该梁上由永久荷载标准值产生的线荷载 $g_k=30$ kN/m，由楼面活荷载标准值产生的线荷载 $q_k=30$ kN/m 。该梁的梁端 B 的弯矩设计值 M_B（kN·m）与下列何项数值最为接近？

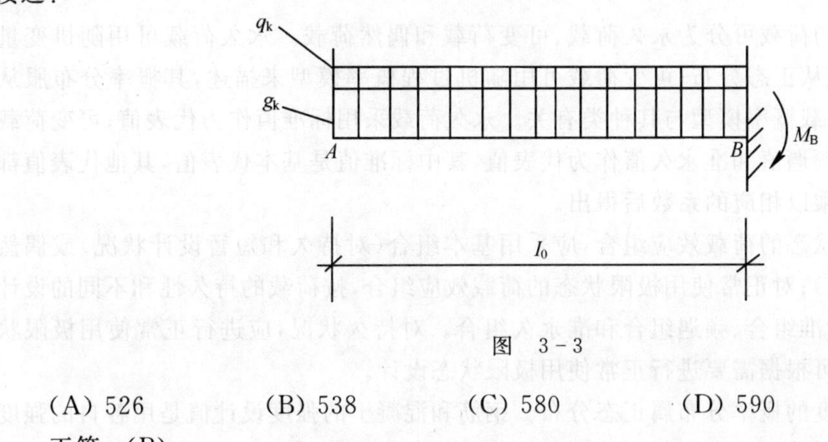

图　3-3

(A) 526　　(B) 538　　(C) 580　　(D) 590

正答：(B)

永久荷载标准值和楼面活荷载标准值的比值 $g_k/q_k=15$，可判断是由永久荷载效应控制的组合值。则根据《建筑结构荷载规范》第 3.2.3 条第 2 款，有

$$M=\sum_{j=1}^{m}\gamma_{Gj}S_{Gjk}+\sum_{i=1}^{n}\gamma_{Qi}\gamma_{Li}\Psi_{ci}S_{Qik}$$

查《建筑结构荷载规范》表 5.1.1，$\gamma_G=1.35$，$\gamma_Q=1.4$，$\Psi_c=0.9$，又已知 $S_{Gk}=g_k=30$ kN/m 、$S_{Qik}=q_k=2.0$ kN/m，则梁端 B 的弯矩设计值为

$$M_B=(1.35\times30+1.4\times0.9\times2.0)\times5^2/2=537.75\ \text{kN}\cdot\text{m}$$

【例题 3-20】（注册结构类型题）一单层平面框架（见图 3-4），由屋顶永久荷载标准值产生 D 点柱顶弯矩标准值 $M_{Dgk}=50$ kN·m，由屋顶均布活荷载标准值产生的弯矩标准值 $M_{Dqk}=50$ kN·m，D 点的弯矩设计值 M_D(kN·m) 与下列何项最接近？

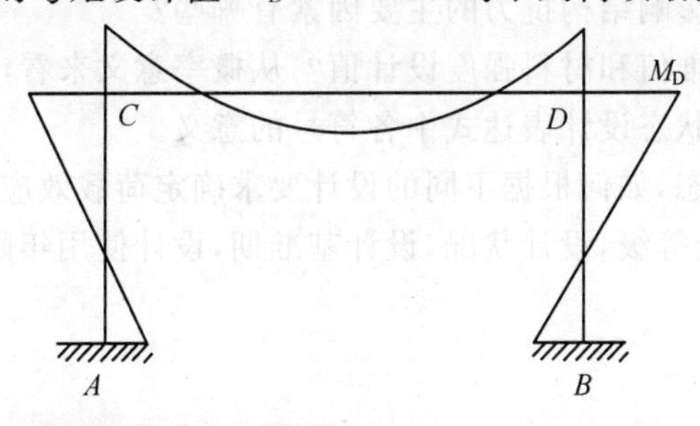

图　3-4

(A) 102　　(B) 96.9　　(C) 130　　(D) 95

正答：(A)

当为屋顶均布活荷载效应控制的组合时，有

$$M_D=1.2\times50+1.4\times30=102\ \text{kN}\cdot\text{m}$$

当为永久荷载效应控制的组合时，有

$$M_D = 1.35 \times 50 + 1.4 \times 0.7 \times 30 = 96.9\ \text{kN} \cdot \text{m} < 102\ \text{kN} \cdot \text{m}$$

本章小结

作用于建筑物上的荷载可分为永久荷载、可变荷载和偶然荷载。永久荷载可用随机变量概率模型来描述，它服从正态分布；可变荷载可用随机过程概率模型来描述，其概率分布服从极值Ⅰ型分布；偶然荷载概率模型与其种类有关。永久荷载采用标准值作为代表值；可变荷载采用标准值、组合值、频遇值和准永久值作为代表值，其中标准值是基本代表值，其他代表值都可在标准值的基础上乘以相应的系数后得出。

对承载能力极限状态的荷载效应组合，应采用基本组合（对持久和短暂设计状况）或偶然组合（对偶然设计状况）；对正常使用极限状态的荷载效应组合，按荷载的持久性和不同的设计要求采用三种组合：标准组合、频遇组合和准永久组合。对持久状况，应进行正常使用极限状态设计；对短暂状况，可根据需要进行正常使用极限状态设计。

钢筋和混凝土强度的概率分布属正态分布。钢筋和混凝土的强度设计值是用各自的强度标准值除以相应的材料分项系数而得到的。正常使用极限状态设计时，材料强度一般取标准值。承载能力极限状态设计时，取用材料强度设计值。

结构的极限状态分为两类：承载能力极限状态和正常使用极限状态。在极限状态设计法中，若以结构的失效概率或可靠指标来度量结构可靠度，并且建立结构可靠度与结构极限状态之间的数学关系，这就是概率极限状态设计法。

思考题

1.什么是结构上的作用？荷载属于哪种作用？

2.什么是结构抗力？影响结构抗力的主要因素有哪些？

3.什么是材料强度标准值和材料强度设计值？从概率意义来看，它们是如何取值的？

4.说明承载能力极限状态设计表达式中各符号的意义。

5.对正常使用极限状态，如何根据不同的设计要求确定荷载效应组合值？

6.解释下列名称：安全等级，设计状况，设计基准期，设计使用年限，目标可靠指标。

第4章　受弯构件正截面承载力

本章的主要内容

·梁、板的一般构造

·梁的正截面受弯承载力试验结果

·正截面承载力计算的基本假定及其应用

·单筋与双筋矩形截面，T形截面受弯构件的正截面受弯承载力计算

本章的重点和难点

·适筋梁正截面受弯三个受力阶段的概念，包括截面上应力与应变的分布、破坏形态、纵向受拉钢筋配筋百分率对破坏形态的影响、三个工作阶段在混凝土结构设计中的应用等。

·混凝土构件正截面承载力计算的基本假定及其在受弯构件正截面受弯承载力计算中的应用。

·单筋、双筋矩形与T形截面受弯构件正截面受弯承载力的计算方法，配置纵向受拉钢筋的主要构造要求。

4.1　概　述

4.1.1　实际工程中的受弯构件

实际工程中的受弯构件包括：肋形楼盖的梁板，现浇混凝土楼梯，预制空心版和槽形板，预制T形和I形截面梁，公路桥行车道板，板式桥承重板，挡土墙，基础中的板和梁等，如图4-1所示。

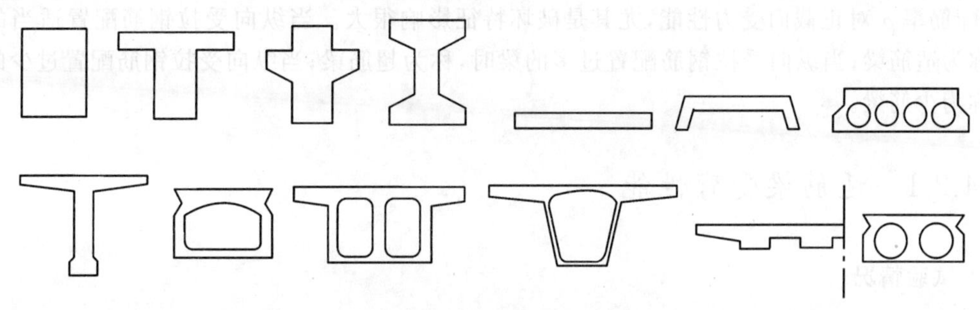

图4-1　梁板常用的截面形式

4.1.2 受弯构件的截面形式

梁的截面形式:矩形、T 形、I 形、箱形,如图 4-2(a)所示。
板的截面形式:矩形、多孔形,如图 4-2(b)所示。

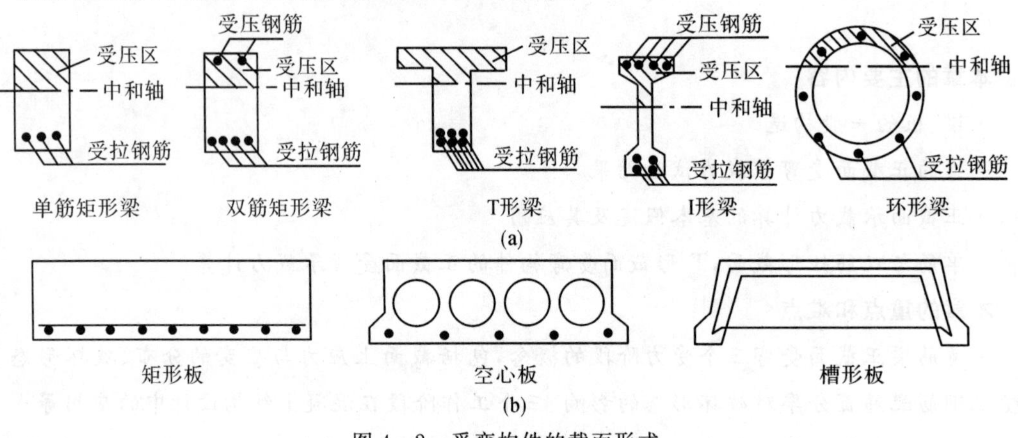

图 4-2 受弯构件的截面形式
(a)梁的截面形式;(b)板的截面形式

4.1.3 受弯构件的设计内容

(1)正截面受弯破坏形态。在构件的纯弯段,随着弯矩的增大,在截面受拉区将出现垂直裂缝,混凝土退出工作,由配置在受拉区的纵向钢筋承担拉力。此后,钢筋应力随弯矩的增大而逐渐增大,直到受拉钢筋应力达到屈服强度,受压区混凝土被压碎而破坏。

(2)斜截面受剪破坏形态。在弯矩和剪力的共同作用下,构件弯剪区段内的主拉应力方向是倾斜的,当主拉应力超过混凝土的抗拉强度时,将出现斜裂缝。由箍筋承受剪力,当穿过斜裂缝的箍筋应力达到屈服强度,剪压区的混凝土达到复合受力强度时,构件沿斜截面破坏。

4.2 正截面受弯性能的实验研究

配筋率 ρ 对正截面受力性能,尤其是破坏特征影响很大。当纵向受拉钢筋配置适当的梁时,称为适筋梁;当纵向受拉钢筋配置过多的梁时,称为超筋梁;当纵向受拉钢筋配置过少的梁时,称为少筋梁。

4.2.1 适筋梁受弯性能

1.试验情况

测截面应变:沿梁高两侧外表布置应变片,测纵向应变;筋表面贴电阻应变片,测钢筋应变。

测挠度：① 跨中安装位移计，为扣除支座沉陷影响，同时在支座上安装位移计；②有时还安装倾角仪，测梁转角。

试验时，采用逐级加荷，通过仪表读数及计算分析可求得梁的受力及变形情况，如图 4－3 所示。

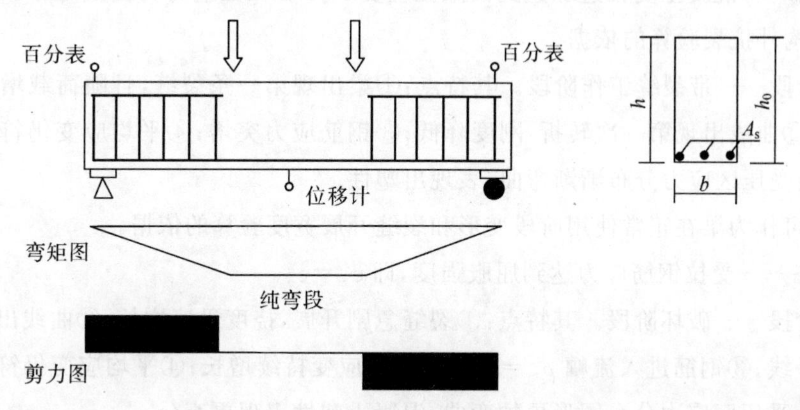

图 4－3　正截面受弯性能试验示意图

2.梁的挠度、纵筋拉应力、截面应变试验曲线

梁的挠度、纵筋拉应力、截面应变试验曲线，如图 4－4 所示。

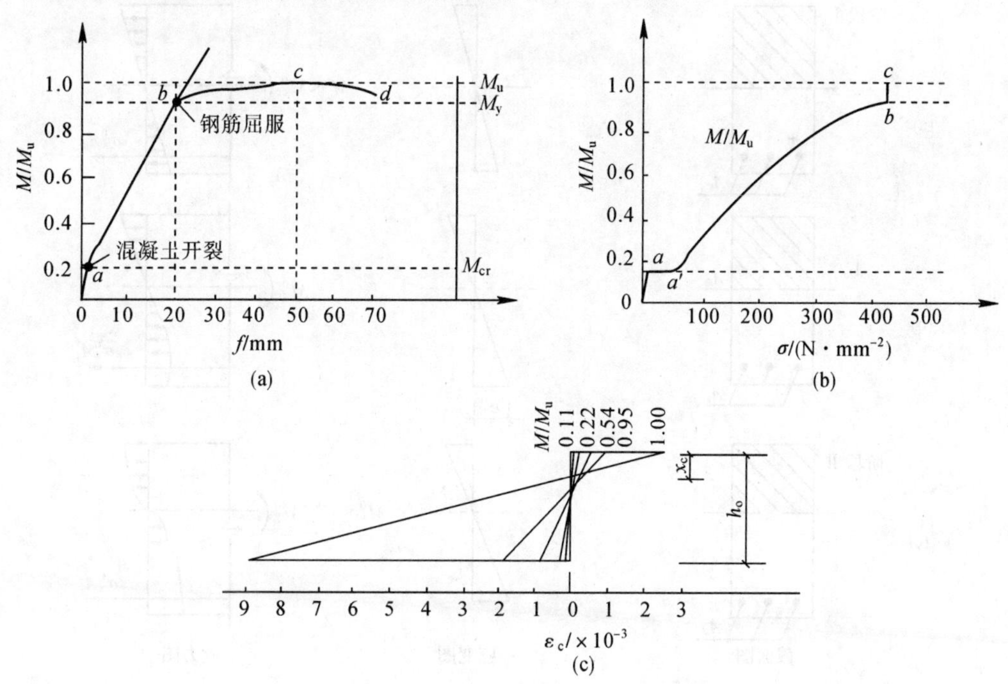

图 4－4　梁的挠度、纵筋拉应力、截面应变试验曲线

(a)跨中避挠度 f 实测图；(b)纵向钢筋应力 σ_s 实测图；(c)纵向应变沿梁截面高度分布实测图

3.适筋梁正截面受力的三个阶段

适筋梁正截面受力的三个阶段，如图 4－5 所示。

（1）Ⅰ阶段——弹性工作阶段。其特点：①梁未开裂，处于弹性工作状态；②曲线接近直线；③钢筋应力较小；④截面应变符合平截面假定；⑤混凝土受拉区、受压区应力均为三角形分布。

$Ⅰ_a$ 状态——混凝土受拉边缘达到极限拉应变 ε_{tu}，受拉区应力为曲线分布。此应力状态可作为受弯构件抗裂验算的依据。

（2）Ⅱ阶段——带裂缝工作阶段。其特点：①梁出现第一条裂缝，且随荷载增大裂缝逐渐增多，增宽；②曲线出现第一次转折，刚度降低；③钢筋应力突增；④平均应变仍符合平截面假定；⑤混凝土受压区应力分布渐渐弯曲，表现出塑性。

Ⅱ阶段可作为梁在正常使用阶段变形和裂缝开展宽度验算的依据。

$Ⅱ_a$ 状态——受拉钢筋应力达到屈服强度，即 $\varepsilon_s=\varepsilon_y$。

（3）Ⅲ阶段——破坏阶段。其特点：①裂缝急剧开展，挠度迅速增长；②曲线出现第二次转折，接近水平线；③钢筋进入流幅 $\rho_s=f_y$，而钢筋应变持续增长；④平均应变仍符合平截面假定；⑤混凝土受压区应力分布图形更加弯曲，混凝土塑性表现更充分。

$Ⅲ_a$ 状态——混凝土受压边缘达到极限压应变 ε_{cu}，梁宣告破坏。可作为受弯构件正截面受弯承载能力计算依据。

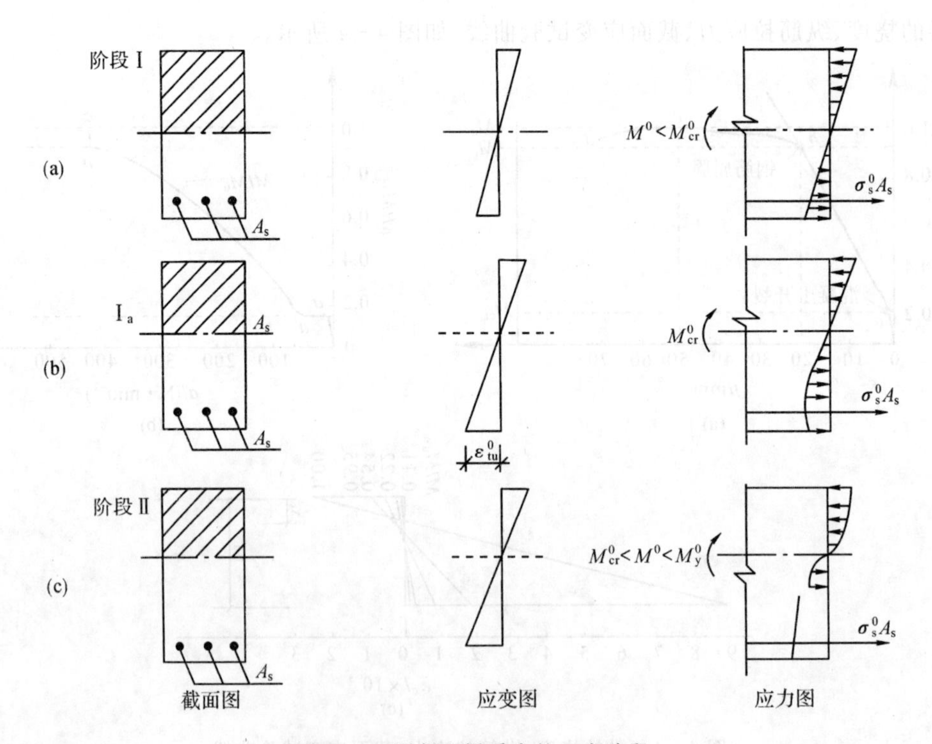

图 4-5　混凝土梁受力的三个阶段

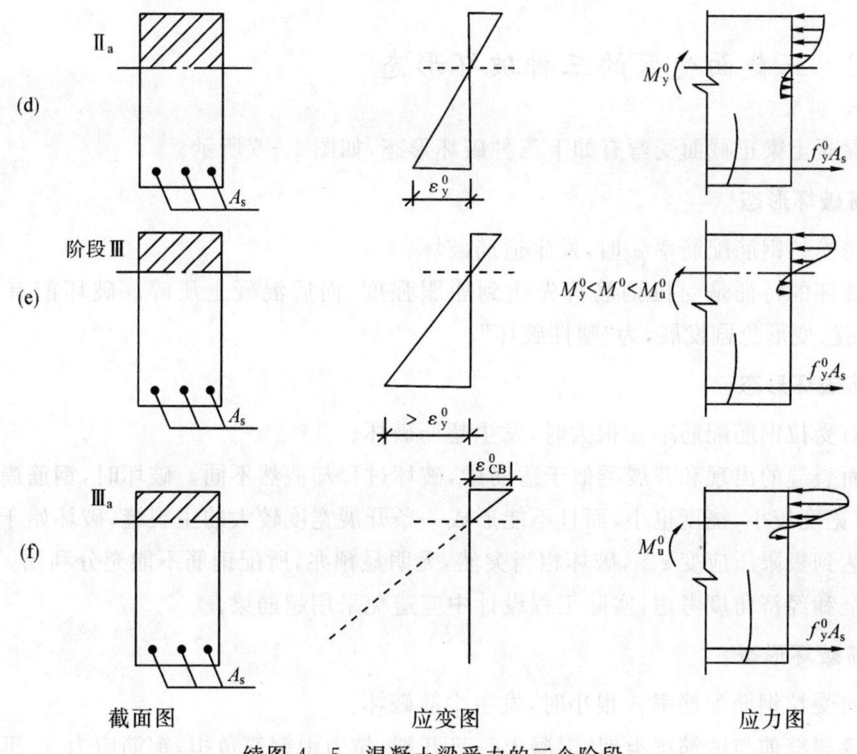

续图 4-5　混凝土梁受力的三个阶段

4. 受力阶段的特点

适筋梁正截面受弯三个受力阶段的主要特点见表 4-1。

表 4-1　适筋梁正截面受弯三个受力阶段的主要特点

受力阶段 / 主要特征		第 Ⅰ 阶段	第 Ⅱ 阶段	第 Ⅲ 阶段
习性		未裂阶段	带裂缝工作阶段	破坏阶段
外观特征		没有裂缝，挠度很小	有裂缝，挠度还不明显	钢筋屈服，裂缝宽，挠度大
弯矩截面-曲率关系		大致成直线	曲线	接近水平的曲线
混凝土应力图形	受压区	直线	受压区高度减小，混凝土压应力图形为上升段的曲线，应力峰值在受压区边缘	受压区高度进一步减小，混凝土压应力图形较为丰满的曲线，后期为有上升段的曲线，应力峰值不在受压区边缘而在边缘的内侧
	受拉区	前期为直线，后期为有上升段的直线，应力峰值不在受压区边缘	大部分退出工作	绝大部分退出工作
纵向受拉钢筋应力		$\sigma_s \leqslant 20\sim30\ \mathrm{N/mm^2}$	$20\sim30\ \mathrm{N/mm^2} < \sigma_s < f_y$	$\sigma_s = f_y$
在设计计算中的作用		用于抗裂缝验算	用于抗裂缝验算	用于正截面受弯承载力计算

4.2.2 正截面受弯的三种破坏形态

钢筋混凝土梁正截面受弯有如下三种破坏形态，如图 4－6 所示。

1.适筋破坏形态

当纵向受拉钢筋配筋率 ρ 时，发生适筋破坏。

适筋破坏的特征是受拉钢筋首先达到屈服强度，而后混凝土压碎。破坏前有明显的预兆—— 裂缝、变形急剧发展，为“塑性破坏”。

2.超筋破坏形态

当纵向受拉钢筋配筋率 ρ 很大时，发生超筋破坏。

梁截面裂缝的出现和开展类似于适筋梁，破坏过程却截然不同。破坏时，钢筋尚处于弹性阶段，裂缝宽度较小，挠度也小，而且不能形成一条开展宽度较大的主裂缝，破坏始于受压区混凝土边缘达到极限压应变 ε_{cu}，破坏相当突然，无明显预兆，所配钢筋不能充分利用。

从安全和经济角度考虑，实际工程设计中应避免采用超筋梁。

3.少筋破坏形态

当纵向受拉钢筋配筋率 ρ 很小时，发生少筋破坏。

梁出现裂缝前与适筋梁类似，混凝土一旦开裂，拉力由钢筋负担，钢筋应力 ρ_s 迅速增长并可能超过其屈服强度而进入强化段，由于裂缝往往集中出现一条，宽度大且沿梁高延伸很高。即使钢筋不被拉断，也因变形过大或裂缝过宽而达到丧失承载能力的极限状态。其承载能力仅仅大致相当于素混凝土梁的承载力，甚至更低。所配钢筋没有多大效果。

从安全和经济角度考虑，实际工程中不允许采用少筋梁。

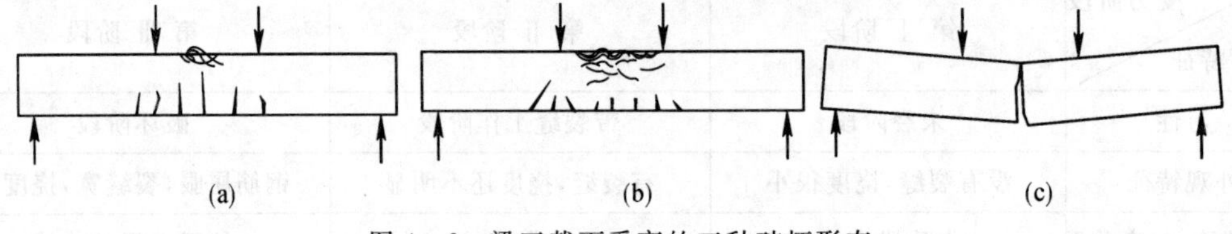

图 4－6 梁正截面受弯的三种破坏形态

(a)适筋梁；(b)超筋梁；(c)少筋梁

4.2.3 适筋梁的配筋范围

适筋梁与超筋梁的界限配筋率为 ρ_b（最大配筋率），适筋梁与少筋梁的界限配筋率为 ρ_{min}。当 $\rho_{min} \leqslant \rho \leqslant \rho_{max}$ 时，可防止发生少筋梁和超筋梁破坏。

4.3 正截面受弯承载力分析

以适筋梁破坏阶段的Ⅲ$_a$ 受力状态为依据，按以下基本假定建立受弯构件正截面受弯承载力的计算公式。这些基本假定同样适用于其他混凝土构件正截面承载力计算。

4.3.1　基本假定

(1) 截面应变保持平面，如图 4－7 所示。

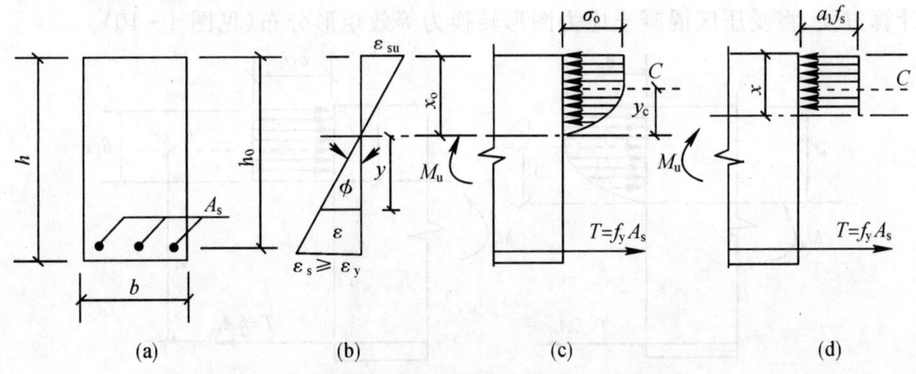

图 4－7　矩形截面受弯构件截面应力和应变分布

(a)截面；(b)截面应变图；(c)截面应力图；(d)截面等效应力图

(2)截面受拉区的拉力全部由钢筋负担，不考虑受拉区混凝土的抗拉作用。

(3)混凝土的 $\sigma-\varepsilon$ 曲线和纵向受拉钢筋的应力-应变曲线，如图 4－8 和图 4－9 所示。

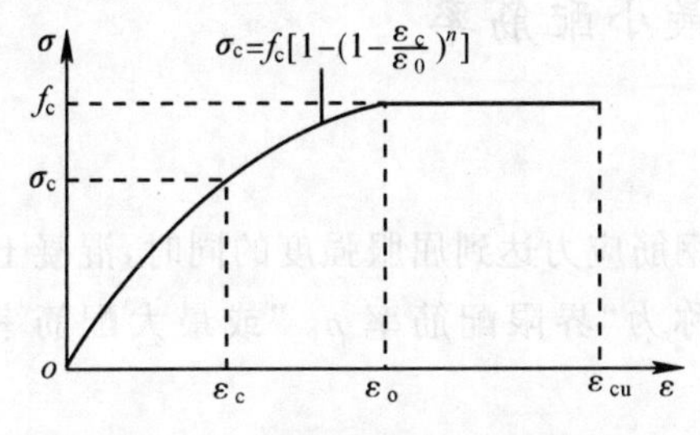

图 4－8　混凝土应力-应变曲线

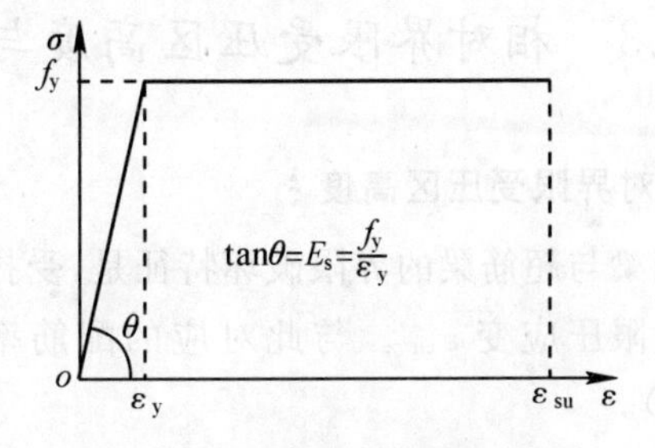

图 4－9　钢筋应力-应变曲线

根据《砼规》6.2.1－3 条规定：混凝土受压的应力与应变关系按下列规定取用。

当 $\varepsilon_c \leqslant \varepsilon_0$ 时

$$\sigma_c = f_c - \left[1-\left(1-\frac{\varepsilon_c}{\varepsilon_0}\right)^n\right] \tag{4-1}$$

当 $\varepsilon_0 < \varepsilon_c \leqslant \varepsilon_{cu}$ 时

$$\delta_c = f_c \tag{4-2}$$

$$n = 2-\frac{1}{60}(f_{cu,k}-50) \tag{4-3}$$

$$\varepsilon_0 = 0.002+0.5(f_{cu,k}-50)\times 10^{-5} \tag{4-4}$$

$$\varepsilon_{cu} = 0.0033-(f_{cu,k}-50)\times 10^{-5} \tag{4-5}$$

式中　σ_c——混凝土压应变为 ε_c 时的混凝土压应力；

f_c——混凝土轴心抗压强度设计值，按《砼规》表 4.1.4－1 采用；

ε_0——混凝土压应力达到 f_c 时混凝土压应变，当计算的 ε_0 值小于 0.002 时，取 0.002；

ε_{cu}——正截面的混凝土极限压应变，当处于非均匀受压且按式(4－4)计算的值大于

0.003 3时，取为0.003 3；当处于轴心受压时取为ε_0；

n —— 系数，当计算的n值大于2.0时，取为2.0。

4.3.2 受压区等效矩形应力图形

为计算方便，将受压区混凝土应力图形转换为等效矩形分布（见图4-10）。

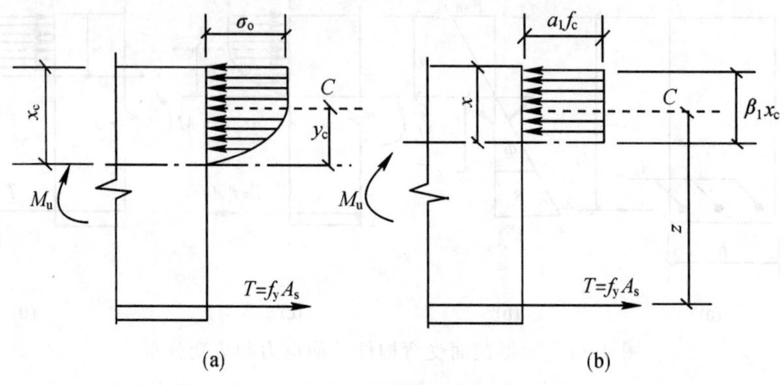

图4-10 矩形截面受弯应力分析

（a）截面实际应力图；（b）截面等效应力图

4.3.3 相对界限受压区高度与最小配筋率

1.相对界限受压区高度ξ_b

适筋梁与超筋梁的界限破坏特征是，受拉钢筋应力达到屈服强度的同时，混凝土受压区边缘达到极限压应变ε_{cu}。与此对应的配筋率称为“界限配筋率ρ_b”或最大配筋率ρ_{max}（见图4-11）。

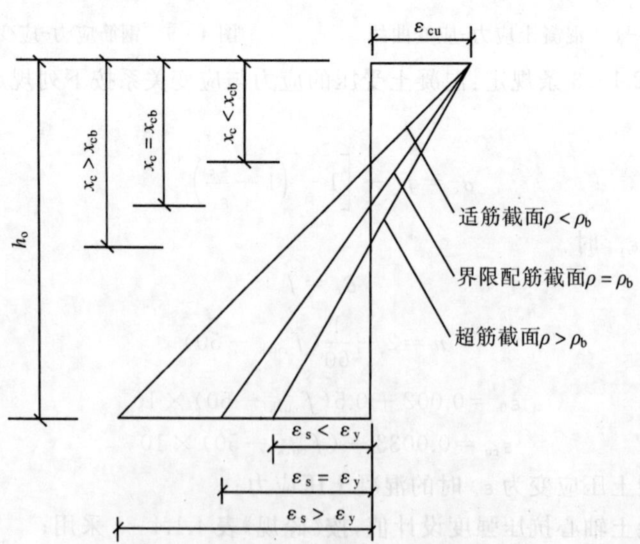

图4-11 适筋梁、超筋梁、界限配筋梁破坏时的正截面平均应变图

对于有明显屈服点的钢筋，则

$$\xi_b = \frac{x_b}{h_0} = \frac{\beta_1 x_{cb}}{h_0} = \frac{\beta_1 \varepsilon_{cu}}{\varepsilon_{cu} + \varepsilon_y} = \frac{\beta_1}{1 + \frac{\varepsilon_y}{\varepsilon_{cu}}} = \frac{\beta_1}{1 + \frac{f_y}{E_s \varepsilon_{cu}}}$$

对于无明显屈服点的钢筋，则

$$\xi_b = \frac{\beta_1}{1 + \frac{0.002}{\varepsilon_{cu}} + \frac{f_y}{\varepsilon_{cu} E_s}}$$

界限配筋率

$$\rho_b = \alpha_1 f_c \xi_b / f_y$$

式中　ξ_b——相对界限受压区高度，见表 4-2；

x_b——界限受压区高度；

h_0——截面有效高度，即纵向受拉钢筋合力点至截面受压边缘的距离；

E_s——钢筋弹性模量；

ε_{cu}——非均匀受压时的混凝土极限压应变；

β_1——系数，按《砼规》第 6.2.6 条的规定："矩形应力图的受压区高度 x 可取截面应变保持平面的假定所确定的中和轴高度乘以系数 β_1。当混凝土强度等级不超过 C50 时，β_1 取为 0.80，当混凝土强度等级为 C80 时，β_1 取为 0.74，其间按线性内插法确定。"

表 4-2　界限受压区高度

钢筋种类		混凝土强度						
		≤C50	C55	C60	C65	C70	C75	C80
有屈服点	HPB300	0.576	0.566	0.556	0.547	0.537	0.528	0.518
	HRB335	0.550	0.541	0.531	0.522	0.512	0.503	0.493
	HRB400	0.518	0.508	0.499	0.490	0.481	0.472	0.463
	HRB500	0.482	0.473	0.464	0.455	0.447	0.438	0.429
无屈服点	HPB300	0.401	0.393	0.385	0.377	0.369	0.361	0.353
	HRB335	0.388	0.380	0.373	0.365	0.357	0.349	0.342
	HRB400	0.372	0.364	0.357	0.349	0.341	0.334	0.326
	HRB500	0.353	0.346	0.338	0.331	0.324	0.317	0.309

注：截面受拉区配置不同种类的钢筋时，ξ_b 应分别计算，并取其较小值。

2.最小配筋率 ρ_{min}

适筋梁与少筋梁的界限配筋率：ρ_{min}（见表 4-3～表 4-5，其中表 4-3 数据摘自《砼规》）。

表 4-3　受压构件全部纵向钢筋最小配筋率(%)

钢筋种类	混凝土等级													
	C15	C20	C25	C30	C35	C40	C45	C50	C55	C60	C65	C70	C75	C80
HPB300	0.6	0.6	0.6	0.6	0.6	0.6	0.6	0.6	0.6	0.7	0.7	0.7	0.7	0.7
HRB335	0.6	0.6	0.6	0.6	0.6	0.6	0.6	0.6	0.6	0.7	0.7	0.7	0.7	0.7
HRB400	0.55	0.55	0.55	0.55	0.55	0.55	0.55	0.55	0.55	0.65	0.65	0.65	0.65	0.65
HRB500	0.5	0.5	0.5	0.5	0.5	0.5	0.5	0.5	0.5	0.6	0.6	0.6	0.6	0.6

表 4-4　受弯、偏心受拉、受拉构件一侧受拉钢筋最小配筋率(%)　(0.20 和 45 f_t/f_y)

钢筋种类	混凝土等级													
	C15	C20	C25	C30	C35	C40	C45	C50	C55	C60	C65	C70	C75	C80
HPB300	0.200	0.200	0.212	0.238	0.262	0.285	0.300	0.315	0.327	0.340	0.348	0.357	0.363	0.370
HRB335	0.200	0.200	0.200	0.215	0.236	0.257	0.270	0.284	0.294	0.306	0.314	0.321	0.327	0.333
HRB400	0.200	0.200	0.200	0.200	0.200	0.214	0.225	0.236	0.245	0.255	0.261	0.268	0.273	0.278
HRB500	0.200	0.200	0.200	0.200	0.200	0.200	0.200	0.200	0.203	0.211	0.216	0.221	0.226	0.230

表 4-5　板类(悬臂板除外)构件纵向受拉钢筋的最小配筋率(%)

钢筋种类	混凝土等级													
	C15	C20	C25	C30	C35	C40	C45	C50	C55	C60	C65	C70	C75	C80
	C15	C20	C25	C30	C35	C40	C45	C50	C55	C60	C65	C70	C75	C80
HPB300(Ⅰ)	0.200	0.200	0.212	0.238	0.262	0.285	0.300	0.315	0.327	0.340	0.348	0.357	0.363	0.370
HRB335(Ⅱ)	0.200	0.200	0.200	0.215	0.236	0.257	0.270	0.284	0.294	0.306	0.314	0.321	0.327	0.333
HRB400(Ⅲ)	0.150	0.150	0.159	0.179	0.196	0.214	0.225	0.236	0.245	0.255	0.261	0.268	0.273	0.278
HRB500	0.150	0.150	0.150	0.150	0.162	0.177	0.186	0.196	0.203	0.211	0.216	0.221	0.226	0.230
受压构件一侧纵向钢筋的最小配筋率/(%)											0.2			

仅从承载力角度考虑，$\rho_{\min}$ 的确定原则为，配有 $\rho_{\min}$ 钢筋混凝土梁的极限弯矩 M_u，等于同条件下素混凝土梁的开裂弯矩 M_{cr}。此外，还应考虑：①混凝土抗拉强度的离散性；②温度变化和混凝土收缩对钢筋混凝土结构的不利影响；③裂缝宽度的限值；④经济因素；⑤以往工程经验。

《混凝土结构设计规范》规定：受弯构件一侧受拉钢筋 $\rho_{\min}$ 为

$$\rho_{\min}=\max\left(0.2\%,45\frac{f_t}{f_y}(\%)\right)$$

对于矩形、T形截面：

$$A_{s,\min}=\rho_{\min}bh（或\ \rho\geqslant\rho_{\min}h/h_0）$$

I形、倒T形截面：

$$A_{s,\min}=\rho_{\min}[bh+(b_f-b)h_f]$$

3.混凝土保护层厚度

根据GB50010－2010《混凝土结构设计规范》第8.2条可知：

(1)构件中受力钢筋的保护层厚度不应小于钢筋的公称直径 d；

(2)设计使用年限为50年的混凝土结构，最外层钢筋的保护层厚度应符合表4－6的规定；设计使用年限为100年的混凝土结构，最外层钢筋的保护层厚度不应小于表4－6中数值的1.4倍。

表4－6 混凝土保护层的最小厚度 c (mm)

环境类别	板、墙、壳	梁、柱、杆
一	15	20
二a	20	25
二b	25	35
三a	30	40
三b	40	50

注：1.混凝土强度等级不大于C25时，表中保护层厚度数值应增加5mm。

2.钢筋混凝土基础宜设置混凝土垫层，基础中钢筋的混凝土保护层厚度应从垫层顶面算起，且不应小于40 mm。

3.当有充分依据并采取下列措施时，可适当减小混凝土保护层的厚度。

(1)构件表面有可靠的防护层；

(2)采用工厂化生产的预制构件；

(3)在混凝土中掺加阻锈剂或采用阴极保护处理等防锈措施；

(4)当对地下室墙体采取可靠的建筑防水做法或防护措施时，与土层接触一侧钢筋的保护层厚度可适当减少，但不应小于25 mm。

4.当梁、柱、墙中纵向受力钢筋的保护层厚度大于50 mm时，宜对保护层采取有效的构造措施。当在保护层内配置防裂、防剥落的钢筋网片时，网片钢筋的保护层厚度不应小于25 mm。

4.4 单筋矩形截面受弯承载力计算

4.4.1 基本计算公式及适用条件

1.承载力计算式

单筋矩形截面受弯承载力计算简图如图 4-12 所示。

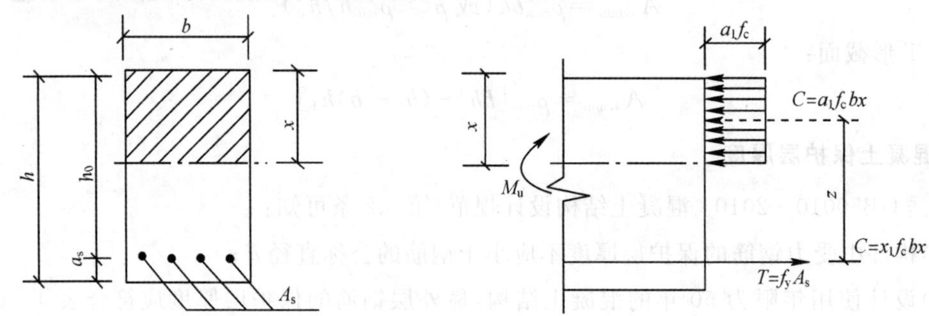

图 4-12 单筋矩形截面受弯承载力计算简图

相应的计算公式为

$$\alpha_1 f_c bx - f_y A_s \tag{4-7}$$

$$M \leqslant M_u = \alpha_1 f_c bx\left(h_0 - \frac{x}{2}\right) = f_y A_s\left(h_0 - \frac{x}{2}\right) \tag{4-8}$$

$$\alpha_1 f_c b \cdot \xi h_0 = f_y A_s \tag{4-9}$$

$$M \leqslant M_u = \alpha_1 f_c b h_0^2 \xi(1-0.5\xi) = f_y A_s h_0(1-0.5\xi) \tag{4-10}$$

式中 M——弯矩设计值；

α_1——系数，按照《砼规》第 6.2.6 条："矩形应力图的应力值可由混凝土轴心抗压强度设计值 f_c 乘以系数 α_1 确定。当混凝土强度等级不超过 C50 时，α_1 取为 1.0，当混凝土强度等级为 C80 时，α_1 取为 0.94，其间按线性内插法确定。"

A_s——受拉区纵向普通钢筋的截面面积；

b——矩形截面的宽度或倒 T 形截面的腹板宽度；

h_0——截面有效高度。

2.使用条件

以上计算公式的使用条件为 $x \leqslant x_b = \xi_b h_0$ 和 $A_s \geqslant A_{s,\min} = \rho_{\min} b/h$

4.4.2 基本公式的应用

1.截面设计

已知：材料、截面尺寸、弯矩设计值 M。

要求：确定受拉钢筋截面面积 A_s。

由单筋矩形截面计算公式得

$$\alpha_s = \frac{M}{\alpha_1 f_c b h_0^2}$$

$$\xi = 1 - \sqrt{1 - 2\alpha_s}\ (\xi \leqslant \xi_b)$$

由单筋矩形截面计算公式得：

$$A_s = \frac{\alpha_1 f_c b h_0 \xi}{f_y} (\geqslant A_{s,\min} = \rho_{\min} b/h)$$

如果 $\xi > \xi_b$，说明截面尺寸偏小，修改截面尺寸后重新计算，或提高混凝土强度等级或采用双筋矩形截面。

如果 $A_s < A_{s,\min}$，说明截面尺寸偏大，修改截面尺寸后重新计算，或取 $A_s = A_{s,\min}$。

2.截面复核

已知：材料、截面尺寸、受拉钢筋截面面积 A_s、弯矩设计值 M。

要求：确定 M_u。

由单筋矩形截面计算公式得：

$$x = \frac{f_y A_s}{\alpha_1 f_c b} (\leqslant x_b = \xi_b h_0)$$

由单筋矩形截面计算公式得：

$$M_u = \alpha_1 f_c b x (h_0 - \frac{x}{2})$$

如果 $x > x_b = \xi_b h_0$，取 $x = x_b = \xi_b h_0$，近似按下式计算：

$$M_u = \alpha_1 f_c b x_b (h_0 - \frac{x_b}{2})$$

【例题 4-1】（注册结构工程师类型题）某简支在砖墙上的现浇钢筋混凝土平板，板厚 $h = 100$ mm，$a_s = 20$ mm。

1. 若混凝土强度等级采用 C25，纵向受拉钢筋采用 HRB335 热轧钢筋。跨中最大弯矩设计值 $M = 7.66$ kN·m，则 A_s（mm）与下列何项数值最为接近？

(A)190.5　　(B)200.0　　(C)337.2　　(D)1 745.3

正答：(C)

计算过程如下：

$$M = 7.66 \times 10^6\ \text{N} \cdot \text{mm}$$

$$\alpha_1 = 1.0$$

$$f_c = 11.9\ \text{N/mm}^2$$

$$h_0 = h - 20 = 80\ \text{mm}$$

由《砼规》中式(6.2.10-1)，得

$$M = \alpha_1 f_c b x (h_0 - x/2)$$

求得

$$x = h_0 - \sqrt{h_0^2 - \frac{2M}{\alpha_1 f_c b}} = 80 - \sqrt{80^2 - \frac{2 \times 7\ 660\ 000}{1.0 \times 11.9 \times 1\ 000}} = 8.5\ \text{mm}$$

$$x = 8.5\ \text{mm} < \xi_b h_0 = 0.55 \times 80 = 44\ \text{mm}$$

由《混凝土结构设计规范》式(6.2.10-2),得

$$\alpha_1 f_c bx = f_y A_s$$

求得

$$A_s = \frac{11.9 \times 1\,000 \times 8.5}{300} = 337.2\ \text{mm}^2$$

由《砼规》表8.5.1,得

$$\rho_{\min} = \max\{0.2\%, 0.45 f_t / f_y\}$$

$$\rho = \frac{A_s}{bh} = \frac{337.2}{1\,000 \times 100} = 0.34\% > \max\{0.2\%, 0.45 f_t / f_y\} = 0.2\%$$

2. 上题中若其他条件不变,跨中最大弯矩设计值 $M = 3.28$ kN·m,则 A_s(mm²)与下列何项数值最为接近?

(A)272.0　(B)200.0　(C)190.5　(D)139.7

正答:(B)

计算过程:把 $M = 3.28$ kN·m 代入《砼规》式(6.2.10-1),求得

$$x = h_0 - \sqrt{h_0^2 - \frac{2M}{\alpha_1 f_c b}} = 80 - \sqrt{80^2 - \frac{2 \times 3\,280\,000}{1.0 \times 11.9 \times 1\,000}} = 3.525\ \text{mm}$$

$$x = 3.525\ \text{mm} < \xi_b h_0 = 0.55 \times 80 = 44\ \text{mm}$$

由《砼规》式(6.2.10-2) $\alpha_1 f_c bx = f_y A_s$,求得

$$A_s = \frac{11.9 \times 1000 \times 3.52}{300} = 139.7\ \text{mm}^2$$

由《砼规》表5.5.1条,得

$$\rho = \frac{139.7}{1\,000 \times 100} = 0.14\% < \max\{0.2\%, 0.45 f_t / f_y\} = 0.2\%$$

取

$$A_s = 0.2\% \times 1\,000 \times 100 = 200\ \text{mm}^2$$

【例题4-2】 (注册结构工程师类型题)已知矩形截面梁 $b = 250$ mm,$h = 550$ mm,采用C30级混凝土。如图4-13所示受拉区配有4Φ25+4Φ28纵向受力筋(HRB400级),则此梁的受弯承载力 M_u(kN·m)最接近何项数值?

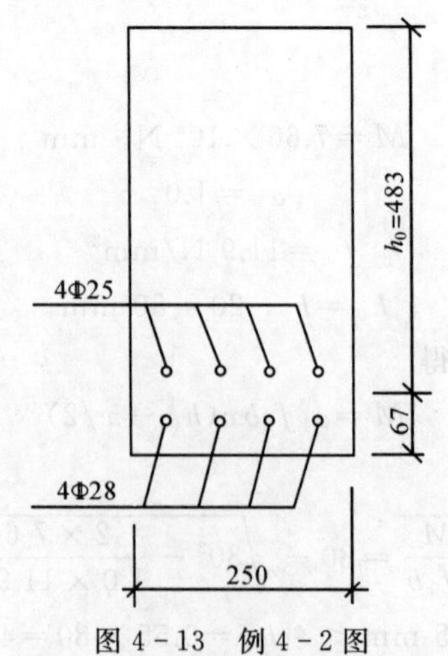

图4-13　例4-2图

(A)588.4　　(B)427.9　　(C)380.6　　(D)320.12

正答:(D)

计算过程:

$$f_c = 14.3\ \text{N/mm}^2,\quad f_t = 1.43\ \text{N/mm}^2,\quad f_y = f'_y = 360\ \text{N/mm}^2$$

$$h_0 = 483\ \text{mm},\quad a'_s = 35\ \text{mm},\quad A_s = 4 \times (490.9 + 615.8) = 4\ 427\ \text{mm}^2$$

由《砼规》式(6.2.10-2)

$$\alpha_1 f_c bx = f_y A_s$$

求得

$$\xi = \frac{x}{h_0} = \frac{f_y A_s}{\alpha_1 f_c b h_0} = \frac{360 \times 4\ 427}{1.0 \times 14.3 \times 250 \times 483} = 0.923 > \xi_b = 0.518$$

为超筋梁。

由《砼规》式(6.2.10-1)

$$M = \alpha_1 f_c bx(h_0 - x/2)$$

求受弯承载力。近似采用 $x = x_b = \xi_b h_0$ 计算矩形截面单筋梁的最大受弯承载力,即

$$M = \alpha_1 f_c b \xi_b h_0^2 (1 - \xi_b/2) = 1.0 \times 14.3 \times 250 \times 0.518 \times 483^2 \times (1 - 0.518/2) = 320.12\ \text{kN} \cdot \text{m}$$

【例题 4-3】 (注册结构工程师类型题)已知一单筋矩形截面梁 $b \times h = 200\ \text{mm} \times 550\ \text{mm}$,承受弯矩设计值 $M = 238\ \text{kN} \cdot \text{m}$,采用 HRB400 级钢筋,混凝土强度等级为 C30,则梁的纵向受力钢筋,以下何项配筋最为合适?提示:$\gamma_0 = 1.0, a_s = 35\ \text{mm}$。

(A) 4C25　　(B) 3C25 (第一排)+2C22(第二排)

(C) 5C22　　(D) 3C25 (第一排)+2C25(第二排)

正答:(B)

已知:$b = 200\ \text{mm}$, $h = 550\ \text{mm}$, $f_c = 14.3\ \text{N/mm}^2$, $\alpha_1 = 1.0$, $\alpha_s = 35\ \text{mm}$, $h_0 = 515\ \text{mm}$, $\xi_b = 0.518$, $M = 238 \times 10^6\ \text{N} \cdot \text{mm}$;

由《砼规》式(6.2.10-1)可知

$$M = \alpha_1 f_c bx(h_0 - x/2)$$

求得

$$x = h_0 - \sqrt{h_0^2 - \frac{2M}{\alpha_1 f_c b}} = 515 - \sqrt{515^2 - \frac{2 \times 238\ 000\ 000}{1.0 \times 14.3 \times 200}} = 200.7\ \text{mm}$$

$$x = 200.7\ \text{mm} < \xi_b h_0 = 0.518 \times 515 = 266.77\ \text{mm}$$

由《砼规》式(6.2.10-2)

$$\alpha_1 f_c bx = f_y A_s$$

求得

$$A_s = \frac{1.0 \times 14.3 \times 200 \times 200.7}{360} = 1\ 594.5\ \text{mm}^2$$

显然在梁宽 $b = 200\ \text{mm}$ 内,一排已摆放不下,改用二排配置,设 $a_s = 60\ \text{mm}$, $h_0 = 490\ \text{mm}$,再求得 $x = 218.6\ \text{mm}$,可得

$$A_s = \frac{1.0 \times 14.3 \times 200 \times 218.6}{360} = 1\ 736.7\ \text{mm}^2$$

选用 3C25(第一排)+2C22(第二排),$A_s = 2\ 232.7\ \text{mm}^2$。

4.5 双筋矩形截面受弯承载力计算

4.5.1 概述

一般双筋梁在以下情况应用：

(1)设计弯矩较大，如果按单筋矩形截面设计将出现 $\xi > \xi_b$，即超筋梁，而截面尺寸受到限制，混凝土强度又不能提高时；

(2)梁可能承受双向弯矩作用；

(3)由于某种原因，截面受压区已配有受压钢筋 A'_s。

4.5.2 受压钢筋的应力

双筋梁受力特点和破坏特征基本上与单筋梁相似。当 $\xi \leqslant \xi_b$ 时，发生适筋破坏；时 $\xi > \xi_b$，发生超筋破坏；基本上不会发生少筋破坏。

当满足以下构造要求(见表 4-7)时，受压钢筋 A'_s 的强度能够充分利用，不致过早压屈。

表 4-7 梁箍筋均适要求

箍筋形式	当梁中配有按计算需要的纵向受压钢筋时，应做成封闭式
箍筋间距	不应大于 15d（d 为纵向受压钢筋的最小直径），同时不应大于 400 mm；当一层内的纵向受压钢筋多余 5 根且直径大于 18 mm 时，不应大于 10d
复合箍筋	当梁的宽度大于 400 mm 且一层内的纵向受压钢筋多余 3 根时，或当梁的宽度大于 400 mm 但一层内的纵向受压钢筋多于 4 根时，应设置复合箍筋

受压钢筋的应力 ρ'_s 可由平截面假定确定：

$$\frac{\varepsilon'_s}{\varepsilon_{cu}}=\frac{x_c-a'_s}{x_c}$$

所以

$$\varepsilon'_s=\frac{x/\beta_1-a'_s}{x/\beta_1}\varepsilon_{cu}=\left(1-\frac{\beta_1 a'_s}{x}\right)\varepsilon_{cu}$$

结论：当取 $x=2a'_s$ 时，对各种混凝土强度等级，HPB300 级、HRB335 级、HRB400 级、RRB400 级钢筋均可达到屈服强度，即可取 $\sigma'_s-f'_y$。

4.5.3 基本公式及使用条件

1.基本公式

$$\alpha_1 f_c bx+f'_y A'_s=f_y A_s \tag{4-11}$$

$$M\leqslant M_u=\alpha_1 f_c x\left(h_0-\frac{x}{2}\right)+f'_y A'_s(h_0-a'_s) \tag{4-12}$$

把 $x=\xi h_0$ 代入以上两式得

$$\alpha_1 f_c b h_0 \xi + f'_y A'_s = f_y A_s \tag{4-13}$$

$$M \leqslant M_u = \alpha_1 f_c \alpha_s b h_0^2 + f'_y A'_s (h_0 - a'_s) \tag{4-14}$$

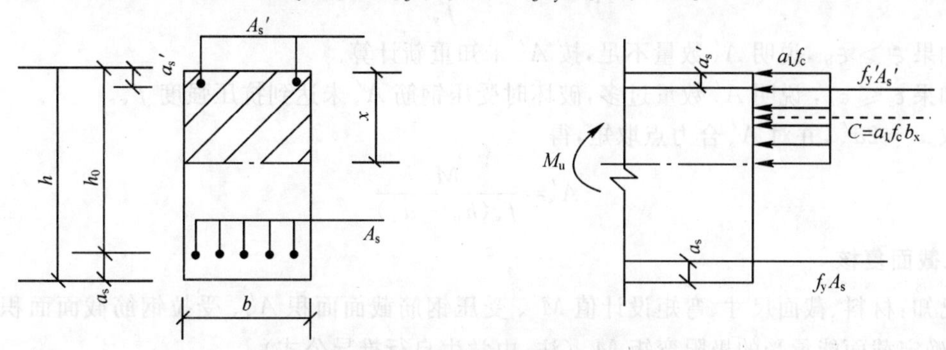

图4-14　双筋矩形截面计算简图

2.适用条件

(1) $\xi \leqslant \xi_b$（防止发生超筋破坏）；

(2) $x \geqslant 2a'_x$（保证破坏时 A'_s 可达到 f'_y）；

(3)一般不必验算 $A_s \geqslant A_{s,min}$，因为受拉钢筋 A_s 数量较多。

4.5.4　双筋矩形截面的计算方法

1.截面设计

(1)已知：材料、截面尺寸、弯矩设计值 M。要求：确定受压钢筋截面面积 A'_s、受拉钢筋截面面积 A_s。

由计算公式可知，共有三个未知数 A'_s，A_s，x（或 ξ），补充条件，使（A'_s+A_s）最小。与之对应的相对受压区高度称为经济相对受压区高度，用符号 ξ_e 来表示。

对于常用钢筋种类，实用上可直接取 $\xi_e+\xi_b$ 计算。

由双筋矩形截面计算公式（4-14），得

$$A'_s = \frac{M - \xi_b(1-0.5\xi_b) b h_0^2 \alpha_1 f_c}{f'_y (h_0 - a'_s)}$$

由双筋矩形截面计算公式（4-13），得

$$A_s = \frac{\alpha_1 f_c b h_0 \xi_b + f'_y A'_s}{f_y}$$

(2)已知：材料、截面尺寸、弯矩设计值 M、受压钢筋截面面积 A'_s。要求：确定受拉钢筋截面面积 A_s。

由双筋矩形截面计算公式（4-14），得

$$\alpha_s = \frac{M - f'_s A'_s (h_0 - a'_s)}{\alpha_1 f_c b h_0^2}, \xi = 1 - \sqrt{1 - 2\alpha_s}$$

其中

$$\frac{2a'_s}{h_0} \leqslant \xi \leqslant \xi_b$$

由双筋矩形截面计算公式(4-13),得

$$A_s = \frac{\alpha_1 f_c b h_0 \xi + f'_y A'_s}{f_y}$$

如果 $\xi > \xi_b$,说明 A'_s 数量不足,按 A'_s 未知重新计算。

如果 $\varepsilon \leqslant \varepsilon_b$,说明 A'_s 数量过多,破坏时受压钢筋 A'_s 未达到抗压强度 f'_y。

取 $x = 2a'_s$,并对 A'_s 合力点取矩,得

$$A'_s = \frac{M}{f_y(h_0 - a'_s)}$$

2.截面复核

已知:材料、截面尺寸、弯矩设计值 M 、受压钢筋截面面积 A'_s、受拉钢筋截面面积 A_s。要求:确定截面能承受的极限弯矩 M_u(注:由学生自行推导公式)。

由双筋矩形截面计算公式(4-11),得

$$x = \frac{f_y A_s - f'_s A'_s}{\alpha_1 f_c b}$$

可知

$$2a'_s \leqslant x \leqslant x_b = \xi_b h_0$$

由双筋矩形截面计算公式(4-12),得

$$M_u = \alpha_1 f_c b x \left(h_0 - \frac{x}{2}\right) + f'_y A'_s (h_0 - a'_s)$$

如果 $x > x_b = \xi_b h_0$,说明为超筋梁,可近似取 $x = x_b = \xi_b h_0$,按下式计算:

$$M_u = \alpha_1 f_c b x_b \left(h_0 - \frac{x_b}{2}\right) + f'_y A'_s (h_0 - a'_s)$$

如果 $x < 2a'_s$,说明破坏时受压钢筋 A'_s 未达到 f'_y,近似取 $x = 2a'_s$,并对受压钢筋 A'_s 合力点取矩,得

$$M_u = f_y A_s (h_0 - a'_s)$$

【例题 4-4】 (注册结构工程师类型题)某混凝土单筋矩形截面简支梁,截面尺寸和配筋如图 4-15 所示,采用 C30 混凝土,HRB 400 纵筋,安全等级为二级。

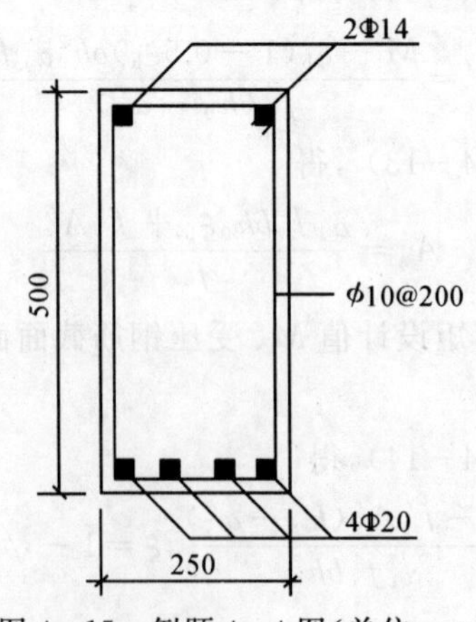

图 4-15 例题 4-4 图(单位:mm)

1.该梁能承受的弯矩设计值(kN·m)与下列何项数值接近?

(A) 144.9　　(B) 148.3　　(C) 177.1　　(D) 158.3

正答:(C)

(1)该结构安全等级为二级,根据《砼规》表 8.2.1,纵筋的混凝土凝土保护层最小厚度应为 35 mm,$h_0=500-45=455$ mm。

(2)由《砼规》式(6.2.10-2) 求得

$$\alpha_1 f_c bh_0\xi=f_y A_s$$

则

$$\xi=\frac{f_y A_s}{\alpha_1 f_c bh_0}=\frac{360\times 1256}{14.3\times 250\times 455}=0.278$$

(3)由《砼规》式(6.2.10-1)

$$M\leqslant \alpha_1 f_c bh_0^2\xi(1-0.5\xi)$$

求得

$$M=14.3\times 250\times 4\ 552\times 0.278\times(1-0.5\times 0.278)=177.15\ \text{kN}\cdot\text{m}$$

2.如图 4-15 所示的截面配筋构造,下列说法何项不正确?

(A)配筋构造正确,符合《砼规》规定。

(B)配筋构造不正确,应沿梁侧面各配 1 B10 构造纵筋。

(C)配筋构造不正确,应沿梁侧面各配 2B10 构造纵筋。

(D)配筋构造不正确,应沿梁侧面各配 1B14 构造纵筋。

正答:(D)

(A)根据《砼规》第 9.2.13 条。当梁腹高 $h_w\geqslant 450$ mm 时,梁两侧应配纵向构造筋,其截面面积不应小于 $0.001bh_w$,间距不宜大于 200 mm。本梁 $h_w=h_0=455\ \text{mm}>450\ \text{mm}$,应配腰筋,故不正确。

(B) $0.001bh_w=0.001\times 250\times 455=113.8\ \text{mm}^2$,1B10($A_s=78.5<113.8\ \text{mm}^2$)不够,(B)也不对。

(C)2B10($A_s=157<113.8\ \text{mm}^2$)似太密,不太合理。

(D)1B14($A_s=153.9<113.8\ \text{mm}^2$)间距$\dfrac{455-42}{2}=207\ \text{mm}\approx 200\ \text{mm}$,且 1B14 与架立筋直径相同,方便施工,更合理,故正确。

3.若考虑架立筋 3C14 为受压钢筋,则该梁承受的弯矩设计值能提高多少?

(A)1%　　(B)3%　　(C)5%　　(D)7%

正答:(C)

(1)由《砼规》式(6.2.10-2)

$$\alpha_1 f_c bh_0\xi=f_y A_s-f'_y A'_s$$

求得

$$\xi=\frac{f_y A_s-f'_y A'_s}{\alpha_1 f_c bh_0}=\frac{360(1\ 256-461)}{14.3\times 250\times 455}=0.175\ 9$$

$$x=0.175\ 9\times 455=80\ \text{mm},\quad a'_s=35+7=42\ \text{mm},\quad x<a'_s=84\ \text{mm}$$

(2)由《砼规》式(6.2.14)得

$$M = f_y A_s(h - a_s - a'_s) = 360 \times 1\,256 \times (500 - 45 - 42) = 186.74 \text{ kN} \cdot \text{m}$$

(3) 弯矩设计值提高：

$$\frac{186.74 - 177.15}{177.15} \times 100\% = 5.4\%$$

【例题 4－5】 (注册结构工程师类型题)梁的截面尺寸为 $b \times h = 250 \text{ mm} \times 500 \text{ mm}$，C30 混凝土，受拉钢筋 HRB400 级，受压钢筋用 HRB400 级，计算简图如图 4－16 所示，环境类别为一类。若 $M_{max} = 280.1 \text{ kN} \cdot \text{m}$，则梁的受拉配筋 $A_s(\text{mm}^2)$ 与下列何项数值接近？

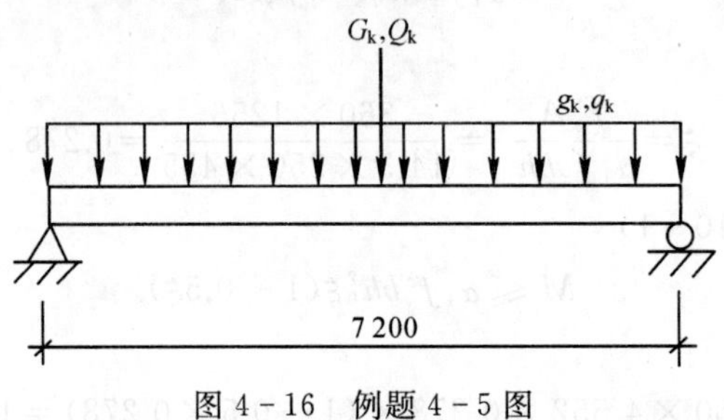

图 4－16 例题 4－5 图

(A)2 362.3　　(B)2 869.3　　(C)2 917.7　　(D)2 955.3

正答：(A)

计算过程如下：

考虑弯矩较大，受拉钢筋设计成双排，且有

$$a_s = 60 \text{ mm}, h_0 = h = a_s = 500 - 60 = 4\,140 \text{ mm}$$

$$f_c = 14.3 \text{ N/mm}^2, \alpha_1 = 1.0, f_y = 300 \text{ N/mm}^2$$

直接由《砼规》式(6.2.10－1)

$$M \leqslant \alpha_1 f_c bx(h_0 - x/2)$$

可以得到受压区高度 x 的计算式：

$$x = h_0 - \sqrt{h_o^2 - \frac{2M}{\alpha_1 f_c b}} = 440 - \sqrt{440^2 - \frac{2 \times 280\,100\,000}{1.0 \times 14.3 \times 250}} = 248.0 \text{ mm}$$

$$x = 248.0 \text{ mm} > \xi_b h_0 = 0.518 \times 440 = 227.9 \text{ mm}$$

超筋。

在不允许加大截面高度及混凝土强度等级的情况下，必须采用双筋截面，按双筋截面公式进行计算可得

$$f'_y = 360 \text{ N/mm}^2$$

取 $a'_s = 35$ mm。

为使钢筋总用量最少，应充分利用混凝土抗压，令 $x = \xi_b h_0 = 227.9$ mm 代入《砼规》式(6.2.10－1)

$$M \leqslant \alpha_1 f_c bx(h_0 - x/2) + f'_y A'_s(h_0 - a'_s)$$

可得

$$A'_s = 99.1 \text{mm}^2$$

代入《砼规》式(6.2.10－2)

$$\alpha_1 f_c bx = f_y A_s - f'_y A'_s$$

可得

$$A_s = 2\ 362.3\ \text{mm}^2$$

【例题 4-6】（注册结构工程师类型题）已知双筋矩形截面梁，截面尺寸 $b \times h = 300\ \text{mm} \times 600\ \text{mm}$，采用 C30 混凝土，纵向受力钢筋用 HRB400 级，跨中最大弯矩设计值 $M = 254.9\ \text{kN·m}$，梁的受压区已配置 3Φ22 纵向受压钢筋（$A'_s = 1\ 140.4\ \text{mm}^2$），则梁的纵向受拉钢筋 $A_s(\text{mm}^2)$ 与下列何项数值最为接近？提示：$a_s = a'_s = 35\text{mm}$，$\gamma_0 = 1.0$。

(A) = 1 589.5　　(B) 1 336　　(C) 3 697.9　　(D) 4 838.9

正答：(B)

计算过程：

$$\alpha_1 = 1.0,\quad f_c = 11.9\ \text{N/mm}^2,\quad b = 300\ \text{mm},\quad h = 600\ \text{mm},$$

$$a_s = a'_s = 35\ \text{mm},\quad h_0 = 565\ \text{mm},$$

$$A'_s = 1\ 140.4\ \text{mm}^2,\quad M = 254.9 \times 10^6\ \text{N·mm}$$

计算截面混凝土受压区高度：将上述数值代入《砼规》式(6.2.10-1)

$$x = h_0 - \sqrt{h_0^2 - 2\left[\frac{f'_y A'_s (h_0 - a'_s)}{\alpha_1 f_c b}\right]}$$

求得

$$x = 18.8\ \text{mm} < 2a'_s = 2 \times 35 = 70\ \text{mm}$$

其说明受压钢筋并未屈服，应按《砼规》式(6.2.14)计算纵向受拉钢筋截面面积，则有

$$A_s = \frac{M}{f_y(h - a_s - a'_s)} = \frac{254.9 \times 10^6}{360 \times (600 - 35 - 35)} = 1\ 336\ \text{mm}^2$$

【例题 4-7】（注册结构工程师类型题）已知双筋矩形截面梁的截面尺寸为 $b = 250\ \text{mm}$，$h = 500\ \text{mm}$，$a_s = a'_s = 400\ \text{mm}$，混凝土强度等级为 C25，受拉钢筋为 HRB400 级，$A_s = 1\ 140\ \text{mm}^2$（3Φ22），受压钢筋为 400 级，$A'_s = 307.7\ \text{mm}^2$（2Φ14）。则梁承受的最大弯矩 M_u(kN·m) 与下列何项数值最为接近？

(A) 251.0　　(B) 143.64　　(C) 170　　(D) 137.66

正答：(C)

计算过程如下：

$$\alpha_1 = 1.0,\ f_c = 11.9\ \text{N/mm}^2,\ f_t = 300\ \text{N/mm}^2,\ f'_y = 210\ \text{N/mm}^2$$

$$h_0 = h - a_s = 500 - 40 = 460\ \text{mm}$$

计算混凝土受压区高度。

由《砼规》式(6.2.10-2)：

$$\alpha_1 f_c b x = f_y A_s - f'_y A'_s$$

可得

$$x = (f_y A_s - f'_y A'_s)/\alpha_1 f_c b = (360 \times 1\ 140 - 360 \times 307.7)/(1.0 \times 11.9 \times 250) = 100.7\ \text{mm}$$

则

$$x = 100.7\ \text{mm} > 2a'_s = 2 \times 40 = 80\ \text{mm}$$

计算该梁能承受的最大弯矩值 M_u：

由《砼规》式(6.1.10-1)可得

$$M = \alpha f_c b x (h_0 - x/2) + f'_y A'_s (h_0 - a'_s) = 169.25 \times 10^6\ \text{N·mm} = 169.25\ \text{kN·m}$$

4.6 T形截面受弯承载力计算

4.6.1 T形截面梁的应用

矩形受弯构件破坏时，受拉区混凝土大部分已退出工作，故可将受拉区混凝土挖去一部分，并将受拉钢筋集中布置，保持钢筋截面重心高度不变，即形成图 4－17 所示的 T 形截面。

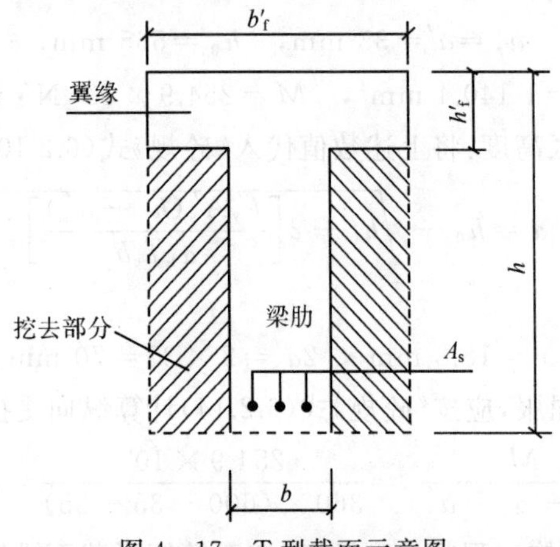

图 4－17　T 型截面示意图

其特点有以下几点：

(1)T 形截面和原来的矩形截面所能承受的弯矩是相同的；

(2)T 形截面梁在实际工程中的应用极为广泛；

(3)T 形截面构件通常采用单筋，也可以设计成双筋 T 形截面。

4.6.2 T形截面翼缘的计算宽度

分析表明，T 形截面受压翼缘上的纵向压应力分布是不均匀的，靠近梁肋处的压应力较高，离梁肋越远压应力越小。

为简化计算，设计中采用有效翼缘宽度 b'_f：在 b'_f 宽度范围内翼缘全部参加工作，并假定其压应力为均匀分布，如图 4－18 所示。

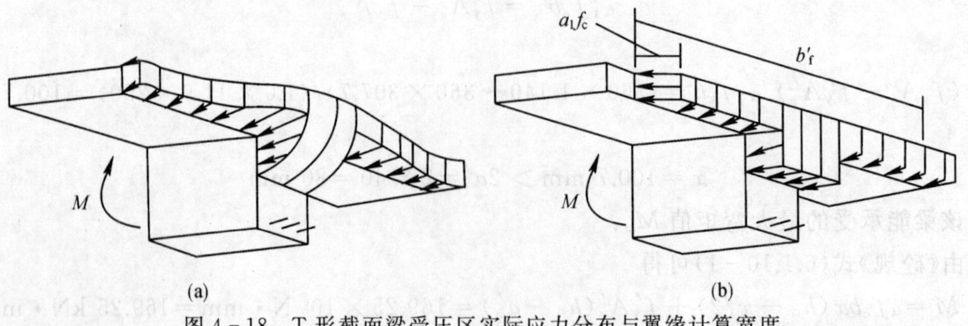

图 4－18　T 形截面梁受压区实际应力分布与翼缘计算宽度

翼缘计算宽度 b'_f 见表 4－8。

表 4－8　受弯构件受压区有效翼缘计算宽度

情况			T形、I形截面		倒L形截面
			肋形梁、肋形板	独立梁	肋形梁、肋形板
1	按计算跨度 l_0 考虑		$l_0/3$	$l_0/3$	$l_0/6$
2	按梁（纵肋）净距 S_n		$b+S_n$	—	$b+S_n/2$
3	按翼缘高度 h'_f 考虑	$h'_f/h_0 \geqslant 0.1$	—	$b+12'_f$	—
		$0.1>h'_f/h_0 \geqslant 0.05$	$b+12h'_f$	$b+6h'_f$	$b+5'_f$
		$h'_f<0.05$	$b+12h'_f$	b	$b+5h'_f$

4.6.3　基本公式及适用条件

1.两类 T 形截面及其判别

根据中和轴位置的不同，将 T 形截面分为两种类型，如图 4－19 所示。

第Ⅰ类 T 形截面，中和轴位于翼缘内，即 $x \leqslant h'_f$，第Ⅱ类 T 形截面，中和轴位于腹板（梁肋），即 $x > h'_f$。

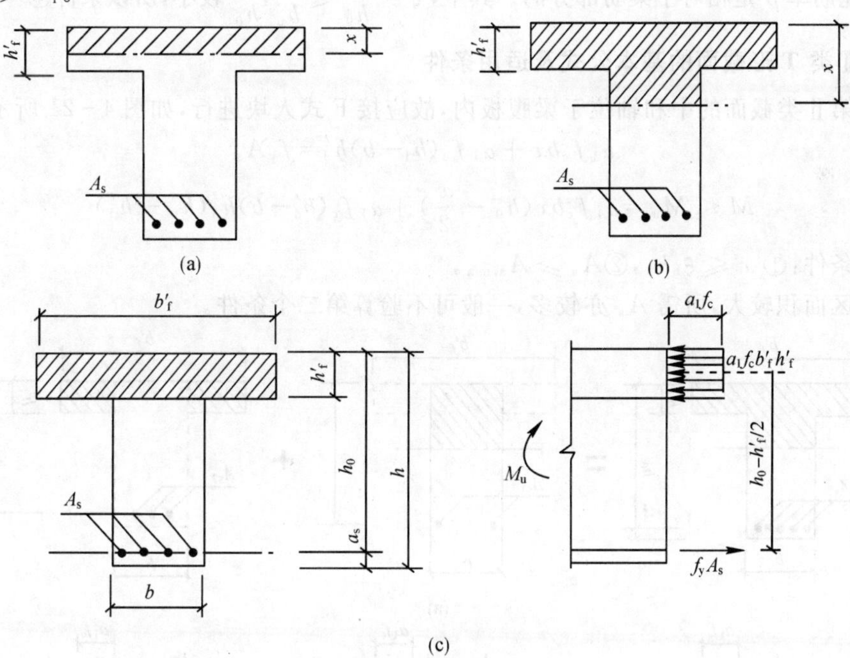

图 4－19　T 形截面的分类

(a)第一类 T 形截面；(b) 第二类 T 形截面；(c) 两类 T 形截面的分界

当 $x=h'_f$ 时，为两类 T 形截面的分界情况。由截面平衡条得

$$\alpha_1 f_c b'_f f'_f = f_y A_s$$

$$M_u = \alpha_1 f_c b'_f f'_f \left(h_0 - \frac{h'_f}{2}\right)$$

2.第Ⅰ类 T 形截面的基本公式及适用条件

受压区形状仍为 $b'_f \times x$ 的矩形，受弯承载力可按宽度为 $b'_f \times h$ 的单筋矩形截面进行计算，如图 4－20 所示，则可得

$$\alpha_1 f_c b'_f x = f_y A_s$$

$$M \leqslant M_u = \alpha_1 f_c b'_f x (h_0 - \frac{x}{2})$$

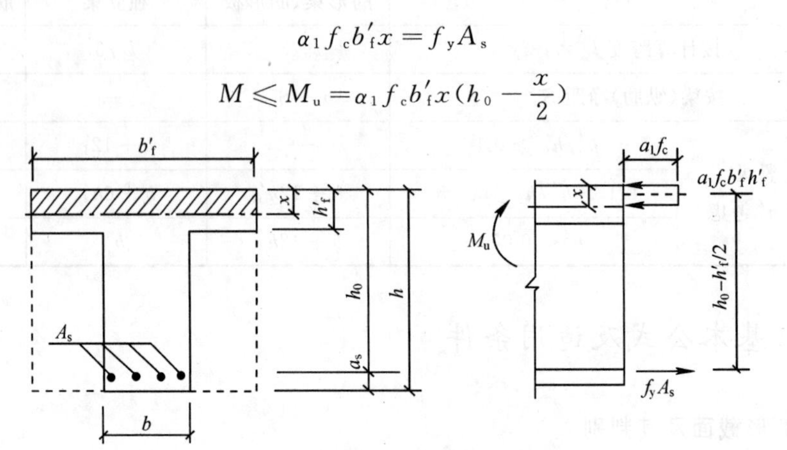

图 4－20　第一类 T 形截面计算简图

适用条件：防止超筋破坏和少筋破坏，要求① $x \leqslant \xi_b h_0$；② $A_s \geqslant A_{s,min}$，或 $\rho \geqslant \rho_{min} h/h_0$，$\rho = A_s/bh_0$，配筋率 ρ 是相对于梁肋部分的。其中，$\xi = \frac{x}{h_0} \leqslant \frac{h'_f}{h_0}$，$\frac{h'_f}{h_0}$ 较小，所以条件①一般都满足。

3.第Ⅱ类 T 形截面的基本公式及适用条件

由于第Ⅱ类截面的中和轴位于梁腹板内，故应接 F 式人块进行，如图 4－21 所示。

$$\alpha_1 f_c bx + \alpha_1 f_c (b'_f - b) h'_f = f_y A_s$$

$$M \leqslant M_u = \alpha_1 f_c bx (h_0 - \frac{x}{2}) + \alpha_1 f_c (b'_f - b) h'_f (h_0 - h'_f)$$

适用条件：① $x \leqslant \xi_b h_0$，② $A_s \geqslant A_{s,min}$。

受压区面积较大，所需 A_s 亦较多，一般可不验算第二个条件。

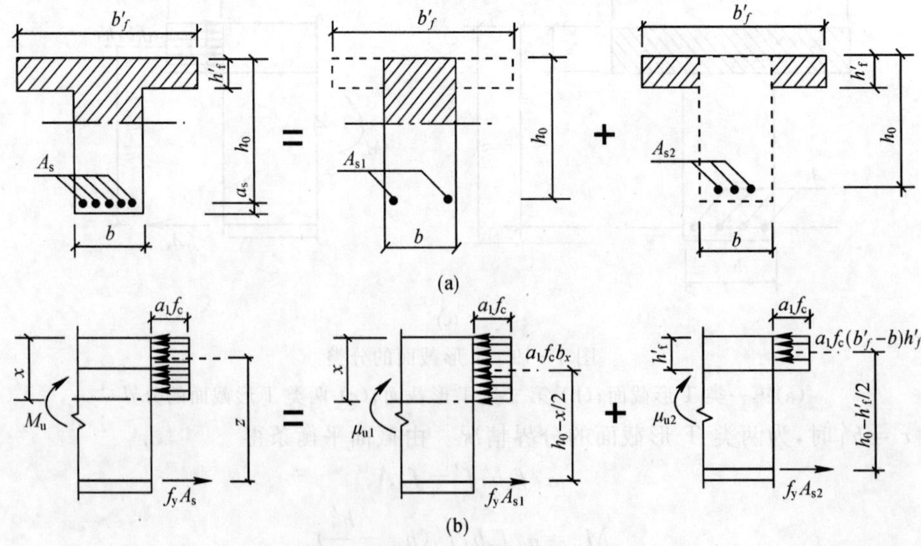

图 4－21　第二类 T 型截面计算简图

【例题 4－8】 （注册结构工程师类型题）某钢筋混凝土 4 跨连续梁（$A—B—C—D—E$），梁上作用均布静载，如图 4－22 所示。考虑楼板的翼缘作用，梁为 T 形截面，截面尺寸取为 $b=250$ mm，$b'=150$ mm，$h=550$ mm，$h'_f=120$ mm。混凝土强度等级为 C25，纵向受力钢筋用 HRB400 级，非抗震设计，结构安全等级为二级，取 $\gamma_0=1.0$。

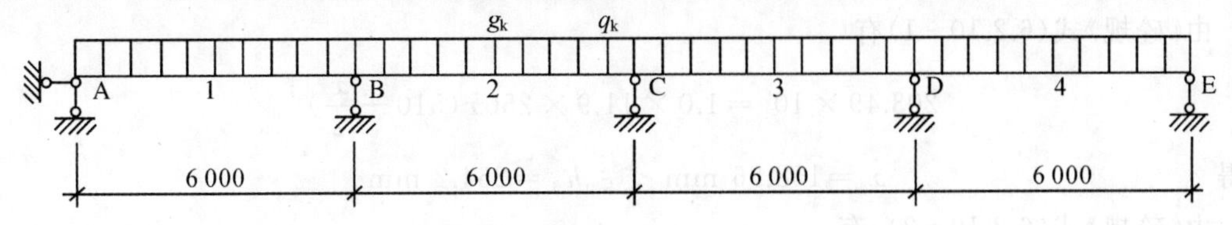

图 4－22　例题 4－8 图（单位：mm）

1.设 AB 跨跨中截面的最大正弯矩设计值 $M_1=227.52$ kN·m，则此单筋梁的纵向受力钢筋截面面积（mm²）与下列何值最为接近？

（A）275.0　　（B）575.0　　（C）1 271　　（D）1 811.4

正答：（C）

计算过程如下：跨中最大正弯矩配筋计算应按 T 形截面计算，已知

$$b=250\ \text{mm}, b'_f=1\ 500\ \text{mm}, h=550\ \text{mm}, h'_f=120\ \text{mm}, a_s=40\ \text{mm},$$

$$f_c=11.9\ \text{N/mm}^2, f_t=1.27\ \text{N/mm}^2$$

$$\alpha_1=1.0, f_y=360\ \text{N/mm}^2, \gamma_0=1.0, \xi_b=0.55$$

计算得

$$\alpha_1 f_c b'_f h'_f (h_0-\frac{h'_f}{2})=1.0\times 11.9\times 1\ 500\times 120\times(510-\frac{120}{2})=$$

$$963.9\ \text{kN}\cdot\text{m}>227.52\ \text{kN}\cdot\text{m}$$

为第一种类型截面梁，按 $b\times h=1\ 500\ \text{mm}\times 550\ \text{mm}$ 矩形截面梁计算。

由《砼规》式（6.2.10－1）有

$$227.52\times 10^6=1.0\times 11.9\times 1\ 500\times x(510-\frac{x}{2})$$

可得　　$x=25.64\ \text{mm}<\xi_b h_0=0.518\times 510=264.2\ \text{mm}$

由《砼规》式（6.2.10－2），有

$$A_s=\frac{1.0\times 11.9\times 1\ 500\times 25.64}{360}=1\ 271.3\ \text{mm}^2$$

2.上题中，若混凝土强度等级为 C40，AB 跨跨中截面纵向受力钢筋的最小配筋截面面积（mm²）与下列何值最为接近？

（A）275.0　　（B）293.9　　（C）575.0　　（D）616.7

正答：（B）

计算过程如下：根据《砼规》8.5.1 条注 5，受弯构件的最小配筋率应为全截面面积扣除受翼缘面积 $(b'_f-b)h'_f$ 后的截面面积计算。即矩形截面 $b\times h$ 的面积为

$$45f_t/f_y=45\times 1.71/360=0.213\ 75>0.2$$

故 $A_{s,\min}=0.213\ 75\times 250\times 550/100=293.9\ \text{mm}^2$

3.设支座 C 截面的最大负弯矩设计值 $M_c=-203.49$ kN·m，混凝土强度等级为 C25，则

此单筋梁的纵向受力钢筋截面面积(mm^2)与下列何项值最为接近?

(A)275.0　(B)1 312.8　(C)575.0　(D)1 360.5

正答:(B)

计算过程如下:支座最大负弯矩配筋计算应按矩形截面计算。

由《砼规》式(6.2.10-1)有

$$203.49\times10^6=1.0\times11.9\times250x(510-\frac{x}{2})$$

可得 $$x=158.86\ \text{mm}<\xi_b h_0=264.2\ \text{mm}$$

由《砼规》式(6.2.10-2),有

$$A_s=\frac{1.0\times11.9\times250\times158.86}{360}=1\ 312.8\ \text{mm}^2$$

4.上题中,若混凝土强度等级为C40,支座C截面纵向受力钢筋的最小配筋截面面积(mm^2)与下列何值最为接近?

(A)275.0　(B)294.9　(C)575.0　(D)614.5

正答:(D)

计算过程:根据《砼规》8.5.1条注3,此截面受压无翼缘,受拉有翼缘,即应按T形截面计算其最小配筋率,得

$$A_{s,\min}=0.213\ 75\times[250\times550+(1500-250)\times120]/100=614.5\ \text{mm}^2$$

【例题4-9】 T形截面梁,$b'_f=550$ mm,$b=220$ mm,$h'_f=80$ mm,$h=600$ mm,$a_s=40$ mm,混凝土等级为C25,纵向受拉钢筋为HRB400级,用4C20,$A_s=1\ 256$ mm²,求此梁做能承受的弯矩M_u(kN·m)最接近何项数值。

(A) 211.68　(B) 237.12　(C) 236　(D) 247.52

正答:(C)

(1)判别类型。由《砼规》式(6.2.11-1),有

$$A_y A_s=360\times1\ 256=452\ 160\ \text{N}$$

$$\alpha_1 f'_c b'_f h'_f=1.0\times11.9\times500\times80=476\ 000\ \text{N}$$

因为$f_y A_s<\alpha_1 f_c b'_f h'_f$,所以为第一类T型截面梁,故计算按截面宽度为$b'_f$的矩形截闻选行。

(2)计算M_u:

$$h_0=h-a_s=600-40=560\ \text{mm}$$

由《砼规》式(6.2.10-2),得

$$x=\frac{f_y A_s}{\alpha_1 f_c b'_f}=\frac{360\times1256}{1.0\times11.9\times500}=76\ \text{mm}$$

由《砼规》式(6.2.10-1),得

$$M=\alpha_1=f_c b'_f x(h_0-x/2)$$

$$M_u=1.0\times11.9\times500\times76\times(560-76/2)=236\ \text{kN}\cdot\text{m}$$

【例题4-10】 (注册结构工程师类型题)T形截面梁(见图4-23)$b'_f=500$ mm,$b=200$ mm,$h'_f=80$ mm,$h=600$ mm,$a_s=40$ mm,混凝土等级为C25,纵向受拉钢筋为HRB400级,用4C20,$A_s=1\ 256$ m时,求此梁所能承受的弯矩M_u(kN·m)最接近何项数值?

(A) 211.68　(B) 237.12　(C) 236　(D) 247.52

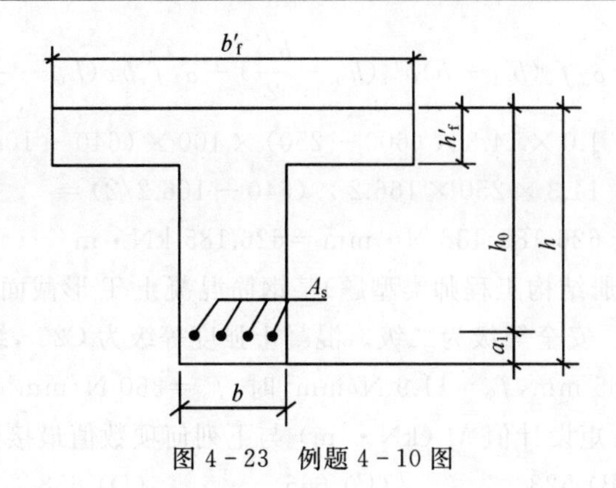

图 4－23　例题 4－10 图

正答：(C)

(1)判别类型。由《砼规》式(6.2.11－1)，得

$$A_y A_s = 360 \times 1\ 256 = 452\ 160\ \text{N}$$

$$\alpha_1 f'_c b'_f h_f = 1.0 \times 11.9 \times 500 \times 80 = 476\ 000\text{N}$$

因为 $f_y A_s < \alpha_1 f_c b'_f h'_f$，所以为第一类 T 型截面梁，故计算按截面宽度为 b'_f 的矩形截面进行。

(2)计算 M_u：

$$h_0 = h - a_s = 600 - 40 = 560\ \text{mm}$$

由《砼规》式(6.2.10－2)，得

$$x = \frac{f_y A_s}{\alpha_1 f_c b'_f} = \frac{360 \times 1\ 256}{1.0 \times 11.9 \times 500} = 76\ \text{mm}$$

由《砼规》式(6.2.10－1)，得

$$M = \alpha_1 = f_c b'_f x(h_0 - x/2)$$

$$M_u = 1.0 \times 11.9 \times 500 \times 76 \times (560 - 76/2) = 236 \times 10^6\ \text{N}\cdot\text{mm} = 236\ \text{kN}\cdot\text{m}$$

【例题 4－11】　(注册结构工程师类型题)已知一 T 形截面梁的截面尺寸 $h=700$ mm，$b=250$ mm，$h'_f=100$ mm，$b'_f=600$ mm，截面配有 HRB 400 级受拉钢筋 8 C 22 ($A_s=3\ 041\ \text{mm}^2$，混凝土强度等级 C30，求梁截面的极限弯矩 M_u(kN·m) 最接近何项数值？

(A) 626　　(B) 634　　(C) 756　　(D) 542

正答：(A)

(1)已知条件：混凝土强度等级 C30，$\alpha_1=1.0$，$f_c=14.3\ \text{N/mm}^2$；HRB 400 钢筋 $f_y=360\ \text{N/mm}^2$，$\xi_b=0.518$，$a_s=60$ mm，$h_o=700-60=640$ mm。

(2)判别截面类别。由《砼规》式(6.2.11－1)，得

$$A_y A_s = 360 \times 3\ 041 = 1\ 094\ 760\ \text{N}$$

$$\alpha_1 f'_c b'_f h_f = 1.0 \times 14.3 \times 600 \times 10 = 85\ 800\ \text{N}$$

因为 $f_y A_s < \alpha_1 f_c b'_f h'_f$，所以属第二类 T 形截面。

(3)计算 x。由《砼规》式(6.2.11－3)，得

$$x = \frac{f_y A_s - \alpha_1 f_c (b'_f - b) h'_f}{\alpha_1 f_c b} = \frac{360 \times 3041 - 1.0 \times 14.3 \times (600 - 250) \times 100}{1.0 \times 14.3 \times 250} =$$

$$166.2\ \text{mm} < \xi_b h_0 = 0.518 \times 640 = 331.5\ \text{mm}$$

(4)计算极限弯矩 M_u。由《砼规》式(6.2.11－2)，得

$$M_u = \alpha_1 f_c(b'_f - b)h'_f(h_0 - \frac{h'_f}{2}) + \alpha_1 f_c bx(h_0 - \frac{x}{2}) =$$

$$1.0 \times 14.3 \times (600 - 250) \times 100 \times (640 - 100/2) +$$

$$14.3 \times 250 \times 166.2 \times (640 - 166.2/2) =$$

$$626\ 185\ 488\ \text{N} \cdot \text{mm} = 626.185\ \text{kN} \cdot \text{m}$$

【例题 4－12】 （注册结构工程师类型题）某钢筋混凝土 T 形截面简支梁。荷载简图及截面尺寸如图 4－24 所示。安全等级为二级。混凝土强度等级为 C25，纵向受拉钢筋采用 HRB 400 级钢筋，已知：$a_s = 65$ mm，$f_c = 11.9$ N/mm^2 时，$f_y = 360$ N/mm^2。当梁不配置受压钢筋时，该梁能承受的最大弯矩设计值 M（kN · m）与下列何项数值最接近？

(A) 450　　(B) 523　　(C) 666　　(D) 688

正答：(C)

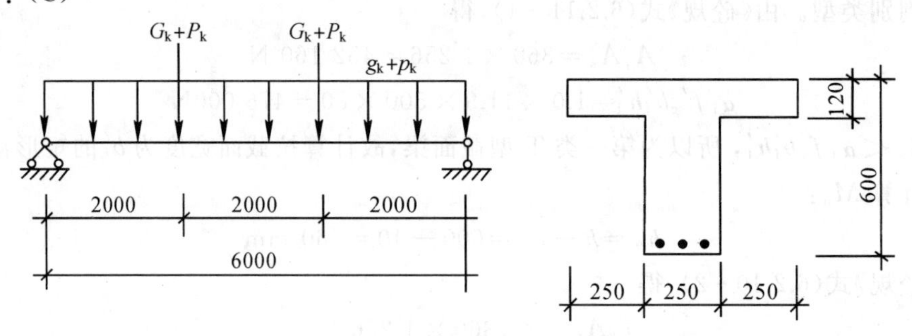

图 4－24　简支梁计算简图

根据《砼规》6.2.7 条，有

$$\xi_b = \frac{\beta_1}{1 + \frac{f_y}{E_s \varepsilon_{cu}}} = \frac{0.8}{1 + \frac{360}{2.0 \times 10^5 \times 0.0033}} = 0.518$$

$$h_0 = 600 - 65 = 535\ \text{mm}$$

$$x_b = \xi_b h_0 = 0.518 \times 535 = 277\ \text{mm} > h_f = 120\ \text{mm}$$

根据《砼规》6.2.11 条 2 款，有

$$M = 1.0 \times 11.9 \times 250 \times 277 \times (535 - \frac{277}{2}) + 1.0 \times 11.9 \times 500 \times 200 \times (535 - \frac{120}{2}) =$$

$$665.9 \times 10^6\ \text{N} \cdot \text{mm} = 665.9\ \text{kN} \cdot \text{m}$$

4.7　本章小结

根据配筋率的不同，可将受弯构件正截面弯曲破坏形态分为三种，即适筋破坏、超筋破坏和少筋破坏。应掌握适筋、超筋、少筋三种梁的破坏特征，并从其破坏过程、破坏性质和充分利用材料等方面理解设计成适筋受弯构件的必要性及其适筋梁的配筋率范围。

适筋梁的整个受力过程按其特点及应力状态等可分为三个阶段。阶段Ⅰ为未出现裂缝阶段，可作为构件抗裂要求的控制阶段。阶段Ⅲ为带裂缝工作阶段，一般混凝土受弯构件的正常使用就处于这个阶段的范围以内，是裂缝宽度及挠度的计算依据。阶段Ⅲ为破坏阶段，其最后状态为受弯承载力极限状态，是受弯构件正截面受弯承载力的计算依据。

受弯构件正截面受弯承载力计算采用四个基本假定，据此可确定截面应力图形，为简化计算采用受压区等效矩形应力图形并建立两个基本计算公式。一个是截面内力中的拉力与压力保持平衡，另一个是截面的弯矩保持平衡。截面设计时可先确定 x 而后计算钢筋面积 A_s，截面复核时可先求出 x 而后计算 M_u。对于双筋截面，还应考虑受压钢筋的作用；对于 T 形截面，还应考虑受压区翼缘悬臂部分的作用，应熟练掌握单筋矩形截面、双筋截面和形截面的基本公式及其应用。

受弯构件中受拉钢筋的最小配筋率按构件全截面面积扣除位于受压区翼缘面积（$b'_f - b$）后的截面面积计算，应用时须加以注意。受弯构件中受拉钢筋的最大配筋率是根据相对界限受压区高度 ξ_b 而求得，与钢筋种类和混凝土强度等级有关，同时还与单筋或双筋、矩形或 T 形截面等有关。实用中为避免超筋梁，应用 $\xi \leqslant \xi_b$ 进行检验较为方便。

思　考　题

1.适筋梁从开始加载直至正截面受弯破坏经历了哪几个阶段？各阶段正截面上应力-应变分布、中和轴位置、梁的跨中最大挠度的变化规律是怎样的？各阶段的主要特征是什么？每个阶段是哪种极限状态的计算依据？

2.什么叫配筋率？配筋量对梁的正截面承载力有何影响？

3.试述适筋梁、超筋梁、少筋梁的破坏特征，在设计中如何防止超筋破坏和少筋破坏？

4.适筋梁的配筋率有一定范围，在这个范围内配筋率的改变对构件的哪些性能有影响？

5.受弯构件正截面承载力计算时引入了哪些基本假设？特征值 α_1，β_1 的物理意义是什么？

6.什么是相对受压区高度 ξ？什么是相对界限受压区高度 ξ_b？ξ_b 主要与什么因素有关？ξ_b 的表达式如何得来？ξ_b 有何实用意义？

7.单筋矩形截面受弯构件受弯承载力计算公式是如何建立的？为什么要规定适用条件？

8.在什么情况下采用双筋梁？在双筋截面中受压钢筋起什么作用？为什么双筋截面一定要用封闭箍筋？双筋梁的计算应力图形如何确定？

9.双筋截面梁受弯承载力计算时，为什么要求 $x \geqslant 2a'_x$？$x < 2a'_x$ 时应如何计算？

10.矩形截面梁内已配有受压钢筋 A'_s，但当 $\xi > \xi_b$ 时，计算受拉钢筋 A_s 是否要考虑 A'_s？为什么？

11.设计双筋截面梁，当 A_s 与 A'_s 均未知时，如何求解？为什么？

12.在进行 T 形截面梁的截面设计或截面复核时，应如何分别判别 T 形截面梁的类型？其判别式是根据什么原理确定的？

第5章 受压构件正截面的性能和设计

本章的主要内容

· 轴心受压构件正截面受压承载力计算

· 偏心受压构件正截面的破坏形态

· 矩形截面非对称配筋偏心受压构件正截面受压承载力计算

· 矩形截面对称配筋偏心受压构件正截面受压承载力计算

· I形截面对称配筋偏心受压构件正截面受压承载力计算

· 均匀配筋的偏心受压构件正截面受压承载力计算

· 双向偏心受压构件正截面受压承载力计算

本章的重点和难点

重点：

· 偏心受压构件正截面的破坏形态

· 矩形截面非对称配筋偏心受压构件正截面受压承载力计算

· 矩形截面对称配筋偏心受压构件正截面受压承载力计算

难点：

· 大、小偏心受压破坏的界限

· 偏心受压构件的二阶效应

· 矩形截面非对称配筋偏心受压构件的截面设计

· 矩形截面对称配筋偏心受压构件的截面设计

5.1 轴心受压构件承载力计算

按照柱中箍筋配置方式的不同，轴心受压构件可分为普通箍筋柱和螺旋箍筋柱，如图5-1所示。

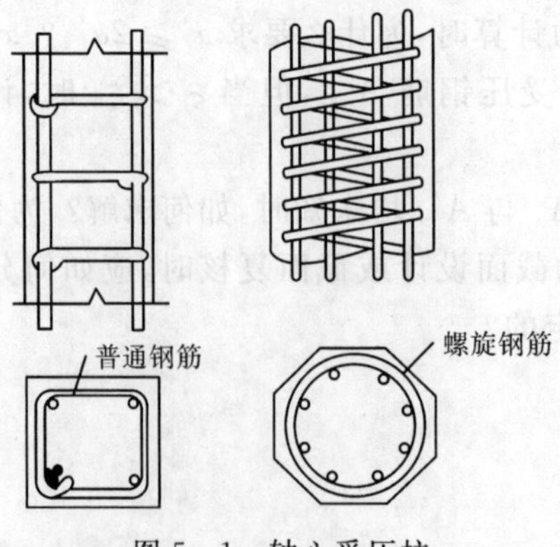

图5-1 轴心受压柱

5.1.1　轴心受压普通箍筋柱轴心受压承载力计算

短柱：$l_0/b \leqslant 8$(矩形截面，b 为截面较小边长)，$l_0/d \leqslant 7$(圆形截面，d 为直径)或 $l_0/i \leqslant 28$(其他截面，i 为截面最小回转半径)的柱。

长柱：$l_0/b \leqslant 8$。

1.轴心受压短柱的破坏特征

N 较小时，柱子的压缩变形与荷载成比例增加，弹性阶段；N 较大时，钢筋的压应力明显的比混凝土的压应力增加得快；N 接近 N_u 时，箍筋间的纵筋压屈，外凸，混凝土被压碎(灯笼状)，如图 5－2 所示。

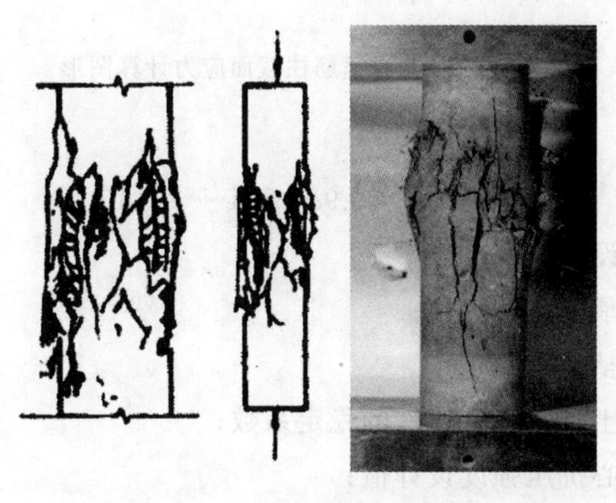

图 5－2　短柱的破坏

2.轴心受压长柱的破坏特征

由于偶然因素引起的初始偏心距使柱在轴力及弯矩共同作用下破坏，试验证明长柱的承载力小于短柱。

破坏特征：构件凹侧先出现纵向裂缝，随后混凝土被压碎，构件凸侧混凝土出现横向裂缝，如图 5－3 所示。

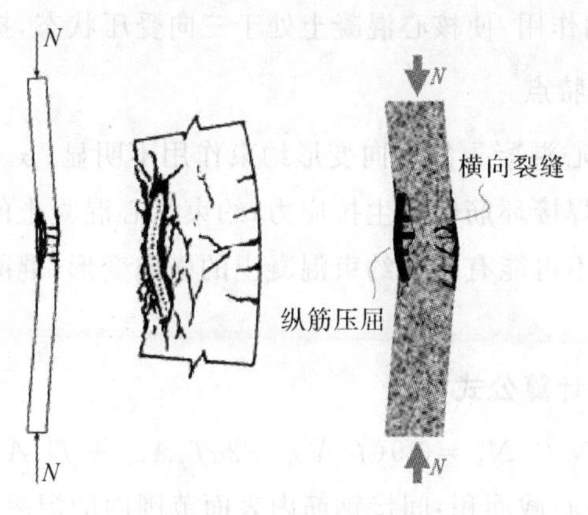

图 5－3　长柱的破坏

3.受压承载力计算公式

普通箍筋柱截同应力计算图形如图 5－4 所示。

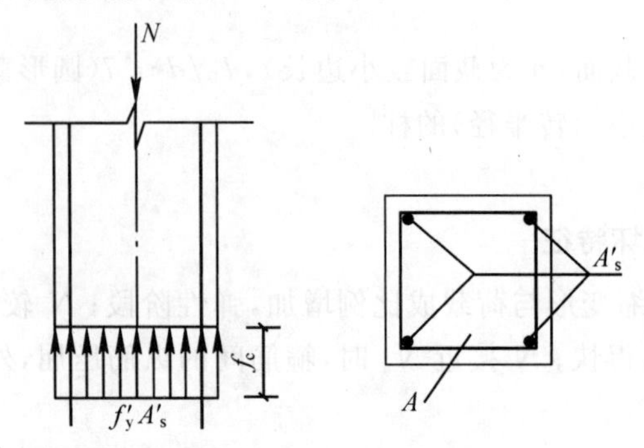

图 5－4　普通箍筋柱截面应力计算图形

具体计算公式如下：

$$N \leqslant N_u = 0.9\varphi(f_c A + f'_y A'_s) \quad (5-1)$$

式中　N ——轴心压力设计值；

N_u——轴心受压承载力设计值；

0.9——可靠度调整系数；

φ ——钢筋混凝土轴心受压构件的稳定系数；

f_c——混凝土轴心抗压强度设计值；

A ——构件截面面积；

f'_y——纵向钢筋的抗压强度设计值；

A'_s——全部纵向钢筋的截面面积。

5.1.2　轴心受压螺旋式箍筋柱正截面受压承载力计算

螺旋筋或焊接环筋的作用：使核心混凝土处于三向受压状态，提高混凝土的抗压强度。

1.螺旋箍筋柱的受力特点

σ_c 较小时，箍筋对核心混凝土的横向变形约束作用不明显；$\sigma_c > 0.8f_c$ 时，混凝土横向变形急剧增大，使螺旋筋或焊接环筋中产生拉应力，约束核心混凝土的变形。

螺旋箍筋屈服时，就不再能有效地约束混凝土的横向变形，混凝土的抗压强度也就不能再提高，构件破坏。

2.正截面受压承载力计算公式

$$N \leqslant N_u = 0.9(f_c A_{cor} + 2\alpha f_y A_{sso} + f'_y A'_s) \quad (5-2)$$

式中　A_{cor} ——构件的核心截面积：间接钢筋内表面范围内的混凝土面积；

α ——间接钢筋对混凝土约束的折减系数，当混凝土强度等级不超过 C50 时，取1.0，当混凝土强度等级为 C80 时，取 0.85，其间按线性内插法确定；

f_y ——间接钢筋的抗拉强度设计值；

A_{ss0} ——螺旋式或焊接环式间接钢筋的换算截面面积。$A_{sso}=\dfrac{\pi d_{cor}A_{ss1}}{S}$ 其中，d_{cor} 为构件的核心截面直径：间接钢筋内表面之间的距离；

A_{ss1} ——螺旋式或焊接环单根间接钢筋的截面面积；

S ——间接钢筋沿构件轴线方向的间距。

5.2　偏心受压构件正截面受力性能分析

5.2.1　破坏形态

1.拉压破坏(大偏心受压破坏)

发生条件：相对偏心距 e_0/h_0 较大，且受拉钢筋 A_s 配置不过多。

受力情况：当 N 从零开始加载逐渐增大到一定数值时，首先在受拉边形成一条或几条主要水平裂缝；当 N 接近破坏荷载时，受拉钢筋的应力首先达到屈服强度，使受压区高度进一步减小，受压区的混凝土也出现了纵向裂缝；最后当受压边缘的混凝土达到极限压应变时，受压区混凝土被压碎而破坏。此时，受压钢筋一般都能屈服。

构件破坏时截面的应力、应变状态如图 5－5(a)所示。

破坏特征：受拉钢筋首先屈服，而后受压区混凝土被压坏。裂缝明显，变形大，呈塑性破坏。

2.受压破坏(小偏心受压破坏)

发生条件及受力情况如下：

(1)当相对偏心距 e_0/h_0 较小，或虽然相对偏心距 e_0/h_0 较大，但受拉钢筋 A_s 配置较多时。当 N 从零开始加载逐渐增大时，受拉边缘也出现水平裂缝，但未形成明显的主裂缝，而受压区边缘混凝土的压应变增长较快，临近破坏时受压边出现纵向裂缝，最终受压边缘混凝土达到极限压应变而压坏。破坏时，受压钢筋一般能屈服，但受拉钢筋并不屈服。

构件破坏时截面的应力、应变状态如图 5－5(b)所示。

(2)当相对偏心距 e_0/h_0 很小时。构件截面将全部受压，一侧压应力较大，另一侧压应力较小。构件破坏从压应力较大边开始，破坏时该侧的钢筋一般均能屈服，而压应力较小一侧的钢筋不屈服。

破坏时截面的应力、应变状态如图 5－5(c)所示。

破坏特征：由受压边缘混凝土达极限压应变而突然破坏，无明显预兆，呈脆性破坏。压应力较大一侧钢筋屈服，而另一侧钢筋受拉不屈服或者受压不屈服。

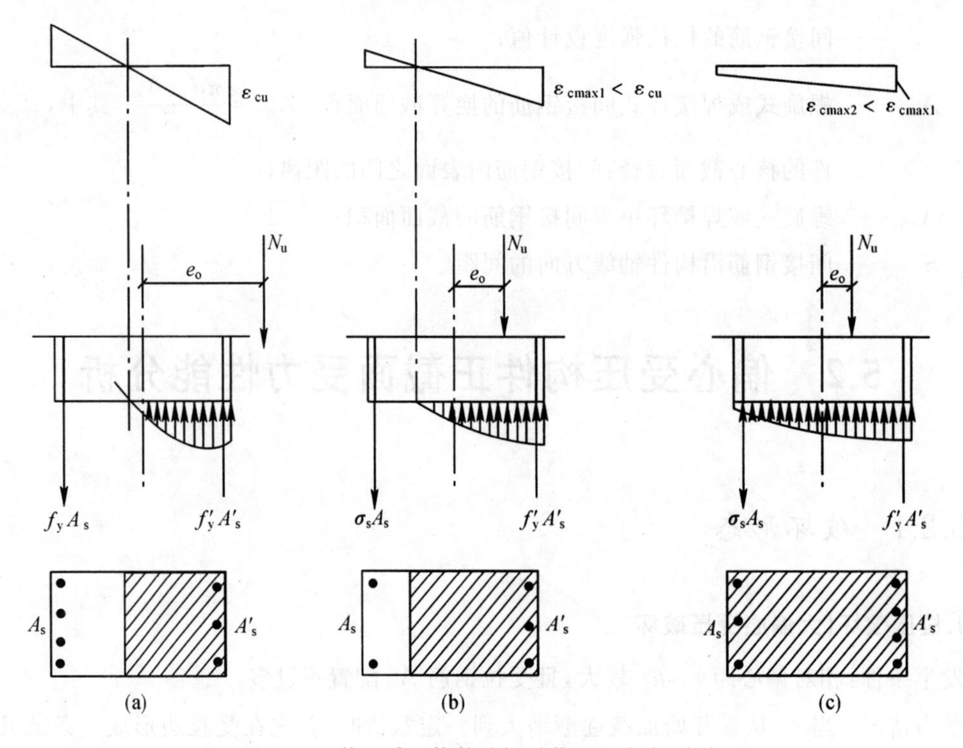

图 5-5　偏心受压构件破坏时截面的应力、应变

5.2.2　两类偏心受压破坏的界限

界限状态：受拉钢筋屈服，同时受压区边缘混凝土达到极限压应变，如图 5-6 所示。

大、小偏心受压构件的判别条件：当 $\xi < \xi_b$ 时，为大偏心受压；当 $\xi > \xi_b$ 时，为小偏心受压。

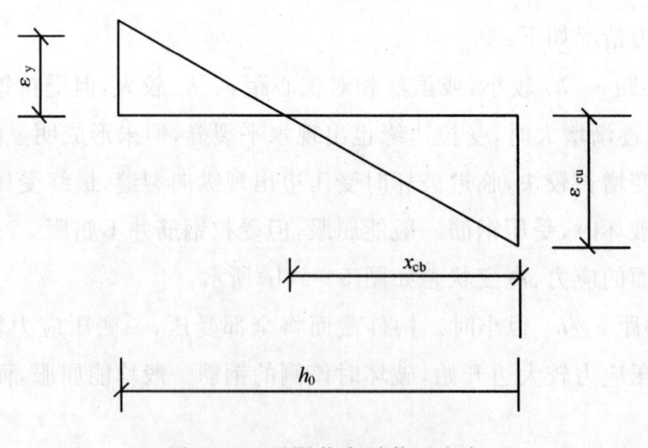

图 5-6　界限状态时截面应变

5.2.3　附加偏心距 e_a、初始偏心距 e_i

附加的偏心距 e_a 产生的原因：由于工程中实际存在着荷载作用位置的不定性、混凝土质量的不均匀性及施工的偏差等因素。

e_a 按下式取值(单位为 mm)：

$$e_a = \max\left(20, \frac{h}{30}\right)$$

其中，h 为偏心方向截面最大尺寸，mm。

初始偏心距 e_i 按下式计算：

$$e_i = e_0 + e_a$$

式中，$e_0 = M/N$，M，N 分别为计算截面的弯矩、轴力设计值。

$$M = C_m \eta_{ns} M_2$$

$$C_m = 0.7 + 0.3\frac{M_1}{M_2}$$

$$\eta_{ns} = 1 + \frac{1}{1\,300(M_2/N + e_a)/h_0}\left(\frac{l_c}{h}\right)2\zeta_c$$

$$\zeta_c = \frac{0.5 f_c A}{N}$$

5.2.4　构件截面承载力计算中二阶效应的考虑

在新规范中，对二阶效应的考虑有所变动，旧规范中是通过修正偏心距来考虑的，增大了偏心距，但这个方法是在构件两端弯矩相等的条件下提出的，对于两端弯矩不相等或相反的情况，这种方法太过于保守，会浪费很多资源，因此在新规范中采用了新的增大系数法，具体算法见本书附录B。

5.3　矩形截面非对称配筋偏心受压构件正截面受压承载力计算

5.3.1　基本计算公式及适用条件

1.大偏心受压构件计算流程

矩形截面非对称配筋大偏心受压构件截面应力计算图形如图5-7所示。

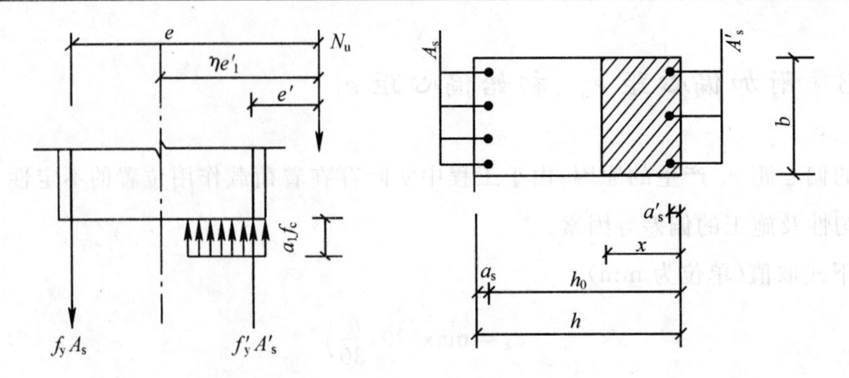

图 5-7　矩形截面非对称配筋大偏心受压构件截面应力计算图形

图中　　$e=\eta e_i+(\frac{h}{2}-a_s)$，　$e'=\eta e_i-(\frac{h}{2}-a'_s)$

基本计算公式：

$$N \leqslant N_u=\alpha_1 f_c b h_0 \xi+f'_y A'_s-f_y A_s \tag{5-3}$$

$$Ne \leqslant N_u e=\alpha_1 f_c \alpha_s b h_0^2+f'_y A'_s(h_0-a'_s) \tag{5-4}$$

公式适用条件：

$$x \leqslant \xi_b h_0(\text{或}\ \xi \leqslant \xi_b)$$

$$x \geqslant 2a'_s(\text{或}\ \xi \geqslant \frac{2a'_s}{h_0})$$

注：如果出现 $x<2a'_s$ 的情况，则说明破坏时受压钢筋没有屈服。可近似取 $x=2a'_s$，并对受压钢筋 A'_s 的合力点取矩，则得

$$Ne' \leqslant N_u e'=f_y A_s(h_0-a'_s) \tag{5-5}$$

$$e'=\eta e_i-\frac{h}{2}+a'_s$$

2.小偏心受压构件计算流程

矩形截面非对称配筋小偏心受压构件截面应力计算图形如图 5-8 所示。

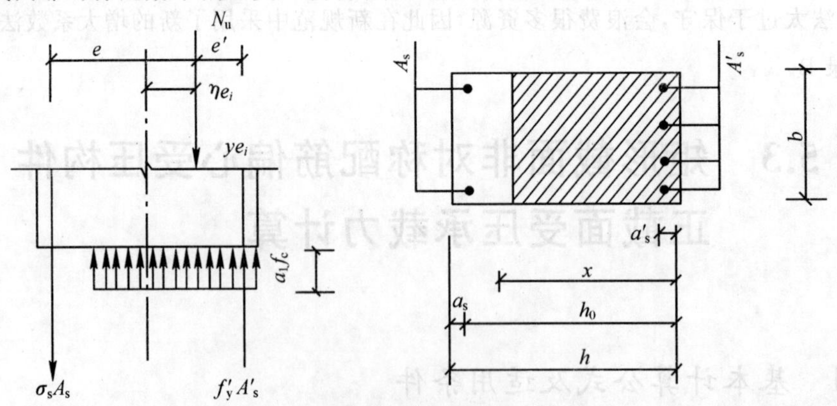

图 5-8　矩形截面非对称配筋小偏心受压构件截面应力计算图形

图中　　$e=\frac{h}{2}-a_s+\eta e_i$，　$e'=\frac{h}{2}-a'_s-\eta e_i$

基本计算公式：

$$Ne \leqslant N_u e = \alpha_1 f_c bx(h_0 - \frac{x}{2}) + f'_y A'_s(h_0 - a'_s)$$

$$Ne' \leqslant N_u e' = \alpha_1 f_c bx(\frac{x}{2} - a'_s) - \sigma_s A_s(h_0 - a'_s)$$

$$N \leqslant N_u = \alpha_1 f_c bx + f'_y A'_s - \sigma_s A_s$$

将 $x = \xi h_0$ 代入，则有

$$N \leqslant N_u = \alpha_1 f_c bh_0 \xi + f'_y A'_s - \sigma_s A_s \tag{5-6}$$

$$Ne \leqslant N_u e = \alpha_1 f_c bh_0^2 \xi(1 - \frac{\xi}{2}) + f'_y A'_s(h_0 - a'_s) \tag{5-7}$$

$$Ne' \leqslant N_u e' = \alpha_1 f_c bh_0^2 \xi(\frac{\xi}{2} - \frac{a'_s}{h_0}) - \sigma_s A_s(h_0 - a'_s) \tag{5-8}$$

σ_s 可由下式近似计算：

$$\sigma_s = \frac{\xi - \beta_1}{\xi_b - \beta_1} f_y \tag{5-9}$$

若 σ_s 为正，则 A_s 表示受拉；若 σ_s 为负，则 A_s 表示受压。公式适用条件：$\xi > \xi_b$。

3.小偏心反向受压破坏时的计算

小偏心反向受压破坏时截面应力计算图形如图 5－9 所示。

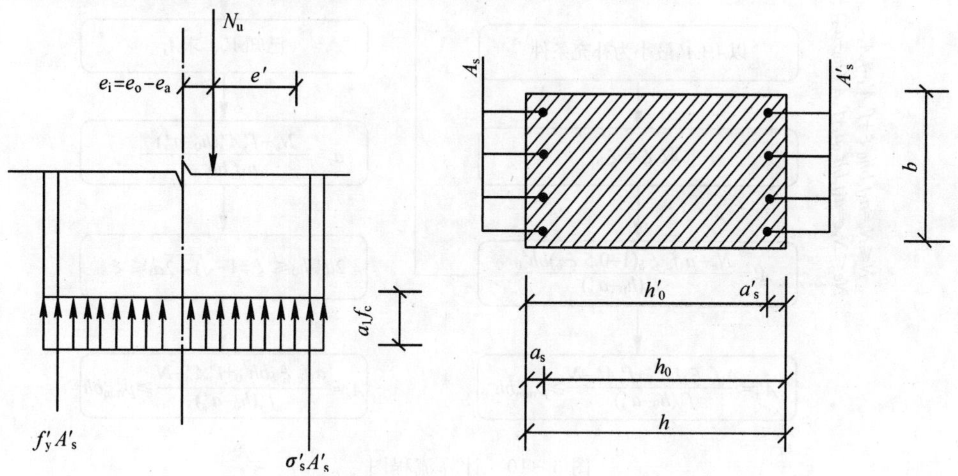

图 5－9　小偏心反向受压破坏时截面应力计算图形

图中
$$e'' = \frac{h}{2} - a'_s - (e_0 - e_a)$$

当轴向压力较大而偏心距很小时，有可能受压屈服，这种情况称为小偏心受压的反向破坏。

对 A'_s 合力点取矩，得

$$Ne'' \leqslant N_u e'' = f_c bh(h'_0 - \frac{h}{2}) + f'_y A_s(h'_0 - a_s) \tag{5-10}$$

$$A_s \geqslant \frac{Ne'' - f_c bh(h'_0 - \frac{h}{2})}{f'_y(h'_0 - a_s)}$$

(1)《砼规》规定：对非对称配筋小偏压构件，当轴向压力设计值 $N > f_c bh$ 时，为防止 A_s 发生受压破坏，A_s 应满足上式要求。

(2)按反向受压破坏计算时，不考虑 η，并取 $e_i = e_0 - e_a$，这是考虑了不利方向的附加偏心距。按这样考虑计算的 e'' 会增大，从而使 A_s 用量增加，偏于安全。

5.3.2 大、小偏心受压破坏的设计判别(界限偏心距)

当 $\eta e_i > 0.3h_0$ 时，可能为大偏心受压，也可能为小偏心受压，可先按大偏心受压设计；当 $\eta e_i \leqslant 0.3h_0$ 时，按小偏压设计。

5.3.3 截面设计

1.大偏心受压构件

大偏心受压构件正截面受压承载力计算按图 5-10 流程图进行。

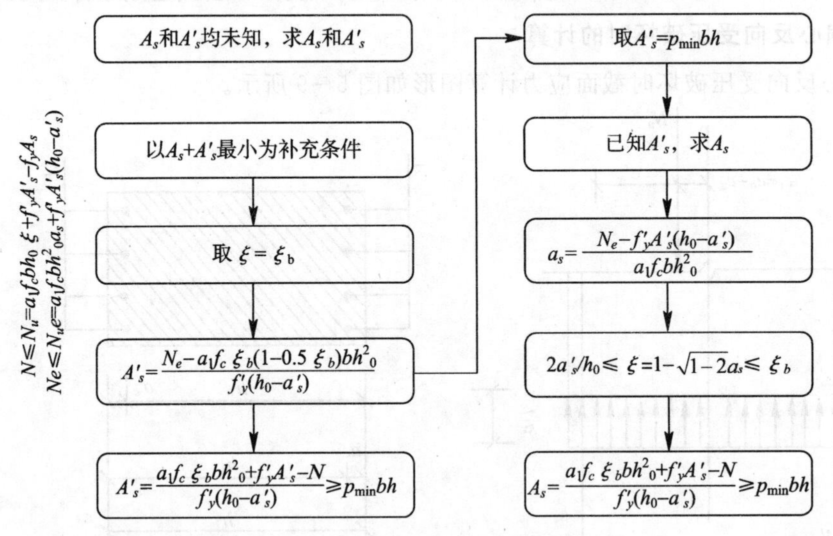

图 5-10 计算流程图

(1) A_s 和 A'_s 均未知。

已知：材料、截面尺寸、弯矩设计值 M、轴力设计值 N、计算长度 l_0；要求：确定受拉钢筋截面面积 A_s 和受压钢筋截面面积 A'_s。

1)计算偏心矩增大系数 η，初始偏心距 e_i，判别偏压类型。当 $\eta e_i > 0.3h_0$ 时，按大偏压计算。

2)计算 A'_s 由大偏压公式和可看出，共有、和三个未知数 A'_s，A_s，ξ。以($A'_s + A_s$)总量最小为补充条件，解得 $\xi = 0.5h/h_0 \leqslant \xi_b$。为简化计算，可直接取 $\xi = \xi_b$。

由大偏压计算公式得 $A'_s = \dfrac{Ne - \alpha_1 f_c \alpha_{sb} bh_0^2}{f'_y(h_0 - a'_s)} \geqslant \rho'_{min} bh$，其中 $\alpha_{sb} = \xi_b(1 - 0.5\xi_b)$。

如果 $A'_s < \rho'_{min} bh$ 且 A'_s 与 $\rho'_{min} bh$ 数值相差较多，则取 $A'_s = \rho_{min} bh$，然后改按已知 A'_s 计

算 A_s。

3)计算 A_s：

$$A_s=\frac{\alpha_1 f_c b h_0 \xi_b+f'_y A'_s-N}{f_y}\geqslant \rho_{\min} b h p$$

4) 验算垂直于弯矩作用平面的受压承载力(按轴压构件),应满足

$$N\leqslant N_u=0.9\varphi(f_c A+f'_y A'_s)$$

应用上式时注意以下几点：

·公式中的 A'_s 应取全部纵向钢筋的截面面积,包括受拉钢筋 A_s 和 A'_s 受压钢筋。

·由于构件垂直于弯矩作用平面的支撑情况与弯矩作用平面内的不一定相同,因此该方向构件的计算长度 l_0 与弯矩作用平面内的不一定一样,应按垂直于弯矩作用平面方向确定。

·对于矩形截面应按垂直于弯矩作用平面方向构件计算长度 l_0 与截面短边尺寸 b 的比值查表确定稳定系数 φ。

(2)已知 A'_s,计算 A_s。

已知:材料、截面尺寸、弯矩设计值 M、轴力设计值 N、计算长度 l_0、受压钢筋截面面积 A'_s;要求:确定受拉钢筋截面面积 A_s。

1)计算偏心矩增大系数 η,初始偏心距 e_i,判别偏压类型。当 $\eta e_i>0.3h_0$ 时,按大偏压计算。

2)计算相对受压区高度 ξ：

$$\alpha_s=\frac{Ne-f'_y A'_s(h_0-a'_s)}{\alpha_1 f_c b h_0^2}$$

$$\xi=1-\sqrt{1-2\alpha_s}$$

3)计算 A_s。

·$\xi\leqslant\xi_b,\xi\geqslant\frac{2a'_s}{h_0}$ 满足适用条件。$A_s=\frac{\alpha_1 f_c b h_0 \xi+f'_y A'_s-N}{f_y}\geqslant\rho_{\min} b h$。

·$\xi>\xi_b$,说明 A'_s 不足,应增加受压钢筋的数量,按 A_s 和 A'_s 均未知或增大截面尺寸后重新计算。

·$\xi<2a'_s/h_0$(即 $x<2a'_s$),说明破坏时受压钢筋 A'_s 未达到抗压强度 f'_y,可近似取 $x=2a'_s$ 并对 A'_s 合力取矩,得

$$Ne'\leqslant N_u e'=f_y A_s(h_0-a'_s)$$

$$A_s=\frac{Ne'}{f_y(h_0-a'_s)}\geqslant\rho_{\min} b h$$

4)验算垂直于弯矩作用平面的受压承载力(按轴压构件)。应满足

$$N\leqslant N_u=0.9\varphi(f_c A+f'_y A'_s)$$

2.小偏心受压构件

对于小偏心受压构件的配筋计算按图5-11所示的流程进行。

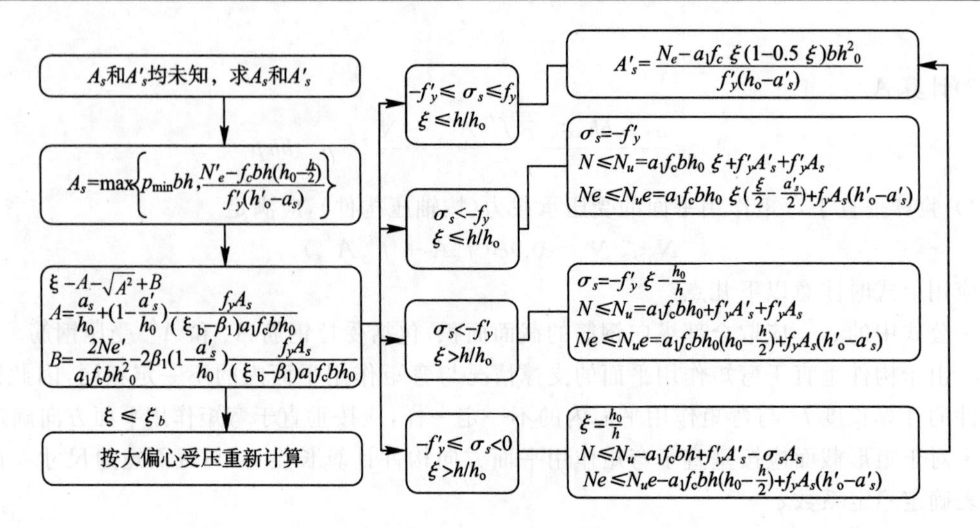

图 5-11　计算流程图

已知：材料、截面尺寸、弯矩设计值 M、轴力设计值 N，计算长度 l_0；要求：确定受压钢筋截面面积 A'_s 和受拉钢筋截面面积 A_s。

1)计算偏心距增大系数 η，初始偏心距 e_i，判别偏压类型。当 $\eta e_i\leqslant 0.3h_0$ 时，按小偏压计算：

$$A_s=\rho_{\min}bh$$

2)初步拟定值：

$$A_s\geqslant\frac{Ne''-f_cbh(h'_0-\frac{h}{2})}{f'_y(h'_0-a_s)}$$

$$\xi=A+\sqrt{A^2+B}$$

3)计算 ξ 和 σ_s：

$$A=\frac{a'_s}{h_0}+\left(1-\frac{a'_s}{h_0}\right)\frac{f_yA_s}{(\xi_b-\beta_1)\alpha_1f_cbh_0}$$

$$B=\frac{2Ne'}{\alpha_1f_cbh_0^2}-2\beta_1\left(1-\frac{a'_s}{h_0}\right)\frac{f_yA_s}{(\xi_b-\beta_1)\alpha_1f_cbh_0}$$

如果 $\xi\leqslant\xi_b$，应按大偏心受压构件重新计算。出现这种情况由于截面尺寸过大造成，则

$$\sigma_s=\frac{\xi-\beta_1}{\xi_b-\beta_1}f_y$$

4)计算 A'_s，见表 5-1。

表 5-1

序　号	σ_s	ξ	含义	计算方法
①	$-f'_y\leqslant\sigma_s<f_y$	$\xi\leqslant\frac{h}{h_0}$	A_s受拉未屈服或受压未屈服或刚达受压屈服受压区计算高度在截面范围内 ξ 计算值有效	公式(5-6)或(5-7)求 A'_s

续表

序　号	σ_s	ξ	含义	计算方法
②	$\sigma_s < -f'_y$	$\xi \leqslant \frac{h}{h_0}$	A_s 已受压屈服受压区计算高度在截面范围内 ξ 计算值无效	公式(5-6)及(5-8)取 $\sigma_s = -f'_y$ 重求 ξ 和 A'_s
③	$\sigma_s < -f'_y$	$\xi > \frac{h}{h_0}$	A_s 已受压屈服受压区计算高度超出截面范围 ξ 计算值无效	公式(5-6)及(5-7)取 $\sigma_s = -f'_y$、$\xi = \frac{h}{h_0}$ 重求 A'_s 和 A_s
④	$-f'_y \leqslant \sigma_s < 0$	$\xi > \frac{h}{h_0}$	A_s 受压未屈服或刚达受压屈服受压区计算高度超出截面范围 ξ 计算值无效	公式(5-6)及(5-7)取 $\xi = \frac{h}{h_0}$ 重求 A'_s 和 σ_s

5)验算垂直于弯矩作用平面的受压承载力(按轴心受压构件),应满足下式:

$$N \leqslant N_u = 0.9\varphi(f_c A + f'_y A'_s)$$

5.4　矩形截面对称配筋偏心受压构件正截面受压承载力计算

从实际工程来看,对称配筋的应用更为广泛。对称配筋是指截面两侧的钢筋数量和钢筋种类都相同,即 $A_s = A'_s$,$F_y = F'_y$。

5.4.1　基本计算公式及适用条件

1. 大偏心受压构件

$A_s = A'_s$,$F_y = F'_y$;对称配筋大偏心受压构件的计算公式为

$$N \leqslant N_u = \alpha_1 f_c bx$$

$$Ne \leqslant N_u e = \alpha_1 f_c bx\left(h_0 - \frac{x}{2}\right) + f'_y A'_s (h_0 - a'_s)$$

适用条件仍然是

$$x \leqslant \xi_b h_0 (\text{或}\ \xi \leqslant \xi_b)$$

$$x \geqslant 2a'_s (\text{或}\ \xi \geqslant \frac{2a'_s}{h_0})$$

2. 小偏心受压构件

(1)基本计算公式。$A_s = A'_s$,称配筋小偏心受压构件的计算公式,则

$$N \leqslant N_u = \alpha_1 f_c bx + f'_y A'_s - \sigma_s A'_s$$

$$Ne \leqslant N_u e = \alpha_1 f_c bx\left(h_0 - \frac{x}{2}\right) + f'_y A'_s (h_0 - a'_s)$$

(2) ξ 的近似计算公式。将 $x=\xi h_0$ 及公式 $\sigma_s = \dfrac{\xi - \beta_1}{\xi_b - \beta_1} f_y$ 代入式上式，可写为

$$N \leqslant N_u = \alpha_1 f_c b h_0 \xi + f'_y A'_s \frac{\xi_b - \xi}{\xi_b - \beta_1} \tag{5-11}$$

$$Ne \leqslant N_u e = \alpha_1 f_c b h_0^2 \xi\left(a - \frac{\xi}{2}\right) + f'_y A'_s (h_0 - a'_s) \tag{5-12}$$

两个方程中只有两个未知数 ξ 和 A'_s，令 $N=N_u$，由上式得

$$f'_y A'_s = \frac{N - \alpha_1 f_c b h_0 \xi}{\dfrac{\xi_b - \xi}{\xi_b - \beta_1}}$$

$$Ne = \alpha_1 f_c b h_0^2 \xi\left(1 - \frac{\xi}{2}\right) + \frac{N - \alpha_1 f_c b h_0 \xi}{\dfrac{\xi_b - \xi}{\xi_b - \beta_1}} (h_0 - a'_s)$$

$$Ne \cdot \frac{\xi_b \xi}{\xi_b - \beta_1} = \alpha_1 f_c b h_0^2 \xi\left(1 - \frac{\xi}{2}\right) \frac{\xi_b - \xi}{\xi_b - \beta_1} + (N - \alpha_1 f_c b h_0 \xi)(h_0 - a'_s)$$

注:上式为 ξ 的三次方程，手算求解 ξ 非常不方便，下面对此式进行降阶简化处理。令

$$y = \xi\left(1 - \frac{\xi}{2}\right)\frac{\xi_b - \xi}{\xi_b - \beta_1}$$

对于给定的钢筋级别和混凝土强度等级，ξ_b，β_1 为定值，经试验发现，当 ξ 在 $\xi_b - 1$ 时，y 与 ξ 之间近直线关系。为简化计算，《砼规》对各种钢筋级别和混凝土强度等级统一取

$$\xi\left(1 - \frac{\xi}{2}\right) \frac{\xi_b - \xi}{\xi_b - \beta_1} \approx 0.43 \frac{\xi_b - \xi}{\xi_b - \beta_1}$$

这样就使得求解 ξ 的方程降为一次方程。回代得

$$Ne \frac{\xi_b - \xi}{\xi_b - \beta_1} = 0.43 \alpha_1 f_c b h_0^2 \frac{\xi_b - \xi}{\xi_b - \beta_1} + (N - \alpha_1 f_c b h_0 \xi)(h_0 - a'_s)$$

$$(Ne - 0.43 \alpha_1 f_c b h_0^2)(\xi - \xi_b) = (N - \alpha_1 f_c b h_0 \xi)(h_0 - a'_s)(\beta_1 - \xi_b)$$

$$\xi = \frac{(Ne - 0.43 \alpha_1 f_c b h_0^2)\xi_b + N(\beta_1 - \xi_b)(h_0 - a'_s)}{(Ne - 0.43 \alpha_1 f_c b h_0^2) + \alpha_1 f_c b h_0 (\beta_1 - \xi_b)(h_0 - a'_s)}$$

整理后，得

$$\xi = \frac{N - \alpha_1 f_c b h_0 \xi_b}{\dfrac{Ne - 0.43 \alpha_1 f_c b h_0^2}{(h_0 - a'_s)(\beta_1 - \xi_b)} + \alpha_1 f_c b h_0} + \xi_b$$

(3)迭代法。在计算对称配筋小偏心受压构件时，除了上述将求解 ξ 的三次方程作降阶处理的近似方法外，还可采用迭代法来解 ξ 和 A_s。令 $N=N_u$，将公式(5-11)和式(5-12)改写为如下形式：

$$\xi_{i+1} = \frac{N}{\alpha_1 f_c b h_0} - \frac{f'_y A'_{si}}{\alpha_1 f_c b h_0} \frac{\xi_b - \xi_i}{\xi_b - \beta_1} \tag{5-13}$$

$$A'_{si}=\frac{Ne-\xi_i(1-\frac{\xi_i}{2})\alpha_1 f_c bh_0^2}{f'_y(h_0-a'_s)} \tag{5-14}$$

对于小偏心受压迭代过程：

1）ξ 的最小值是 ξ_b，最大值是 $\frac{h}{h_0}$，因此可取 $\xi=\frac{1}{2}(\xi_b+\frac{h}{h_0})$ 作为第一次近似值代入公式(5-14)，得到 A'_s 的第一次近似值。

2)将 A'_s 的第一次近似值代入公式(5-13)得 ξ 的第二次近似值，再将其代入公式(5-14)得到 A'_s 的第二次近似值。

3)重复进行直到前后两次计算所得的 A'_s 相差不大为止，一般相差不超过 5%认为满足精度要求。

5.4.2　大、小偏心受压构件的设计判断

取 $N=N_u$，从大偏心受压构件的计算公式 $N\leqslant N_u=\alpha_1 f_c bx$ 可直接算出 x，即

$$x=\frac{N}{\alpha_1 f_c b}$$

因此，不论大、小偏心受压构件都可以首先按大偏心受压构件考虑，通过比较 x 和 $\xi_b h_0$ 来确定构件的偏心类型，即

(1) $x\leqslant\xi_b h_0$ 时，为大偏心受压构件；

(2)当 $x>\xi_b h_0$ 时，为小偏心受压构件。

截面设计时，应注意：

(1)非对称配筋矩形截面偏心受压构件由于不能首先计算 x，所以只能根据偏心距近似作出判断。

(2)对称配筋时，可以借助于上式所计算的 x 来区分大、小偏心受压构件。

注：用以上所述方法进行判断有时会出现矛盾的情况。

当轴向压力的偏心距很小甚至接近轴心受压时，应该说属于小偏心受压。然而当截面尺寸较大而 N 又较小时，用上式计算的 x 进行判断，有可能判为大偏心受压。也就是说会出现 $\eta e_i<0.3h_0$ 而 $x<\xi_b h_0$ 的情况。其原因是因为截面尺寸过大，截面并未达到承载能力极限状态。此时，无论用大偏心受压或小偏心受压公式计算，所得配筋均由最小配筋率控制。

5.4.3　矩形截面对称配筋偏心受压构件的计算曲线

将大、小偏心受压构件的计算公式以曲线的形式绘出，可以很直观地了解大、小偏心受压构件的 N 和 M 以及与配筋率 ρ 之间的关系，还可以利用这种曲线快速地进行截面设计和判断偏心类型。

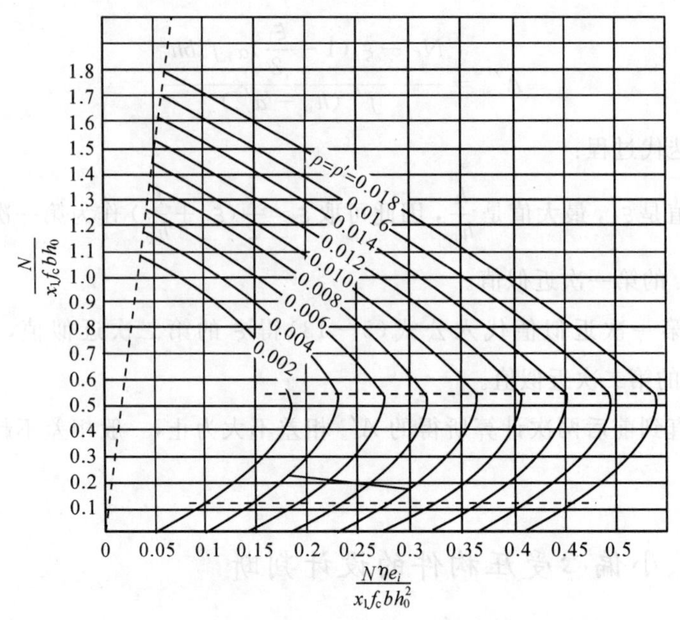

图 5-12 矩形截面对称配筋偏心受压构件计算曲线

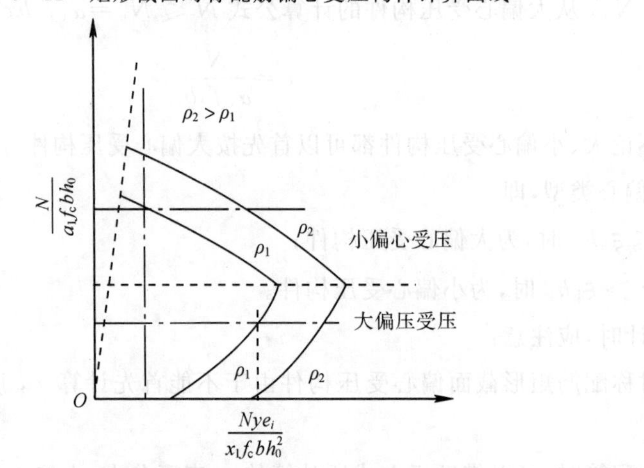

图 5-13 矩形截面对称配筋中 M,N 与配筋率关系

从图 5-12 和图 5-13 中可以看出：

(1)大偏心受压构件的受弯承载力 M 随轴向压力 N 的增大而增大,受压承载力 N 随弯矩 M 的增大而增大。

(2)小偏心受压构件的受弯承载力 M 随轴向压力 N 的增大而减小,受压承载力 N 随弯矩 M 的增大而减小。

进行结构设计时,受压构件的某一个控制截面,往往会作用有多组弯矩和轴力值,借助于对图 5-13 的分析,就可以方便地筛选出起控制作用的弯矩和轴力值。

1)对于大偏心受压构件,当轴向压力 N 值基本不变时,弯矩 M 值越大所需纵向钢筋越多;当弯矩 M 值基本不变时,轴向压力 N 值越小所需纵向钢筋越多。

2)对于小偏心受压构件,当轴向压力 N 值基本不变时,弯矩 M 值越大所需纵向钢筋越多;当弯矩 M 值基本不变时,轴向压力 N 值越大所需纵向钢筋越多。

5.5　I形截面对称配筋偏心受压构件正截面受压承载力计算

I形截面偏心受压构件的受力性能、破坏形态及计算原理与矩形截面偏心受压构件相同，仅由于截面形状不同而使计算公式稍有差别。

5.5.1　基本计算公式及适用条件

1.大偏心受压构件

(1)中和轴在受压翼缘内($x \leqslant h'_f$)。如图5-14(a)所示，由平衡条件可得

$$N \leqslant N_u = \alpha_1 f_c b'_f x$$

$$Ne \leqslant N_u e = \alpha_1 f_c b'_f x(h_0 - \frac{x}{2}) + f'_y A'_s(h_0 - a'_s)$$

(2)中和轴在腹板内($h'_f < x \leqslant \xi_b h_0$)。如图5-14(b)所示，由平衡条件可得

$$N \leqslant N_u = \alpha_1 f_c bx + \alpha_1 f_c(b'_f - b)h'_f$$

$$Ne \leqslant N_u e = \alpha_1 f_c bx(h_0 - \frac{x}{2}) + \alpha_1 f_c(b'_f - b)h'_f(h_0 - \frac{h'_f}{2}) + f'_y A'_s(h_0 - a'_s)$$

适用条件仍然是$x \leqslant \xi_b h_0, x \geqslant 2\alpha'_s$。

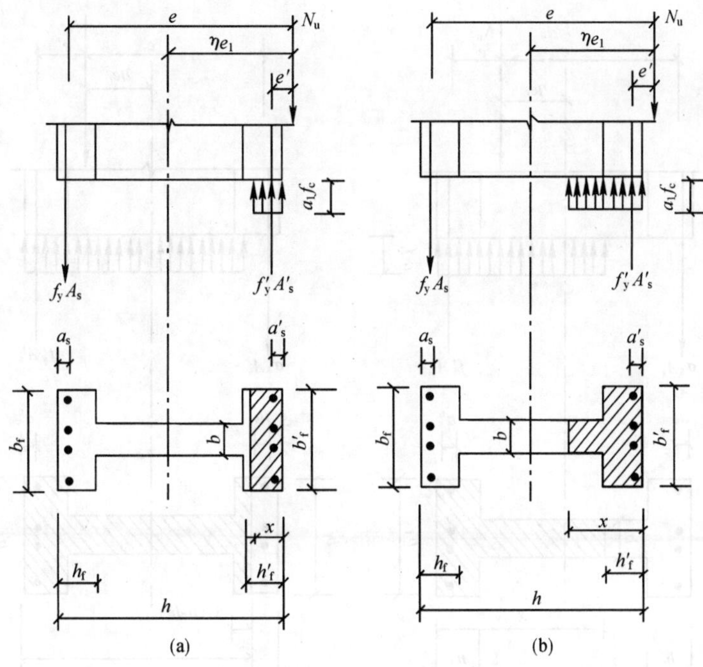

图5-14　I形截面大偏心受压构件截面应力计算图形

2.小偏心受压构件

(1)中和轴在腹板内($\xi_b h_0 < x \leqslant h - h_f$)。如图5-15(a)所示，由平衡条件可得

$$N \leqslant N_u = \alpha_1 f_c b h_0 \xi + \alpha_1 f_c (b'_f - b) h'_f + f'_y A'_s - \sigma_s A'_s$$

$$Ne \leqslant N_u e = \alpha_1 f_c b h_0^2 \xi \left(1 - \frac{\xi}{2}\right) + \alpha_1 f_c (b'_f - b) h'_f \left(h_0 - \frac{h'_f}{2}\right) + f'_y A'_s (h_0 - a'_s)$$

解得

$$\xi = \frac{N - \alpha_1 f_c (b'_f - b) h'_f - \alpha_1 f_c b h_0 \xi_b}{\dfrac{Ne - \alpha f_c (b'_f - b) h'_f \left(h_0 - \dfrac{h'_f}{2}\right) - 0.43 \alpha_1 f_c b h_0^2}{(\beta_1 - \xi_b)(h_0 - a'_s)} + \alpha_1 f_c b h_0}$$

(2)中和轴在距离 N 较远一侧的翼缘（$h - h_f < x \leqslant h$）。如图 5－15(b)所示，由平衡条件可得

$$N \leqslant N_u = \alpha_1 f_c b h_0 \xi + \alpha_1 f_c (b'_f - b) h'_f + \alpha_1 f_c (b_f - b)[\xi h_0 - (h - h_f)] + f'_y A'_s - \sigma_s A'_s$$

$$Ne \leqslant N_u e = \alpha_1 f_c b h_0^2 \xi \left(1 - \frac{\xi}{2}\right) + \alpha_1 f_c (b'_f - b) h'_f \left(h_0 - \frac{h'_f}{2}\right) +$$

$$\alpha_1 f_c (b_f - b)[\xi h_0 - (h - h_f)] \left[h_f - a_s - \frac{\xi h_0 - (h - h_f)}{2}\right] + f'_y A'_s (h_0 - a'_s)$$

注意：上面两式中的 ξ 应由这两式联立求解而得，而不能应用 ξ 的近似计算公式。

由

$$\sigma_s = \frac{\xi - \beta_1}{\xi_b - \beta_1} f_y$$

可知

$$f'_y \leqslant \sigma_s \leqslant f_y$$

使用条件是：$\xi > \xi_b$。

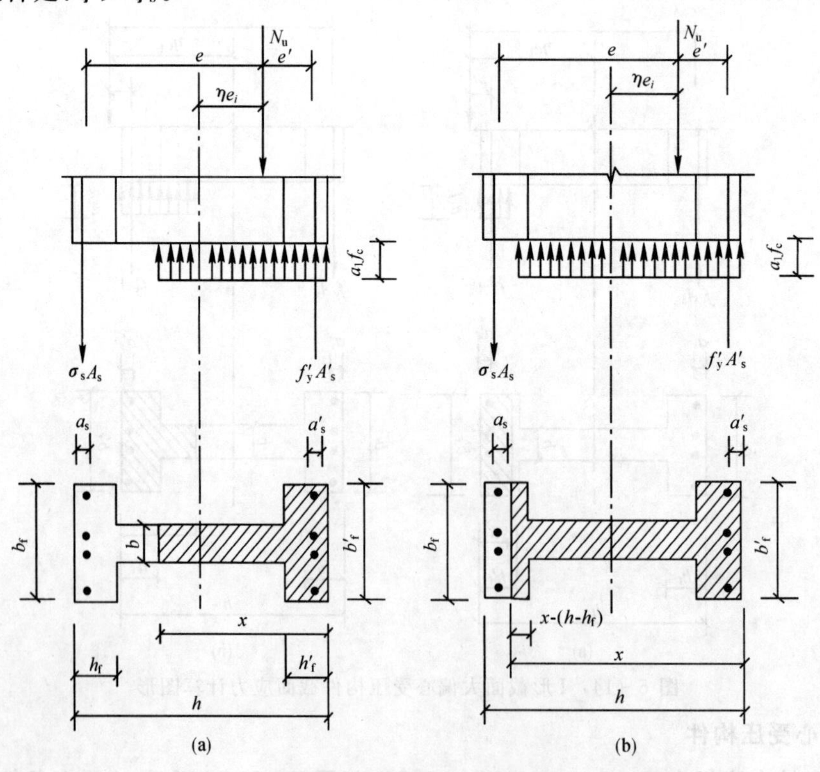

图 5－15 I形截面小偏心受压构件截面应力计算图形

5.5.2　截面设计

1.大偏心受压构件

已知:材料、截面尺寸、弯矩设计值 M、轴力设计值 N、计算长度 l_0;要求:确定受拉钢筋截面面积 A_s 和受压钢筋截面面积 A'_s。

(1)计算偏心矩增大系数 η。

(2)首先按受压区在翼缘内计算 $x=\dfrac{N}{\alpha_1 f_c b'_f}$。

1) $2a'_s \leqslant x \leqslant h'_f$时,判为大偏心受压,受压区在医院内,计算值 x 有效,则有

$$A'_s=\frac{Ne-\alpha_1 f_c b'_f x(h_0-\dfrac{x}{2})}{f'_y(h_0-a'_s)} \geqslant \rho'_{min} A A_s = A'_s$$

2) $x \leqslant h'_f, x < 2a'_s$时可近似取 $x=2a'_s$,则有

$$A_s=\frac{Ne'}{f_y(h_0-a'_s)} A'_s = A_s$$

3) $x > h'_f$时,受压区已进入腹板,x 计算值无效。

(3)再按受压区进入腹板计算。

$$x=\frac{N-\alpha_1 f_c(b'_f-b)h'_f}{\alpha_1 f_c b}$$

根据 x 计算值,有以下两种情况:

1) $x \leqslant \xi_b h_0$,判为大偏心受压,x 计算值有效,则有

$$A'_s=\frac{Ne-\alpha_1 f_c b x(h_0-\dfrac{x}{2})+\alpha_1 f_c(b'_f-b)h'_f(h_0-\dfrac{h'_f}{2})}{f'_y(h_0-a'_s)} A'_s = A_s$$

2) $x > \xi_b h_0$,判为小偏心受压,x 值计算无效。

按 I 形截面对称配筋小偏心受压重新计算。

(4)验算垂直于弯矩作用平面的受压承载力(按轴心受压构件)。应满足

$$N \leqslant N_u = 0.9\phi(f_c A + f'_y A'_s)$$

【例题 5-1】　(注册结构工程师类型题)一无吊车工业厂房,采用刚性屋盖,跨度为 15 m,其铰接排架结构计算简图及所承受的荷载设计值如图 5-16 所示。柱的截面尺寸为 400 mm×400 mm,a_s = 40 mm,混凝土强度等级为 C30,结构安全等级为二级,纵向受力钢筋为 HRB400。

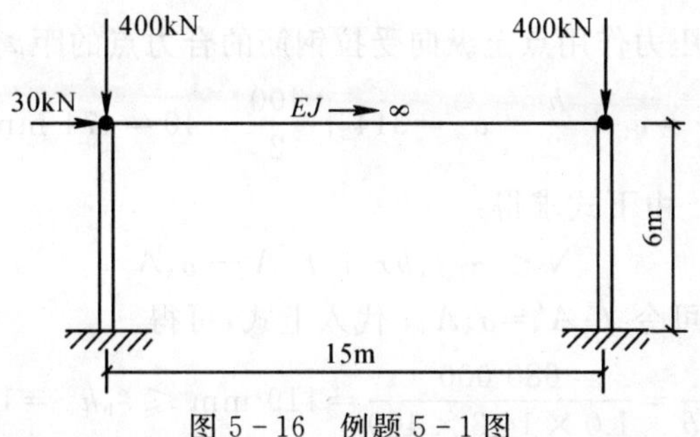

图 5-16　例题 5-1 图

1.设 $P=400$ kN，$Q=30$ kN，柱的净高 $H_n=6$ m，则排架左列柱柱底截面的内力设计值 M,N,V 与何项值最为接近？

(A) $M=90$ kN·m，$N=400$ kN，$V=15$ kN；

(B) $M=90$ kN·m，$N=400$ kN，$V=30$ kN；

(C) $M=100$ kN·m，$N=800$ kN，$V=15$ kN；

(D) $M=100$ kN·m，$N=800$ kN，$V=30$ kN。

正答：(A)

计算过程：由于两根柱的抗侧刚度相等，根据剪力分配法得到作用于每根柱顶的水平力为

$$\frac{1}{2}\times 30=15 \text{ kN}$$

则可以计算出柱底截面的内力为

$$M=15\times 6=90 \text{ kN}\cdot\text{m},\quad N=400 \text{ kN},\quad V=15 \text{ kN}$$

2.假定柱净高 $H_n=5$ m，柱底截面内力设计值为 $M=100$ kN·m，$N=450$ kN，$V=30$ kN，则轴向压力作用至纵向受拉钢筋的合力点的距离 e 与何项数值最为接近？

(A)360 mm　　(B)420 mm　　(C)477 mm　　(D)402 mm

正答：(D)

计算过程如下：混凝土强度等级 C30，轴心抗压强度设计值 $f_c=14.3$ N/mm²，钢筋抗拉强度设计值 $f_y=360$ N/mm²，抗压强度设计值 $f'_y=360$ N/mm²，弹性模量 $E_a=200\,000$ N/mm²，相对界限受压区高度应为 $\xi_b=0.518$，纵向的混凝土保护层厚度 $c=20$ mm，全部纵筋最小配筋率 $\rho_{\min}=0.6\%$，附加偏心距 $e_a=\max(20,h/30)=\max(20,13)=20$ mm，轴向压力对截面重心的偏心距为

$$e_0=M/N=100\,000\,000/450\,000=222 \text{ mm}$$

初始偏心距

$$e_i=e_0+e_a=(222+20)=242 \text{ mm}$$

轴向压力作用点至纵向受拉钢筋的合力点的距离

$$e=e_i+\frac{h}{2}-a_s=242+\frac{400}{2}=402 \text{ mm}$$

3.假定柱的轴向压力设计值 $N=680$ kN，柱的初始偏心距 $e_i=314$ mm。试问如按对称配筋进行设计，则受压区纵向钢筋的计算面积问如按对称配筋进行设计，则受压区纵向钢筋的计算面积 A'_s 与何项数值最为接近？

(A)1 022 mm²　(B)1 589 mm²　(C)1 743 mm²　(D)1 792 mm²

正答：(A)

计算过程如下：轴向压力作用点至纵向受拉钢筋的合力点的距离为

$$e=e_i+\frac{h}{2}-a_s=314+\frac{400}{2}-40=474 \text{ mm}$$

混凝土受压区高度 x 由下式求得：

$$N\leqslant \alpha_1 f_c bx+f'_y A'_s-\sigma_s A_s$$

当采用对称配筋时，可令 $f'_y A'_s=\sigma_s A_s$，代入上式，可得

$$x=\frac{N}{\alpha_1 f_c b}=\frac{680\,000}{1.0\times 14.3\times 400}=119 \text{ mm}\leqslant \xi_b h_0=186.5 \text{ mm}$$

属于大偏心受压构件。

当 $x \geqslant 2a'_s$ 时，受压区纵筋面积 A'_s 按下式求得：

$$Ne \leqslant \alpha_1 f_c bx(h_0 - \frac{x}{2}) + f'_y A'_s(h_0 - a'_s)$$

$$A'_s = \frac{Ne - \alpha_1 f_c bx(h_0 - \frac{x}{2})}{f'_y(h_0 - a'_s)} =$$

$$\frac{680\ 000 \times 474 - \times 1.0 \times 14.3 \times 400 \times 119 \times (360 - \frac{119}{2})}{360 \times (360 - 40)} = 1\ 022.4\ \text{mm}^2$$

4.假设柱的受压区钢筋为三根直径 20 mm，其余条件同上题，则按非对称配筋进行设计的受拉区钢筋计算面积与何项数值最为接近？

(A)1 884 mm²　(B)1 052 mm²　(C)2 012 mm²　(D)1 792 mm²

正答：(B)

计算过程如下：轴向压力作用点至纵向受拉钢筋的合力点的距离：

$$e = \eta e_i + \frac{h}{2} - a_s = 1.18 \times 3.14 + \frac{400}{2 - 40} = 531\ \text{mm}$$

混凝土受压区高度 x ；当已知 A'_s，受压区高度 x 可由下式求得：

$$Ne \leqslant \alpha_1 f_c bx(h_0 - \frac{x}{2}) + f'_y A'_s(h_0 - a'_s)$$

$$x = h_0 - \sqrt{h_0^2 - \frac{2[Ne - f'_y A'_s(h_0 - a'_s)]}{\alpha_1 f_c b}} =$$

$$360 - \sqrt{360^2 - \frac{2 \times [680\ 000 \times 474 - 360 \times 942 \times (360 - 40)]}{1.0 \times 14.3 \times 400}} = 125.8\ \text{mm}$$

当 $x \geqslant 2a'$ 时，受拉区纵筋面积 A_s 按下列公式求得

$$N \leqslant \alpha_1 f_c bx + f'_y A'_s - \sigma_s A_s$$

因 $x = 125.8\text{mm} \leqslant \xi_b \times h_0 = 186.5\text{mm}$，属于大偏心受压构件，则

$$\sigma_s = f_y = 300\ \text{N/mm}^2$$

$$A_s = \frac{\alpha_1 f_c bx + f'_y A'_s - N}{\sigma_s} = \frac{1.0 \times 14.3 \times 400 \times 125.8 + 360 \times 942 - 680\ 000}{360} = 1\ 052\ \text{mm}^2$$

【例题 5-2】 已知偏压构件 $b = 400$ mm，$h = 500$ mm，$l_0 = 4.5$ m(见图 5-17)，采用 C30 级混凝土，HRB 400 级钢筋，该柱采用对称配筋，受拉和受压钢筋均为 4C14。若给定偏心距 $e_0 = 200$mm，则该构件承受的内力设计值 N (kN)，M (kN・m) 应为下列何项数值？

(A)1 447.2，318.38　　(B) 1 447.2，289.43

(C) 1 230.3，270.67　　(D) 1 218，244

正答：(D)

(1)求 e_i。$f_c = 14.3\ \text{N/mm}^2$，$f_y = f'_y = 360\ \text{N/mm}^2$，$c = 20$ mm，$a_s = a'_s = 40$ mm，$h_0 = 460$ mm，$A_s = 1\ 615\ \text{mm}^2$，$e_0 = 200$ mm。

根据《砼规》6.2.17-4 条和 6.2.5 条，得

$$\frac{h}{30} = \frac{500}{30} = 13.3\ \text{mm} < 20\ \text{mm}$$

取
$$e_a = 20\ \text{mm}, e_i = e_0 = e_a = 220\ \text{mm}$$

(2)求 e（或 e'）。根据《砼规》式 6.2.17-3 或图 6.2.17，得

$$e = e_i + \frac{h}{2} - a_s = 220 + \frac{500}{2} - 40 = 430$$

$$e' = e_i - \frac{h}{2} + a_s = 220 - \frac{500}{2} + 40 = 10$$

(3)求 x。

由于
$$e_i = 220\ \text{mm}, \xi_b = 0.518$$

先按大偏心受压计算，对轴向力设计值 N 取矩有

$$f_y A_s e = f'_y A'_s e' + \alpha_1 f_c b x (e_i - 0.5h + 0.5x)$$

即

$$360 \times 1615 \times 430 = 360 \times 1615 \times 10 + 1.0 \times 14.3 \times 400 \times (220 - 500/2 + 0.5x)$$

整理解得

$$x = 212.8\ \text{mm} < \xi_b h_0 = 0.518 \times 460 = 238.3\ \text{mm}$$

故为大偏压，即为所求。

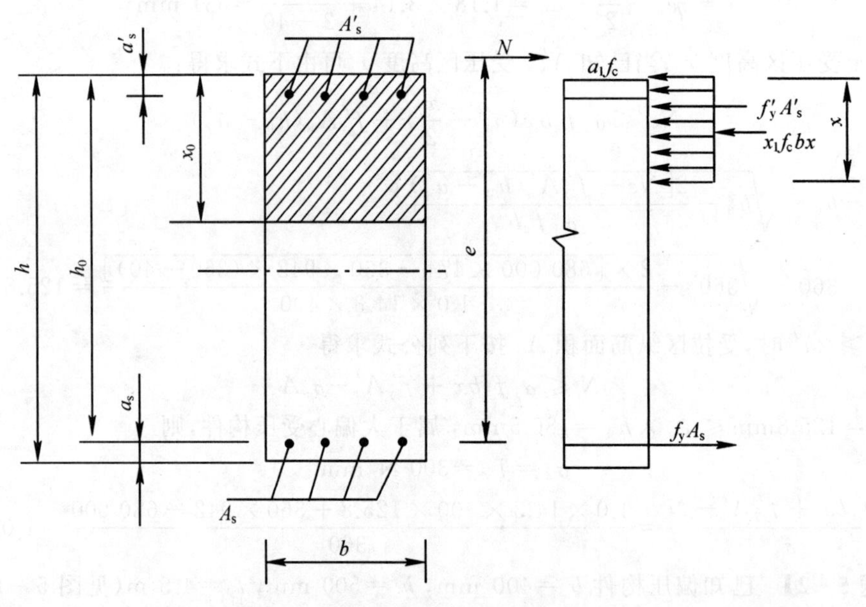

图 5-17　例题 5-2 图

(4)求 N。将 $x = 212.8\text{mm}$ 代入《砼规》式 6.2.17-1，得

$$N = \alpha_1 f_c b x = 14.3 \times 400 \times 212.8 = 1\ 217.2\ \text{kN}$$

$$M = N e_0 = 1\ 217.2 \times 0.2 = 243.44\ \text{kN} \cdot \text{m}$$

【例题 5-3】 一多层框架—剪力墙结构的底层框架柱 $b \times h = 800\ \text{mm} \times 1\ 000\ \text{mm}$，采用 C60 级混凝土，纵筋采用 HRB 400 级钢筋，对称配筋。试问该柱作偏压构件计算时，其相对界限受压区高度在下列何数值最接近？

(A) 0.499　(B) 0.512　(C) 0.517　(D) 0.544

正答：(A)

(1)由《砼规》6.2.6条，得

$$\beta_1 = 0.8 \times \frac{0.8 - 0.74}{80 - 50} \times 10 = 0.78$$

(2)由《砼规》表4.2.3-1，可知HRB 400钢筋$f_y = 360\ N/mm^2$；由《砼规》表4.2.5，可知HRB 400钢筋$E_s = 2.0 \times 10^5\ N/m$。

(3)由《砼规》式(6.2.5)，得

$$\varepsilon_{cu} = 0.0033 - (f_{cu,k} - 50) \times 10^{-5} = 0.0033 - (60 - 50) \times 10^{-5} = 0.0032$$

(4)由《砼规》式(6.2.7)，得

$$\xi_b = \frac{\beta_1}{1 + \frac{f_y}{E_s \varepsilon_{cu}}} = \frac{0.78}{1 + \frac{360}{2.0 \times 10^5 \times 0.0032}} = 0.4992$$

【例题5-4】　(注册结构工程师类型题)有一钢筋混凝土框架柱，安全等级为二级，矩形截面尺寸$b \times h = 300\ mm \times 500\ mm$，对称配筋，每侧各配有3C 20的钢筋(钢筋为HRB 400)，混凝土强度等级为C25，纵向受拉钢筋合力点至边的距离$a_s = 40\ mm$。柱的计算长度为$l_0 = 4.5\ m$，该柱在某荷载组合下，其正截面受压承载力计算中，受压区高度$x = 290\ mm$。试问在该组合内力下，柱的受拉主筋的应力σ_s(N/mm^2)最接近下列何项数值？

(A) 217　　(B) 195　　(C) 178　　(D) 252

正答：(A)

(1)由《砼规》6.2.6条，得$\beta_1 = 0.8$。

(2)由《砼规》表4.2.3-1，可知HRB 400钢筋$f_y = 360\ N/mm^2$。

(3)由《砼规》表4.2.5，可知HRB 400钢筋$E_s = 2.0 \times 10^5\ N/mm^2$。

由《砼规》式(6.2.7)，相对界限受压区高度为

$$\xi_b = \frac{\beta_1}{1 + \frac{f_y}{E_s \varepsilon_{cu}}} = \frac{0.8}{1 + \frac{360}{2.0 \times 10^5 \times 0.0033}} = 0.518$$

$$\xi = \frac{x}{h_0} = \frac{290}{460} = 0.630 > 0.518 = \xi_b$$

属于小偏心受压。

(4)由《砼规》式(6.2.8)，得

$$\sigma_s = \frac{\xi - \beta_1}{\xi_b - \beta_1} f_y = \frac{0.630 - 0.8}{0.518 - 0.8} \times 360 = 217\ N/mm^2$$

【例题5-5】　(注册结构工程师类型题)下列有关钢筋混凝土轴心受压柱的叙述中，哪一项是错误的？

(A)轴压柱随柱截面的加大，其承载能力亦提高。

(B) 轴压中主随捏凝土强度等级的提高，其承载能力亦提高。

(C)轴压柱随其长度的增加，其承载能力将降低。

(D)当柱截面面积、混凝土强度等级、受压钢筋面积相同时，配置螺旋箍筋与普通箍筋的轴压柱相比，其承载能力是相同的。

正答：(D)

根据《砼规》6.2.15条式(6.2.1)，选项中(A)(B)(C)均是正确的。但柱的箍筋类型不同

时，其承载能力应按《砼规》中式(6.2.15) 及式(6.2.16－1)进行计算比较，按式(6.2.16－1)算得的柱的受压承载力设计值不得大于按式(6.2.15)算得的承载力设计值的 1. 5 倍。选项(D)的叙述是错误的。

【例题 5－6】（注册结构工程师类型题）对圆形截面轴心受压钢筋混凝土柱。以下哪些因素对提高柱子承载能力有效？

1. 提高混凝土强度等级；

2. 减小柱子的长细比；

3.箍筋形式改为螺旋式箍筋；

4.箍筋加密。

(A)1,2,3,4　　(B)1,2,3　　(C) 1,3,4　　(D)1,2,4

正答：(A)

根据《混凝土结构设计规范》6. 2. 15 条、6.2.16 条，题中 1,2,3,4 项均可提高圆形轴心受压钢筋混凝土柱的承载能力。

【例题 5－7】（注册结构工程师类型题）受压构件的长细比不宜过大，一般应控制在 $I_0/b \leqslant 30$。 其目的在于下述中的何项？

(A)防止受拉区混凝土产生水平裂缝。

(B)防止斜截面受剪破坏。

(C)防止影响其稳定性或使其承载力降低过多。

(D)防止正截面受压破坏。

正答：(C)

受压构件长细比 $I_0/b \leqslant 30$ 不宜过大，以免影响其稳定性或使其承载力降低过多。

【例题 5－8】（注册结构工程师类型题）某现浇框架结构的底层内柱，轴向力设计值 $N =$ 1 300 kN，基顶至二楼楼面的高度为 $H = 4.8$ m，混凝土强度等级为 C30，钢筋用 HRB 400 级。柱截面尺寸为 300 mm×300 mm，纵筋面积($\mathrm{mm^2}$) 与下列何项数值最为接近？

(A) 820　　(B) 1630　　(C) 1 037　　(D) 2 810

正答：(C)

$$I_0 = 1.0, H = 1.0 \times 4.8 = 4.8\mathrm{m}, I_0/h = 4\ 800/300 = 16$$

由《砼规》表 6.2.15 查得 $\varphi = 0.87$。

由《砼规》式(6.2.15) $N \leqslant 0.9\varphi(f_c A + f'_y A'_s)$，可得

$$A'_s = \frac{\dfrac{N}{0.9\varphi} - f_c A}{f'_y} = \frac{\dfrac{1\ 300\ 000}{0.9 \times 0.87} - 14.3 \times 300 \times 300}{360} = 1\ 037\ \mathrm{mm^2}$$

$$\rho = 1\ 037/(300 \times 300) = 1.15\% < \rho_{\max} = 5\%$$

$$\rho = 1.15\% > \rho_{\min} = 0.55\%$$

符合《砼规》表 8.5.1 的要求。

【例题 5－9】（注册结构工程师类型题）某钢筋泪凝土圆形截面轴心受压柱，直径 $d =$ 350 mm，构件核心截面直径 $d_{cor} = 290$ mm，计算长度 $l_0 = 3.64$ m，混凝土强度等级为 C25，纵向钢筋采用 HRR400，实配 6C20，箍筋为 φ 8HPR300 螺旋式间接钢筋，间距 50mm，试问该柱的正截面轴心受压承载力 N 值与下列何项最为接近？

(A) 1 763 kN　　(B) 1 849 kN　　(C) 1 550 kN　　(D) 1 722 kN

正答：(A)

(1)确定是否考虑间接钢筋对轴心受压承载力的贡献。

按《混凝土结构设计规范》6.2.16 条规定，当 $l_o/d > 12$ 时不应计入间接钢筋的影响，今 $l_0/d = 3\ 640\ /\ 350 = 10.4 < 12$，因而可以考虑间接钢筋的影响。查《砼规》附录得 $A_s = 1\ 885$ mm^2。

(2)按《混凝土结构设计规范》式(6.2.16－2)计算间接钢筋的换算截面面积 A_{ss0}：

$$A_{ss0} = \frac{\pi d_{cor} A_{ss1}}{s} = \frac{\pi \times 290 \times 50.3}{50} = 916\ mm^2 >$$

$$0.25A_s = 0.25 \times 1885 = 471\ mm^2(\text{可以})$$

(3)按《混凝土结构设计规范》式(6.2.16－1)计算轴心受压承载力 N_t：

$$N_t = 0.9(f_c A_{cor} + f'_y A'_s + 2\alpha f'_y A_{ss0}) =$$

$$0.9 \times (11.9 \times \frac{\pi \times 290^2}{4} + 360 \times 1\ 885 + 2 \times 1 \times 270 \times 916) = 1\ 763\ kN$$

(4)验算纵向受力钢筋面积 A'_s 是否大于 $0.03A$。

由于

$$0.03A = 0.03 \times \frac{\pi \times 350^2}{4} = 2\ 886\ mm^2 > A'_s = 1\ 885\ mm^2$$

故在按《砼规》式(6.2.15)计算时，在 A 中不必扣除 A'_s。

(5)按《砼规》式(6.2.15)计算不考虑间接钢筋作用的轴心受压承载力：

$$N_2 = 0.9\varphi(f_c A + f'_y A'_b) = 0.9 \times 0.948 \times (11.9 \times \frac{\pi \times 350^2}{4} + 360 \times 1\ 885) = 1\ 550\ kN$$

$$1.5N = 1550 \times 1.5 = 2\ 325\ kN > N_t(\text{符合规范要求})$$

故知此构件的轴心受压承载力应取 1 763 kN。

【例题 5－10】　(注册结构工程师类型题)已知偏压构件 $b = 400$ mm，$h = 500$ mm，$l_o = 4.5$ m，采用 C30 级混凝土，HRB 400 级钢筋，该柱采用对称配筋，受拉和受压钢筋均为 4 C14。若给定偏心距 $e_o = 200$ mm，则该构件承受的内力设计值 N(kN)，M(kN · m)应为下列何项数值？

(A) 1 447.2，318.38　　(B) 1 447.2，289.43

(C) 1 230.3，270.67　　(D) 1 218，244

正答：(D)

(1)求 e_i。

$$f_c = 14.3\ N/mm^2, f_y = f'_y = 360\ N/mm^2, c = 20\ mm$$

$$a_s = a'_s = 40\ mm, h_o = 460\ mm, A_s = 1\ 615\ mm^2, e_o = 200\ mm$$

根据《混凝土结构设计范》6.2.17－4 条和 6.2.5 条，有

$$\frac{h}{30} = \frac{500}{30} = 13.3\ mm < 20\ mm$$

取

$$e_0 = 20mm, e_i = e_o + e_a = 200 + 20 = 220\ mm$$

(2)求 e(或 e')。

根据《砼规》式 6.2.17-3，有

$$e=e_{i}+\frac{h}{2}-a_{s}=220+\frac{500}{2}-40=430$$

$$e'=e_{i}-\frac{h}{2}+a_{s}=220-\frac{500}{2}+40=10$$

(3)求 x。

$$e_{i}=220\text{mm},\quad \xi_{b}=0.518$$

先按大偏心受压计算，对轴向力设计值 N 取矩(见图 5-18) 有

$$f_{y}A_{s}e=f'_{y}A'_{s}e'+\alpha_{1}f_{c}bx(e_{i}-\frac{h}{2}+\frac{x}{2})=360\times 1\ 615\times 430=$$

$$360\times 1\ 615\times 10+1.0\times 14.3\times 400\times(220-500/2+0.5x)$$

整理解得

$$x=212.8\ \text{mm}<\xi_{b}h_{0}=0.518\times 460=238.3\ \text{mm}$$

故为大偏压，即为所求。

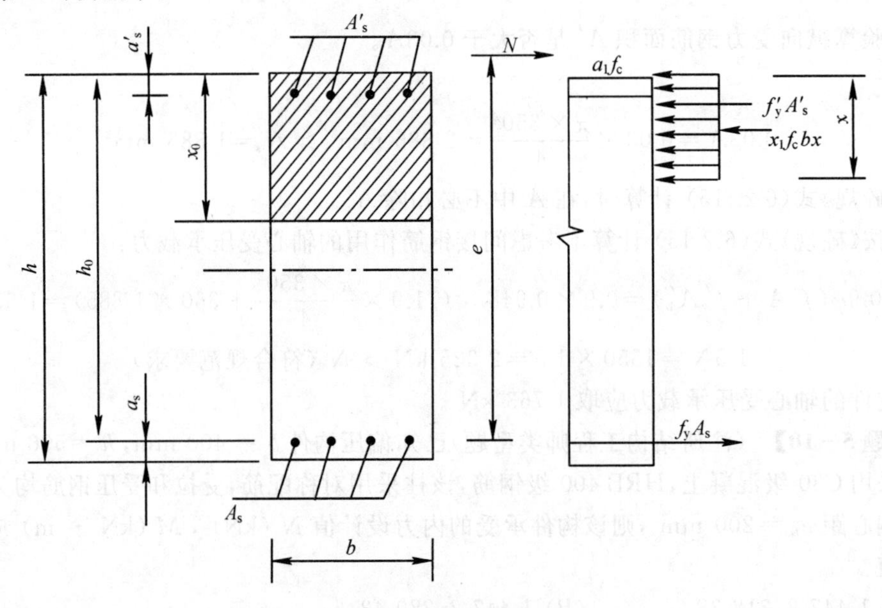

图 5-18　例题 5-10 图

(4)求 N。

将 x =212.8 mm 代入《砼规》式(6.2.17-1)，有

$$N=\alpha_{1}f_{c}bx=14.3\times 400\times 212.8=1\ 217.2\ \text{kN}$$

$$M=Ne_{0}=1\ 217.2\times 0.2=243.44\ \text{kN}\cdot\text{m}$$

【例题 5-11】　(注册结构工程师类型题)钢筋混凝土大偏心受压柱在下列四组内力作用下，若采用对称配筋，则控制配筋的内力为下列何项数值？

(A) M =100 kN·m，N=150 kN　　(B) M=100 kN·m，N=500 kN

(D) M=200 kN·m，N=500 kN　　(C) M=200 kN·m，N=150 kN

正答：(C)

由 N_{u}-M_{u} 的关系曲线(见图 5-19)可知：大偏心受压破坏时，N_{u}随M_{u}的减小而减小，随

M_u的增大而增大，界限破坏时的 M_u 为最大。小偏心受压破坏时，N_u随着 M_u的增大而减小。在曲线的 α 点，$M_u=0$，为轴心受压，此时 N_u 达到最大。

根据上述规律，当 M 相同时，在(A)和(B) 中选(A)；在(C)和(D) 中选(C)；当 N 相同时，在(A) 和(C)中选(C)。

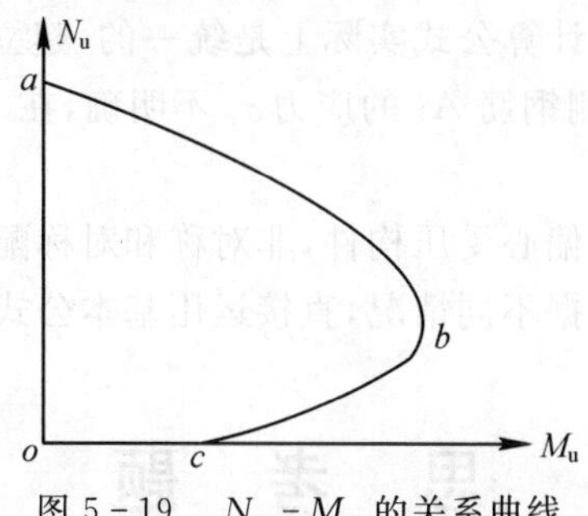

图 5-19　N_u-M_u 的关系曲线

【例题 5-12】 (注册结构工程师类型题)从混凝土受压构件的承载力 $N-M$ 相关关系中得出的下述结论，何项正确?

(A)当 M 一定时，对小偏压柱，应取 N 小的组合控制截面设计。

(B)当 M 一定时，对大偏压柱，应取 N 大的组合控制截面设计。

(C)当 N 一定时，无论大、小偏压柱都要取 M 尽可能大的组合控制截面设计。

(D) 轴压时的受压承载力最大，$N_{max}=N_0$；纯弯时的受弯承载力最大，$M_{max}=M_0$。

正答：(C)

如图 5-19 受压构件 $N-M$ 相关曲线可以看出：

(1)当 M 一定时，对小偏压柱，N 越大越危险，应取 N 大的组合进行配筋计算，(A) 错。

(2)当 M 一定时，对大偏压柱，N 越小越危险，应取 N 小的组合进行配筋计算，(B) 错。

(3)当 N 一定时，无论大、小偏压，都是 M 越大越危险，(C) 对。

从图 5-19 看出，$N=N_0$ 是对的，但 $M_{max}\neq M_o$，$M_{max}=M_b$(界限破坏时弯矩)，对应的为界限破坏时轴力 N_b，(D) 错。

5.6 本章小结

普通箍筋轴心受压构件在计算上分为长柱和短柱。短柱的破坏属于材料破坏。对于轴心受压构件的受压承载力，短柱和长柱均采用一个统一公式计算，其中采用稳定系数 φ 表达纵向弯曲变形对受压承载力的影响。

在螺旋箍筋轴心受压构件中，由于螺旋箍筋对核芯混凝土的约束作用，提高了核心混凝土的抗压强度，从而使构件的承载力有所增加。

偏心受压构件正截面破坏有拉压破坏和受压破坏两种形态。当纵向压力 N 的相对偏心距 e_0/h_0 较大，且 A_s 不过多时发生拉压破坏，也称大偏心受压破坏。其特征为受拉钢筋首先屈服，而后受压区边缘混凝土达到极限压应变，受压钢筋应力能达到屈服强度。当纵向压力 N 的相对偏心距 e_0/h_0 较大，但受拉钢筋 A_s 数量过多；或者相对偏心距 e_0/h_0 较小时发生受压破坏，也称小偏心受压破坏。其特征为受压区混凝土被压坏，压应力较大一侧钢筋应力能够达到屈服强度，而另一侧钢筋受拉不屈服或者受压不屈服。界限破坏指受拉钢筋应力达到屈服强度的同时受压区边缘混凝土刚好达到极限压应变。

大、小偏心受压破坏的判别条件是 $\xi \leqslant \xi_b$ 时，属于大偏心受压破坏；$\xi > \xi_b$ 时，属于小偏心受压破坏。

大、小偏心受压构件的基本计算公式实际上是统一的，建立公式的基本假定也相同，只是小偏心受压时离纵向力较远一侧钢筋 A_s 的应力 σ_s 不明确，在 $f'_y \leqslant \sigma_s \leqslant f_y$ 范围内变化，使小偏心受压构件的计算较复杂。

对于各种截面形式的大、小偏心受压构件，非对称和对称配筋、截面设计和截面复核时，应牢牢地把握住基本计算公式，根据不同情况，直接运用基本公式进行运算。

思 考 题

1.试述在普通箍筋柱和螺旋式箍筋柱中，箍筋各有什么作用？对箍筋有哪些构造要求？

2.在轴心受压构件中，受压纵筋应力在什么情况下会达到屈服强度？什么情况下达不到屈服强度？设计中如何考虑？

3.轴心受压普通箍筋短柱与长柱的破坏形态有何不同？计算中如何考虑长柱的影响？

4.轴心受压螺旋箍筋柱与普通箍筋柱的受压承载力计算有何不同？螺旋式箍筋柱承载力计算公式的适用条件是什么？为什么有这些限制条件？

5.说明大、小偏心受压破坏的发生条件和破坏特征。什么是界限破坏？与界限状态对应的 ξ_b 是如何确定的？

6.说明截面设计时大、小偏心受压破坏的判别条件是什么？对称配筋时如何进行判别？

7.为什么要考虑附加偏心距 e_a？

8.什么是二阶效应？在偏心受压构件设计中如何考虑这一问题？说明偏心距增大系数的物理意义。

9.画出矩形截面大、小偏心受压破坏时截面应力计算图形，并标明钢筋和受压混凝土的应力值。为什么要对垂直于弯矩作用方向的截面承载力进行验算？

10.写出矩形截面对称配筋和I形截面对称配筋在界限破坏时的轴向压力设计值 N_b 的计算公式。

11.比较大偏心受压构件和双筋受弯构件的截面应力计算图形和计算公式有何异同？

12.大偏心受压非对称配筋截面设计，当 A_s 和 A'_s 均未知时如何处理？

13.钢筋混凝土矩形截面大偏心受压构件非对称配筋时，在 A'_s 已知条件下如果出现 $\xi > \xi_b$，说明什么问题？这时应如何计算？

14.小偏心受压非对称配筋截面设计，当 A_s 和 A'_s 均未知时，为什么可以首先确定 A_s 的数量？如何确定？

15.矩形截面对称配筋计算曲线 $N-M$ 是怎样绘出的？根据这些曲线说明大、小偏心受压构件 N 和 M 以及与配筋率 之间的关系。解释为什么会出现 $\eta e_i \leqslant 0.3h_0$，且 $N \leqslant N_b$ 的现象，这种情况下应怎样计算？

16.什么情况下要采用复合箍筋？为什么要采用这样的箍筋？

第6章　受拉构件正截面的性能与设计

本章的主要内容

・轴心受拉构件承载力计算

・矩形截面偏心受拉构件正截面承载力计算

本章的重点和难点

・矩形截面大、小偏心受拉构件的正截面承载力计算

6.1　轴心受拉构件承载力计算

6.1.1 轴心受拉构件的受力特点

轴心受拉构件：当构件受到纵向拉力时，称为受拉构件。如果纵向拉力作用线与构件正截面形心重合则为轴心受拉构件。

1.第一阶段(加载开始到裂缝出现前)

这一阶段也称整体工作阶段。混凝土与钢筋共同受力，但应力和应变都很小，并大致成正比，轴向拉力与变形基本为线性关系。随着荷载的增加，混凝土很快达到极限拉应变，即将出现裂缝。对于使用阶段不允许开裂的构件，应以此受力状态作为抗裂验算的依据。

2.第二阶段(混凝土开裂到受拉钢筋屈服前)

这一阶段也称为带裂缝工作阶段。当荷载增加到某一数值时，在构件较薄弱的部位会首先出现法向裂缝。当裂缝出现后，裂缝截面处的混凝土逐渐退出工作，截面上的拉力全部由钢筋承担。随着荷载继续增大，其他一些截面上也先后出现法向裂缝，裂缝的产生使截面刚度降低，在曲线上出现第一个转折点，导致应变的发展远远大于应力的增加，反映出钢筋和混凝土之间发生了应力重分布。将构件分割为几段的贯通横截面的裂缝处只有钢筋联接着。但裂缝间的混凝土仍能协同钢筋承担一部分拉力，此时构件受到的使用荷载大约为破坏荷载的50%～70%。对于使用阶段允许出现裂缝的构件，应以此阶段作为裂缝宽度验算的依据。

3.第三阶段(受拉钢筋屈服到构件破坏)

这一阶段也称为破坏阶段。构件某一裂缝截面的个别受拉钢筋应力首先达到屈服强度，随即裂缝迅速开展，荷载稍有增加甚至不增加，都会导致裂缝截面的全部钢筋达到屈服强度。可认为构件达到了破坏状态，即达到极限荷载 N_u。应以此时的应状态作为轴心受拉构件正截面承载力计算的依据。

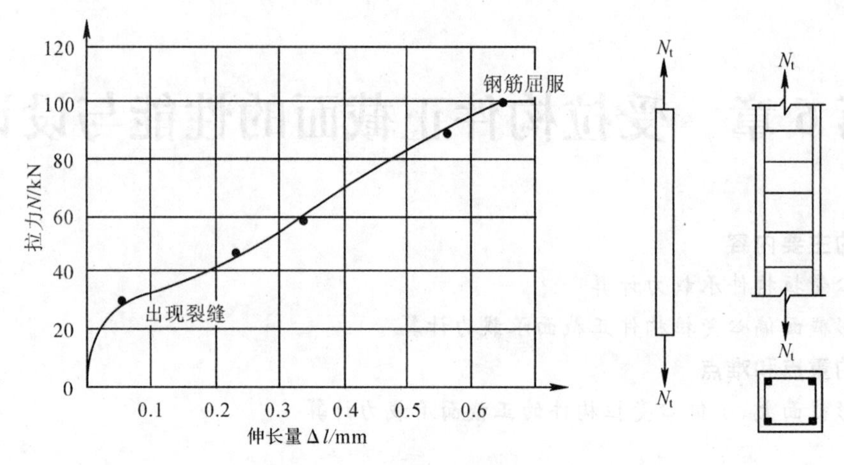

图 6-1　轴心受拉构件试验曲线

有两点值得注意：

1)由于破坏时的实际变形值很难得到，因此，轴心受拉构件破坏的标准不是构件拉断，而是钢筋屈服；

2)应力重分布的概念，在截面出现裂缝之前，混凝土与钢筋共同工作，承担拉力，两者具有相同的拉伸应变，但二者的应力却与它们各自的弹性模量（或割线模量）正比，即钢筋的拉应力远远高于混凝土的拉应力。而当混凝土开裂后，裂缝截面处受拉混凝土随即退出工作，原来由混凝土承担的拉应力将转嫁给钢筋承担，这时钢筋的应力突增，混凝土的应力降至零。这种在截面上混凝土与钢筋之间应力的转移，称为截面上的应力重分布。

6.1.2　承载力计算公式

轴心受拉构件破坏时，全部拉力由钢筋来承受，图 6-2 所示为截面应力计算图形。正截面受拉承载力设计表达式为

$$N \leqslant f_y A_s \tag{6-1}$$

式中 N —— 轴向拉力设计值。

f_y —— 钢筋抗拉强度设计值。为了控制受拉构件在使用荷载下的变形和裂缝开展，《砼规 》规定：轴心受拉和小偏心受拉构件的钢筋混凝土抗拉强度设计值大于 300 N/mm² 时，仍应按 300 N/mm² 取用。

A_s —— 纵向钢筋的全部截面面积。

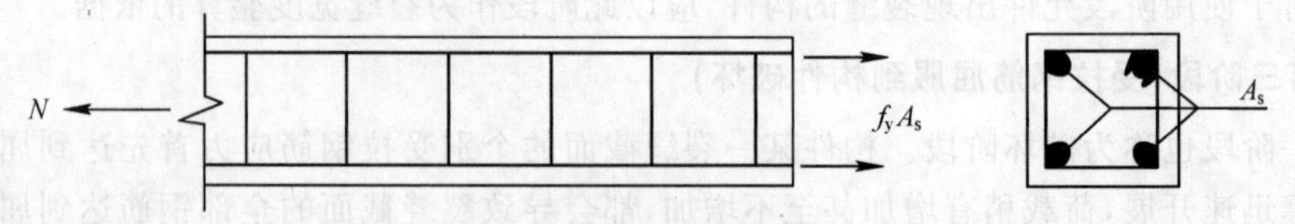

图 6-2　轴心受拉构件承载力应力计算图形

【例题 6-1】（注册结构工程师试题）节点板单面连接的等边单角钢轴心受拉构件，$\lambda=120$，高空安装焊接，施工条件较差，焊条采用 E43 型，计算连接时，其采用的角焊缝强度设计值（N/mm²）应为下列何项？

(A) 136　　(B) 122.4　　(C) 147　　(D) 144

正确答案：(B)

(1)E43 型、角焊缝，查《钢结构设计规范》表 3.4.1－3，取 $f_t^w=160\ \text{N/mm}^2$；

(2)根据《钢结构设计规范》3.4.2 条及注的规定，有

$$f_t^w=160\times0.85\times0.90=122.4\ \text{N/mm}^2$$

【例题 6－2】 已知某钢筋混凝土屋架下弦，截面尺寸 $b\times h=250\ \text{mm}\times150\ \text{mm}$，其所受的轴心拉力设计值为 300 kN，混凝土强度等级为 C30，钢筋为 HRB335。求截面中的配筋。

解：查表可知 HRB335 钢筋，$f_y=300\ \text{N/mm}^2$，代入式(6－1)，得

$$A_s=N/f=300\ 000/300=1\ 000\ \text{mm}^2$$

选用 4Φ 18，$A_s=1017\ \text{mm}^2$，满足要求。

6.2　矩形截面偏心受拉构件正截面承载力计算

6.2.1　偏心受拉构件正截面的破坏形态

构件受到的纵向拉力作用线与构件正截面形心不重合或构件截面上同时作用有纵向拉力和弯矩时，则称为偏心受拉构件。

偏心受拉构件，按纵向拉力 N 作用在截面上的位置不同，分为小偏心受拉与大偏心受拉两种：当纵向拉力 N 的作用点在截面两侧钢筋之内，属于小偏心受拉；当纵向拉力 N 的作用点在截面两侧钢筋之外，属于大偏心受拉。

1.小偏心受拉破坏

受力特征：当纵向拉力作用在两侧钢筋以内时，截面在接近纵向拉力一侧受拉，而远离纵向拉力一侧可能受拉也可能受压。当偏心距较小时，全截面受拉，接近纵向力一侧应力较大，远离纵向力一侧应力较小；当偏心距较大时，接近纵向力一侧受拉，远离纵向力一侧受压。随着纵向拉力 N 的增大，截面应力也逐渐增大，当拉应力较大一侧边缘混凝土达到其抗拉极限拉应变时，截面开裂。对于偏心距较小的情形，开裂后裂缝将迅速贯通；对于偏心距较大的情形，由于受拉区裂缝处混凝土退出工作，根据截面上力的平衡条件，压区的压应力也随之消失，而转换成拉应力，随即裂缝贯通。这就是小偏心受拉的受力特征。

破坏特征(与配筋方式有关)：

1) N 逐渐增大时，离 N 较近一侧截面边缘混凝土达到极限拉应变，混凝土开裂，而且整个截面裂通，拉力全部由钢筋承受。

2)非对称配筋时：只有当 N 作用于钢筋截面面积的“塑性中心”时，两侧纵向钢筋才会同时达到屈服强度，否则，纵向拉力近侧钢筋 A_s 可以达到屈服强度，而远侧钢筋 A_s' 不屈服。

3)对称配筋时：构件破坏时，A_s 屈服，A_s' 不屈服(见图 6－3)。

总之，小偏心受拉构件形成贯通裂缝后，全截面混凝土退出工作，拉力全部由钢筋承担，当钢筋应力达到其屈服强度时，构件达到正截面极限承载能力而破坏。

2.大偏心受拉破坏

受力特征：当纵向拉力作用在两侧钢筋以外时，截面在接近纵向拉力一侧受拉，而远离纵向拉力一侧受压。随着拉力 N 的增大，受拉一侧混凝土拉应力逐渐增大，应变达到其极限拉应变开裂，截面虽开裂，但始终有受压区，否则内外力不能保持平衡。既然有受压区，截面就不会裂通，这就是大偏心受拉的受力特征。

破坏特征(与 A_s 的数量多少有关)：

1)随着 N 增大，裂缝先从拉应力较大侧开始，但截面不会裂通，离 N 较远一侧仍保留有受压区，否则对 N 作用点取矩将不满足平衡条件。

2) A_s 数量适当时：受拉钢筋先屈服，然后受压钢筋应力达到屈服强度，受压区边缘混凝土达到极限压应变而破坏(见图 6-4)，这与大偏心受压破坏特征类似。设计时应以这种破坏形式为依据。

3) A_s 数量过多时：首先受压区混凝土被压坏，受压钢筋应力能够达到屈服强度，但受拉钢筋不屈服，这种破坏形式具有脆性性质，设计时应予以避免。

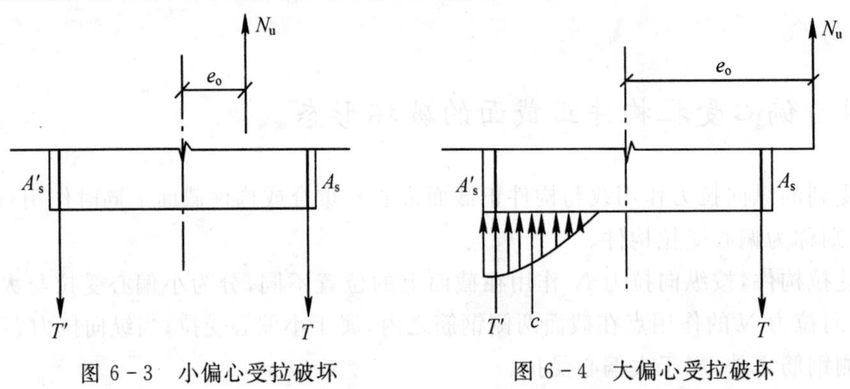

图 6-3 小偏心受拉破坏　　　图 6-4 大偏心受拉破坏

6.2.2 矩形截面小偏心受拉构件正截面承载力计算

图 6-5 表示矩形截面小偏心受拉构件极限状态应力分布图情况。根据内外力分别对两侧钢筋的合力点取矩的平衡条件，可得基本计算公式：

$$Ne \leqslant f_y A'_s (h_0 - a_s) \tag{6-2}$$

$$Ne' \leqslant f_y A'_s (h_0 - a_s) \tag{6-3}$$

式中

$$e = \frac{h}{2} - e_0 - a_s \tag{6-4}$$

$$e' = \frac{h}{2} + e_0 - a'_s \tag{6-5}$$

若将 e,e' 代入式(6-2)及式(6-3)，并取 $M = Ne_0$，则得

$$A_s = \frac{N(h - 2a'_s)}{2f_y(h'_0 - a_s)} + \frac{M}{f_y(h'_0 - a_s)} \tag{6-6}$$

$$A'_s = \frac{N(h - 2a'_s)}{2f_y(h_0 - a'_s)} - \frac{M}{f_y(h_0 - a'_s)} \tag{6-7}$$

等式右端第一项代表纵向拉力 N 所需的配筋，第二项反映了弯矩 M 对配筋的影响。M 越大，A_s 越大，而 A'_s 越小。因此设计时如果截面配筋计算中有若干组不同的内力设计值（N，M），应按最大 N 与最大 M 的内力组合计算 A_s 值，而按最大 N 和最小 M 的内力组合计算 A'_s 值。

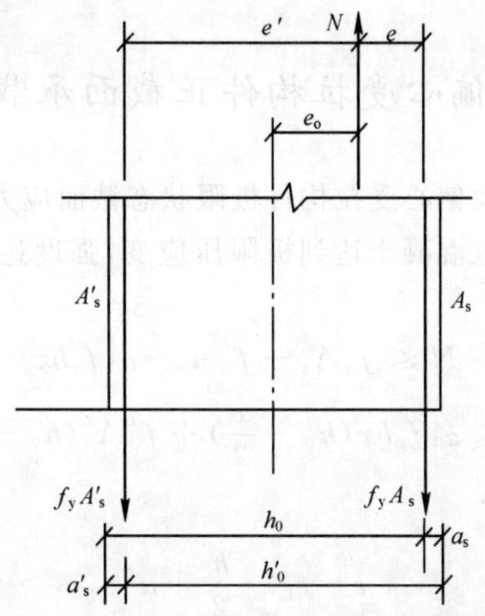

图 6-5　小偏心受拉截面应力计算图形

对称配筋时，远离纵向拉力一侧的钢筋达不到屈服，在设计时，可采用式(7-3)求得 A'_s，使 $A'_s=A_s$。

按式(6-2)及式(6-3)计算得到的 A_s 及 A'_s 值应分别不小于 $\rho_{min}bh$，ρ_{min} 取 0.002 和 0.45 f_t/f_y 中的较大者。

截面复核时，要确定截面在给定偏心距 e_0 下的承载力 N 时，应取按式（6-2）及式（6-3)计算得到的较小值。

【例题 6-3】　某钢筋混凝土偏心受拉构件，$b\times h=300\ \text{mm}\times 400\ \text{mm}$，$a_s=a'_s=35\ \text{mm}$，承受纵向拉力设计值 $N=550\ \text{kN}$，弯矩设计值 $M=55\ \text{kN}\cdot\text{m}$，采用 C25 混凝土，HRB335 级钢筋，求所需钢筋 A_s 及 A'_s。（$f_y=f'_y=300\ \text{N/mm}^2$，$f_t=1.27\ \text{N/mm}^2$）

解：(1)判别大小偏心。

由于

$$h_0=h-a_s=400-35=365\ \text{mm};\ h'_0=h-a'_s=400-35=365\ \text{mm}$$

$$e_0=\frac{M}{N}=\frac{55\ 000}{550}=100\ \text{mm}<\frac{h}{2}-a_s=\frac{400}{2}-35=165\ \text{mm}$$

因此，纵向拉力作用在两侧钢筋之间，属于小偏心受拉。

(2)求 A_s 及 A'_s。

$$e=\frac{h}{2}=e_0-a_s=\frac{400}{2}-100-35=65\ \text{mm}$$

$$e'=\frac{h}{2}+e_0-a'_s=\frac{400}{2}+100-35=265\ \text{mm}$$

$$A_s=\frac{Ne'}{2f_y(h'_0-a_s)}=\frac{55\ 000\times 265}{300\times(365-35)}=1\ 472.2\ \text{mm}^2$$

故选用 3C25（$A_s=1\ 473\ \text{mm}^2$），则有

$$A'_s=\frac{Ne}{2f_y(h_0-a'_s)}=\frac{55\ 000\times 65}{300\times(365-35)}=361.1\ \text{mm}^2>$$

$$\rho'_{\min}bh_0=\max\begin{cases}0.45f_t/f_y=0.45\times1.27\div300\times300\times365=208\text{ mm}^2\\0.002bh_0=0.002\times300\times365=219\text{ mm}^2\end{cases}=219\text{ mm}^2$$

故选用 2C16($A'_s=402\text{ mm}^2$)。

6.2.3 矩形截面大偏心受拉构件正截面承载力计算

如图 6-6 所示矩形截面大偏心受拉构件极限状态截面应力分布图情况。构件破坏时,钢筋应力都达到屈服强度,受压区混凝土达到极限压应变,强度达到 $\alpha_1 f_c$。根据力和力矩平衡条件,可得如下基本计算公式:

$$N\leqslant f_yA_s-f'_yA'_s-\alpha_1f_cbx \tag{6-8}$$

$$Ne\leqslant\alpha_1f_cbx\left(h_0-\frac{x}{2}\right)+f'_yA'_s(h_0-a'_s) \tag{6-9}$$

式中

$$e=e_0-\frac{h}{2}+a'_s$$

适用条件为

$$x<\xi_bh_0 \tag{6-10}$$

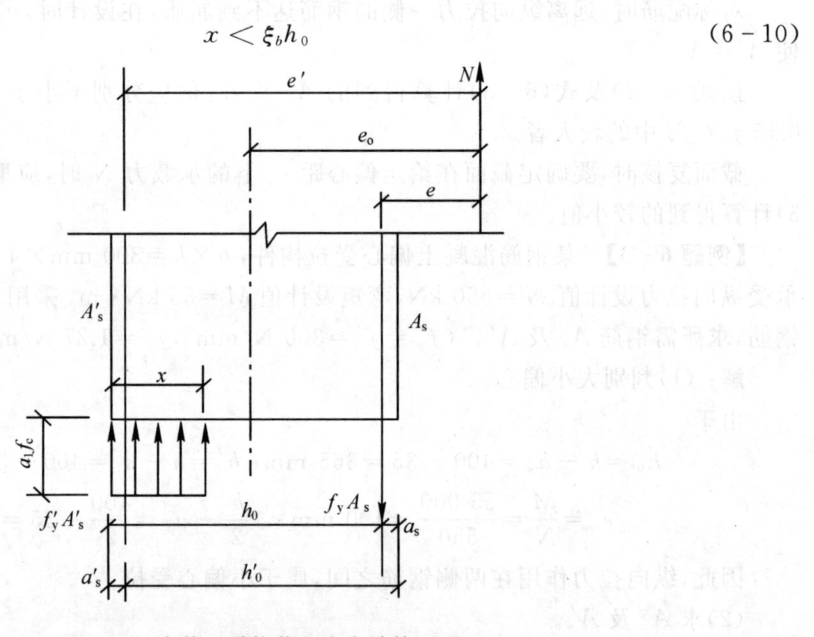

图 6-6 大偏心受拉截面应力计算图形

当计算中计入纵向受压钢筋时,尚应满足条件:

$$x\geqslant2a'_s \tag{6-11}$$

设计时,为了使钢筋总量最少,应充分利用受压区混凝土,取 $x=\xi_bh_0$,代入式(6-8)和式(6-9)求 A_s 及 A'_s。

若计算得到 $A'_s<\rho'_{\min}bh_0$,则取 $A'_s<\rho'_{\min}bh_0$,按 A'_s 已知代入式(6-9)解出 x,当满足适用条件,代入式(6-8)计算 A_s。

若不满足条件,直接代入式(6-3)计算 A_s。

对称配筋的矩形截面偏心受拉构件，由于 $f_yA_s=f'_yA'_s$，计算中必然会求得 x 为负值。因此，不论大、小偏心受拉构件，只要对称配筋，均可按式(6-3)计算 A_s，并取 $A'_s=A_s$。

截面复核有两种情况：已知 N 求解 e_0 和已知 e_0 求解 N。无论何种类型，均可用基本计算公式求解。

【例题 6-4】 某钢筋混凝土偏心受拉构件，$b\times h=250\ \mathrm{mm}\times400\ \mathrm{mm}$，$a_s=a'_s=40\ \mathrm{mm}$，承受纵向拉力设计值 $N=450\ \mathrm{kN}$，弯矩设计值 $M=135\ \mathrm{kN\cdot m}$，采用 C30 混凝土，HRB335 级钢筋，求所需钢筋 A_s 及 $A'_s=300\ \mathrm{N/mm}$，$f_y=f'_y=300\ \mathrm{N/mm}$，$f_t=1.43\ \mathrm{N/mm}$，$f_c=14.3\ \mathrm{N/mm}$)

解：(1)判别大小偏心。

$$h_0=h-a_s=400-40=360\ \mathrm{mm},h'_0=h-a'_s=400-40=360\ \mathrm{mm}$$

$$e_0=\frac{M}{N}=\frac{135\ 000}{450}=300\ \mathrm{mm}>\frac{h}{2}-a_s=\frac{400}{2}-40=160\ \mathrm{mm}$$

纵向拉力作用在两侧钢筋之外，属于大偏心受拉。

(2)求 A'_s。

取
$$x=\xi_b h_0=0.550\times360=198\ \mathrm{mm}$$

$$e=e_0-\frac{h}{2}+a_s=300-\frac{400}{2}+40=140\ \mathrm{mm}$$

则有

$$A'_s=\frac{Ne-\alpha_1 f_c bx(h_0-0.5x)}{f_y(h_0-a'_s)}=$$

$$\frac{450\ 000\times140-1.0\times14.3\times2\ 500\ 198\times(360-0.5\times198)}{360\times(360-40)}=-1\ 268.2\ \mathrm{mm}^2<0$$

取 $A'_s=\rho'_{\min}bh_0=180\ \mathrm{mm}^2$ 和 $A'_s=0.45f_t/f_y=193.05\ \mathrm{mm}$ 中的较大值，选用 2C12($A'_s=226\ \mathrm{mm}^2$)。

(3)求 A'_s。

$$Ne\leqslant\alpha_1 f_c bx(h_0-\frac{x}{2})+f'_yA'_s(h_0-a'_s)=$$

$$450\ 000\times140-1.0\times14.3\times250x(360-0.5x)-300\times226\times(360-40)=0$$

得
$$x=33.7\ \mathrm{mm}<2a'_s=2\times40=80\ \mathrm{mm}$$

由于
$$e'=\frac{h}{2}+e_0-a'_s=\frac{400}{2}+140-40=300\ \mathrm{mm}$$

则有
$$A_s=\frac{Ne'}{2f_y(h'_0-a_s)}=\frac{450\ 000\times300}{300\times(360-40)}=1\ 406.3\ \mathrm{mm}^2$$

选用 3C25 ($A_s=1\ 473\ \mathrm{mm}^2$)，则有

$$A_s>\max(\rho'_{\min}bh_0,0.45f_t/f_y)=\max(180\ \mathrm{mm}^2,193.05\ \mathrm{mm}^2)$$

【例题 6-5】 (经典例题)已知某矩形水池，壁厚 300 mm，经内力分析，跨中水平方向每米宽度上最大弯矩设计值 $M=120\ \mathrm{kN\cdot m}$，相应的每米宽度上的轴向拉力设计值 $N=240\ \mathrm{kN}$，该水池的混凝土 C20，钢筋 HRB335 级。试计算水池在该处所需的 A_s 及 A'_s 值。

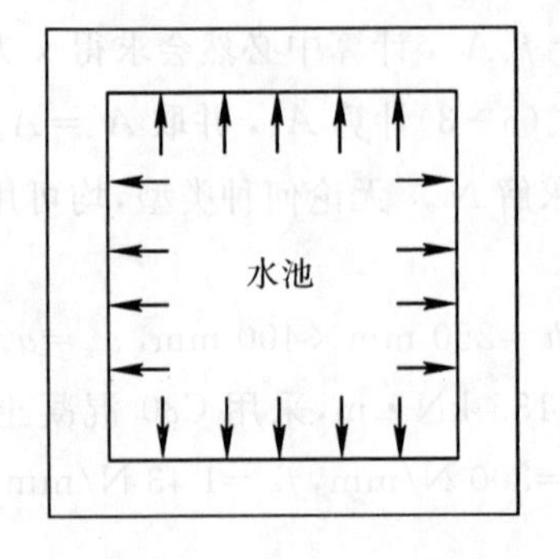

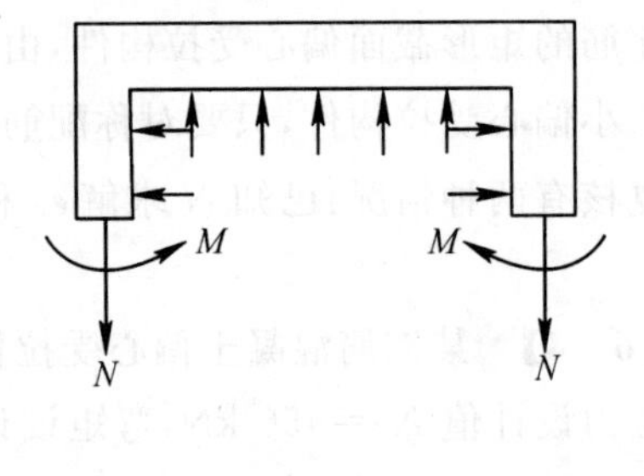

图 6-7　矩形水池池壁弯矩 M 和拉力 N 的示意图

解：截面尺寸 $b\times h=1\ 0000\ \text{mm}\times 300\ \text{mm}$，设 $a_s=a'_s=35\ \text{mm}$，则

$$e_0=\frac{M}{N}=\frac{120\times 10^6}{240\times 10^3}=500\ \text{mm}$$

纵向拉力 N 位于 A_s 及 A'_s 以外，属大偏心受拉构件。

又
$$e=e_0-\frac{h}{2}+a_s=500-\frac{300}{2}+35=385\ \text{mm}$$

得

$$A'_s=\frac{Ne-\alpha_1 f_c bh_0^2\xi_b(1-0.5\xi_b)}{f'_y(h_0-\alpha'_s)}=$$

$$\frac{240\times 10^3\times 385-0.550\times(1-0.5\times 0.550)\times 1.0\times 9.6\times 1\ 000\times 265^2}{300\times(265-35)}<0$$

按构造配置受压钢筋，取 $A'_s=\rho'_{\min}bh=0.002\times 1\ 000\times 300=600\ \text{mm}^2$。

选用 B12 @180 的钢筋，实有截面面积 $A'_s=628\ \text{mm}^2$。

由于 A'_s 不是按计算确定，而是按构造所得，此时 x 不再是界限值 x_b 了，应当按大偏心受拉的情形 2，即已知 A'_s 求受拉钢筋 A_s。

$$A_{s1}=A'_s=628\ \text{mm}^2$$

$$M_1=A'_s f'_y(h_0-a'_s)=300\times 628\times(256-35)=43\ 332\ 000\ \text{N}\cdot\text{mm}$$

$$M_2=Ne-M_1=240\times 10^3\times 385-43\ 332\ 000=49\ 068\ 000\ \text{N}\cdot\text{mm}$$

$$\alpha_{s2}=\frac{M_2}{\alpha_1 f_c bh_0^2}=\frac{49\ 068\ 000}{1.0\times 9.6\times 1\ 000\times 265^2}=0.073$$

查表得：$\xi_2=0.075$。

$$x=\xi_2 h_0=0.075\times 265=20\ \text{mm}<2a'_s=70\ \text{mm}$$

$$e'=e_0+\frac{h}{2}-a_s=500+\frac{300}{2}-35=615\ \text{mm}$$

所以当 $x<2a'_s$ 时，得

$$A_s=\frac{Ne'}{f_y(h_0-a'_s)}=\frac{240\times 10^3\times 615}{300\times(265-35)}=2\ 139\ \text{mm}^2$$

另外取 $A'_s=0$ 时，有

$$Ne=M=\alpha_1 f_c bx(h_0-\frac{h}{2})$$

由此重新计算 x 值，从而求出 A_s。

$$\alpha_s = \frac{Ne}{\alpha_1 f_c b h_0^2} = \frac{240 \times 10^3 \times 385}{1.0 \times 9.6 \times 1000 \times 265^2} = 0.137$$

查表有 $\xi = 0.147$。

所以有

$$A_s = \xi_2 b h_0 \frac{\alpha_1 f_c}{f_y} + \frac{N}{f_y} = 0.147 \times 1\ 000 \times 265 \times \frac{1.0 \times 9.6}{300} + \frac{240 \times 10^3}{300} = 2\ 047\ \text{mm}^2$$

从上面计算中，取两者（即 $A_s = 2\ 139\ \text{mm}^2$ 和 $A_s = 2\ 047\ \text{mm}^2$）中的较小值，按 $A_s = 2\ 047\ \text{mm}^2$ 配置受拉钢筋。

选用 B16 @100，$A_s = 2\ 011\ \text{mm}^2$。

上述仅计算一个截面的承载力，对于水池还需要计算其他部位。当水池埋在地下时，尚需计算池内无水、池外有土情况，而变成反向弯矩的偏心受拉情况。另外，还需进行抗裂度验算，最后综合各方面的计算结果，才能最终确定配筋量。

6.3　本章小结

偏心受拉构件由于偏心力的作用位置不同分为大偏心受拉和小偏心受拉两种情况。小偏心受拉构件的受力特点类似于轴心受拉构件，破坏时拉力全部由钢筋承受，在满足构造要求的前提下，以采用较小的截面尺寸为宜；大偏心受拉构件的受力特点类似于受弯构件，随着受拉钢筋配筋率的变化，将出现少筋、适筋和超筋破坏。截面尺寸的加大有利于抗弯和抗剪。

思　考　题

1.大小偏心受拉破坏的判别条件是什么？

2.钢筋混凝土大偏心受拉构件非对称配筋，如果计算中出现 $x < 2a'_s$，应如何计算？出现这种情况的原因是什么？

第7章　构件斜截面承载力

本章的主要内容

·受弯构件斜截面破坏的主要形态

·受弯构件的斜截面受剪承载力计算

·受弯构件的斜截面受弯承载力,纵筋的弯起和截断

·纵向受力钢筋伸入支座的锚固和钢筋的构造要求

·偏心受力构件的斜截面受剪承载力

本章的重点和难点

重点:

·受弯构件的斜截面受剪承载力计算

难点:

·抵抗弯矩图的作法,纵筋的弯起和截断

·连续梁、外伸梁和框架梁的斜截面受剪承载力

·受力钢筋的锚固和构造要求

7.1　概　　述

一般偏心受拉构件,在承受拉力的同时,也存在有剪力。设计中除按偏心受拉构件计算正截面承载力外,还需计算其斜截面受剪承载力。由于拉力的存在,使斜裂缝较受弯构件提前出现,并在弯剪区段出现斜裂缝后,其斜裂缝末端混凝土的剪压区高度远小于受弯构件,甚至在小偏心受拉情况下形成贯通全截面的斜裂缝,纵向应力会因此发生很大变化,从而影响到构件的破坏形态和抗剪承载力。梁、柱、剪力墙等构件均可能沿斜截面发生破坏。因此,除保证正截面承载力外,还必须保证构件的斜截面承载力。

为了保证构件的斜截面受剪承载力,构件应具备以下条件:

(1)合适的截面尺寸。

(2)适宜的混凝土强度等级。

(3)配置必要的箍筋,当梁剪力较大时,也可增设弯筋。梁内箍筋和弯筋统称为腹筋或横向钢筋,如图7-1所示。

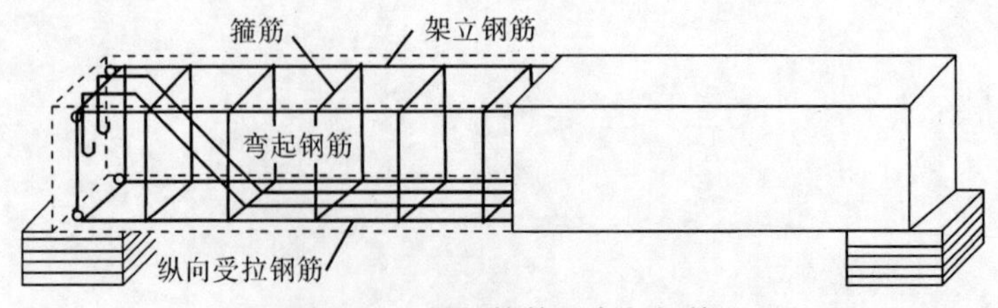

图7-1　梁的箍筋和弯起钢筋

箍筋的作用如下：

(1)增强斜截面的受剪承载力。

(2)与纵筋形成钢筋骨架。

(3)使各种钢筋在施工时保持正确的位置。

(4)柱中的箍筋还能防止纵筋受压后过早压屈而失稳。

(5)对核心混凝土形成一定的约束，改善柱的受力性能。

【例题7-1】 (注册结构工程师类型题)下列有关钢筋混凝土梁箍筋作用的叙述，错误的是何项？

(A)增强构件抗剪能力　　(B) 增强构件抗弯能力

(C)稳定钢筋骨架　　(D) 增强构件抗扭能力

正答：(B)

钢筋混凝土梁设置箍筋，可增强构件的抗剪能力、抗扭能力，并可以起到稳定钢筋骨架的作用，但与增强构件抗弯能力元关。

【例题7-2】 (注册结构工程师类型题)一根普通钢筋混凝土梁，已知：

Ⅰ.混凝土和钢筋的强度等级；

Ⅱ.截面尺寸；

Ⅲ.纵向受拉钢筋的直径和根数；

Ⅳ.纵向受压钢筋的直径和根数；

Ⅴ.箍筋的直径、间距和肢数；

Ⅵ.保护层厚度。

在确定其斜截面受剪承载力时，应考虑的因素为何项？

(A)Ⅰ,Ⅱ,Ⅲ,Ⅳ　　(B)Ⅰ,Ⅱ,Ⅲ,Ⅳ,Ⅴ

(C)Ⅱ,Ⅱ,Ⅴ,Ⅵ　　(D)Ⅰ,Ⅱ,Ⅲ,Ⅳ,Ⅴ,Ⅵ

正答：(C)

根据《砼规》6.3.5条及6.3.4条，对于矩形、T形和I字形截面梁，其斜截面受剪承载力计算时与纵向钢筋无关。

为了保证构件的斜截面受弯承载力，应使梁内的纵向受力钢筋沿梁长的布置及伸入支座的锚固长度满足若干构造要求。

7.2　受弯构件受剪性能的试验研究

7.2.1　无腹筋简支梁的受剪性能

在实际工程中，钢筋混凝土梁内一般均需配置腹筋。配置了腹筋的梁称为有腹筋梁，没有配置腹筋的梁称为无腹筋梁。但为了了解梁内斜裂缝的形成,需先研究无腹筋梁的受剪性能。

1.斜裂缝形成前的应力状态

图 7-2(a)所示为一作用有对称集中荷载的钢筋混凝土简支梁。集中荷载之间的 BC 段只有弯矩作用,称为纯弯段。AB 和 CD 段有弯矩和剪力共同作用,称弯剪段。

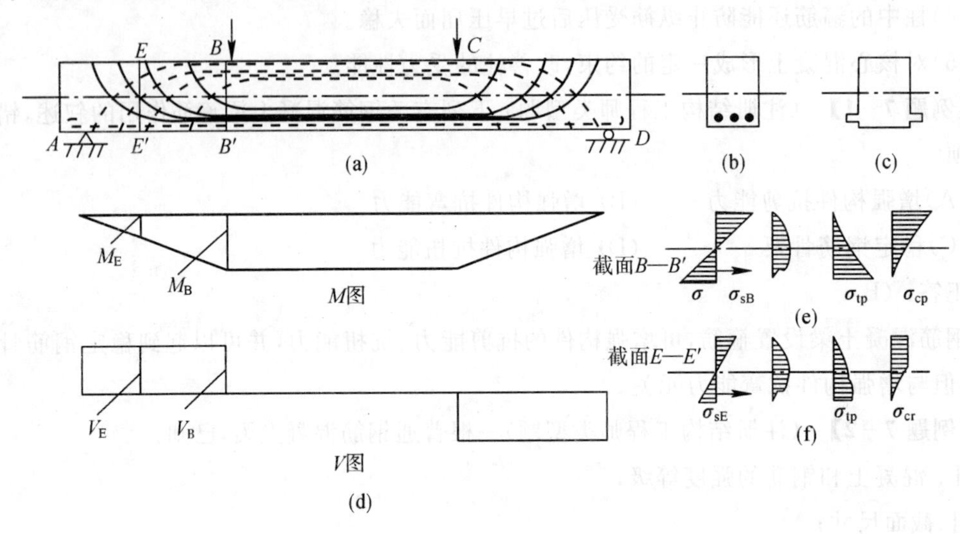

图 7-2 无腹筋梁斜裂缝出现前的应力状态

当荷载较小时,梁尚未出现裂缝,可以将梁视为匀质弹性体,按材料力学公式分析它的应力。图 7-2(c)是将钢筋换算成混凝土后形成的"换算截面"。求得换算截面后,截面上任一点的正应力 σ 和剪应力 τ 可分别按下列公式计算:

$$\sigma=\frac{My_0}{I_0},\quad \tau=\frac{VS_0}{bI_0}$$

截面上任意点的主拉力 σ_{tp} 和主压应力 σ_{cp} 分别按下式计算:

$$\sigma_{tp}=\frac{1}{2}\sigma+\sqrt{\frac{\sigma^2}{4}+\tau^2},\quad \sigma_{cp}=\frac{1}{2}\sigma-\sqrt{\frac{\sigma^2}{4}+\tau^2}$$

主应力的作用方向与梁纵轴的夹角为

$$\alpha=\frac{1}{2}\arctan\left(-\frac{2\tau}{\sigma}\right)$$

图 7-2 显示出了按上述公式计算所得的梁主应力迹线及截面 BB' 和 EE' 的应力图。其中主应力迹线的分布规律与单一匀质体梁相同;截面正应力图上受拉钢筋应力 σ_s 为与其处在同一高度的混凝土纤维中的正应力的 α_E 倍,剪应力分布图形在纵筋位置处有明显的突变。

2.斜裂缝形成后的应力状态

(1)斜裂缝的类型。在弯剪段,当主拉应力超过 f_t 时,将出现斜裂缝。截面下边缘的主拉应力仍为水平的,故在这些区段一般先出现垂直裂缝,并随着荷载的增大,这些垂直裂缝将斜向发展,形成弯剪斜裂缝(见图 7-3(a))。

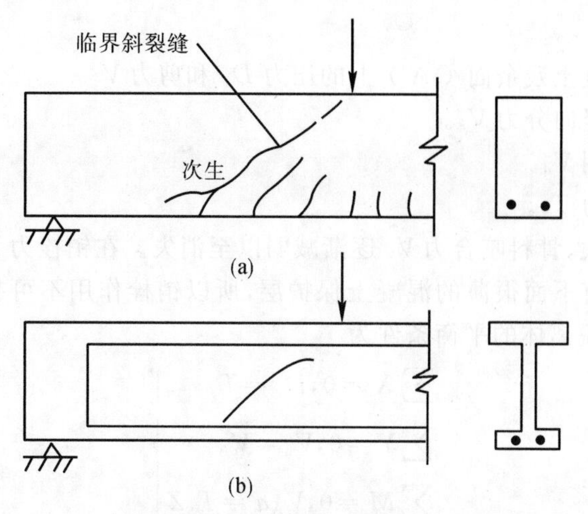

图 7-3　斜裂缝类型

在 I 形截面梁中，由于腹板很薄，且该处剪应力较大，故斜裂缝首先在梁腹部中和轴附近出现，随后向梁底和梁顶斜向发展，这种斜裂缝称为腹剪斜裂缝(见图 7-3(b))。

(2)斜截面上的抗力。梁上出现斜裂缝后，梁的应力状态发生了很大变化，亦即发生了应力重分布。图 7-4(a)所示为一无腹筋简支梁在荷载作用下出现斜裂缝的情况。为能定性地进行分析，将该梁沿斜裂缝 $AA'B$ 切开，取斜裂缝顶点左边部分为脱离体(见图 7-4(b))。

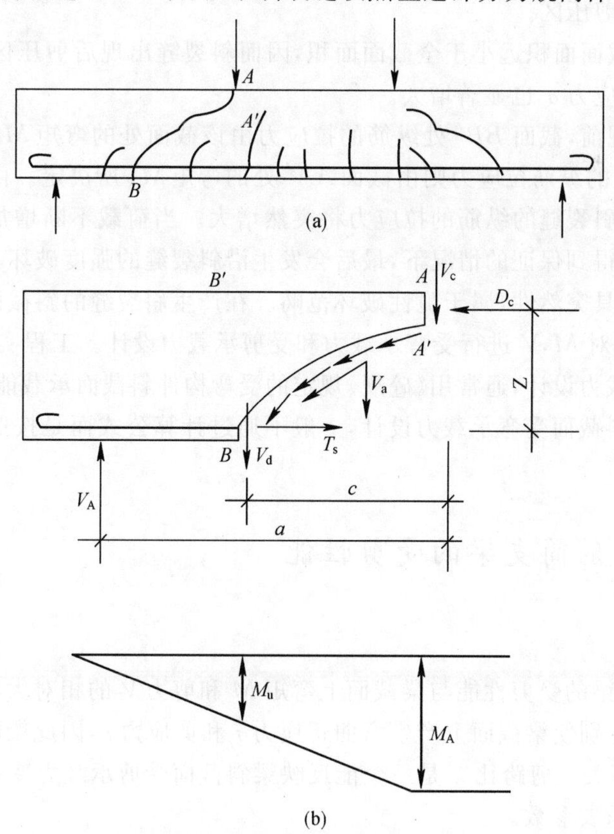

图 7-4　斜裂缝形成后的受力状态

在该脱离体上，荷载在斜截面 AB 上产生的弯矩为 M_A，剪力为 V_A。而斜截面 AB 上的抗力有以下几部分：

1)斜裂缝上端混凝土残余面（A）上的压力 D_c 和剪力 V_c。

2)骨料咬合力的竖向分力 V_a。

3)纵筋的销栓作用 V_d。

4)纵向钢筋的拉力 T_s。

随着斜裂缝的增大，骨料咬合力 V_a 逐渐减弱以至消失。在销栓力 V_d 作用下，阻止纵向钢筋发生竖向位移的只有下面很薄的混凝土保护层，所以销栓作用不可靠。为了简化分析，V_a 和 V_d 都不考虑，故该脱离体的平衡条件为

$$\left.\begin{aligned}&\sum X=0, D_c=T_s\\&\sum Y=0, V_c=V_A\\&\sum M=0, V_A a=T_s Z\end{aligned}\right\}$$

(3)斜裂缝形成后梁内的应力状态小结。

1)在斜裂缝出现前，剪力 V_A 由全截面承受，在斜裂缝形成后，剪力 V_A 全部由斜裂缝上端混凝土残余面抵抗。同时，由 V_A 和 V_c 所组成的力偶须由纵筋的拉力 T_s 和混凝土压力 D_c 组成的力偶来平衡。

因此，剪力 V_A 在斜截面上不仅引起 V_c，还引起 T_s 和 D_c，致使斜裂缝上端混凝土残余面既受剪又受压，故称剪压区。

由于剪压区的截面面积远小于全截面面积，因而斜裂缝出现后剪压区的剪应力 τ 显著增大；同时剪压区的压应力 σ 也显著增大。

2)在斜裂缝出现前，截面 BB' 处纵筋的拉应力由该截面处的弯矩 M_B 所决定。在斜裂缝形成后，截面 BB' 处的纵筋拉应力则由截面 AA' 处的弯矩 M_A 所决定。由于 $M_A>M_B$，所以斜截面形成后，穿过斜裂缝的纵筋的拉应力将突然增大。当荷载不断增加，裂缝逐渐加长、变宽，在梁正截面强度得到保证的情况下，最后会发生沿斜裂缝的强度破坏。这种斜截面破坏与正截面破坏比较，更具突然性，属于脆性破坏范畴。在产生斜裂缝的斜截面上，有弯矩 M 和剪力 V 作用，则要分别对 M,V 进行受弯承载力和受剪承载力设计。工程实践中，对于钢筋混凝土梁斜截面受剪承载力设计，通常用《砼规》规定的受弯构件斜截面承载能力计算公式来解决；对于钢筋混凝土梁斜截面受弯承载力设计，一般不通过计算公式而是按照一定的构造要求来解决。

7.2.2 有腹筋简支梁的受剪性能

1.剪跨比

试验研究表明，梁的受剪性能与梁截面上弯矩 M 和剪力 V 的相对大小有很大关系。根据受力分析，M 和 V 分别使梁截面上产生弯曲正应力 σ 和剪应力 τ，因此梁的受剪性能实质上与 σ 和 τ 的相对比值有关。剪跨比 λ 是一个能反映梁斜截面受剪承载力变化规律和区分发生各种剪切破坏形态的重要参数。

对于集中荷载作用下的简支梁(见图 7-5)，如截面 1—1 和 2—2 的剪跨比可分别表示为

$$\lambda_1=\frac{M_1}{V_1h_0}=\frac{V_Aa_1}{V_Ah_0}=\frac{a_1}{h_0};\quad \lambda_2=\frac{M_2}{V_2h_0}=\frac{V_Aa_2}{V_Ah_0}=\frac{a_2}{h_0}$$

式中，a_1，a_2 分别为集中荷载 P_1，P_2 作用点至相邻支座的距离，称为剪跨。剪跨 a 与截面有效高度的比值，称为计算剪跨比，即

$$\lambda=\frac{a}{h_0}$$

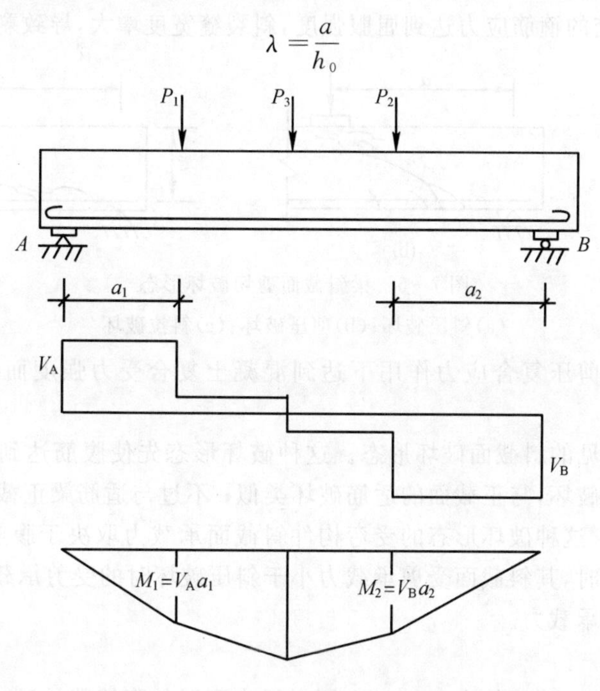

图 7-5　集中荷载作用下的简支梁

3.梁沿斜截面破坏的主要形态

受弯构件正截面有适筋、超筋、少筋 3 种破坏形态，再除去由于纵筋锚固不足、支座处局部承压能力不足引起的破坏（这类破坏用构造方法解决），受弯构件还有可能发生斜截面的破坏。试验研究表明，梁在斜裂缝出现后，由于剪跨比和腹筋数量的不同，斜截面破坏形态有斜压、剪压及斜拉 3 种主要破坏形态。

(1)斜压破坏。

发生条件：当梁的剪跨比较小（$\lambda<1$）；或剪跨比适当（$1<\lambda<3$），但截面尺寸过小而腹筋数量过多时。

破坏特征：这种破坏形态由于是剪应力 τ 起主导作用，所以斜裂缝首先在梁腹部出现，有若干条，并且大致相互平行。随着荷载的增加，斜裂缝一端朝支座另一端朝荷载作用点发展，梁腹部被这些斜裂缝分割成若干个倾斜的受压柱体，梁最后是因为斜压柱体被压碎而破坏，故称为斜压破坏（见图 7-6(a)）。破坏时与斜裂缝相交的箍筋应力达不到屈服强度，梁的受剪承载力主要取决于混凝土斜压柱体的受压承载力。由于破坏时腹筋未达到屈服强度，与正截面的超筋破坏类似，属脆性破坏。但当截面尺寸一定时，此类破坏形态抗剪强度最高，因它充分发挥了混凝土的抗压性能。

(2)剪压破坏。

发生条件：当梁的剪跨比适当（$1<\lambda<3$），且梁中腹筋数量不过多；或梁的剪跨比较大

($\lambda>3$),但腹筋数量不过少时。

破坏特征:梁的弯剪段下边缘先出现初始垂直裂缝,随荷载增加,这些初始垂直裂缝将大体上沿着主压应力轨迹向集中荷载作用点延伸。当荷载增加到某一数值时,在几条斜裂缝中会形成一条主要的斜裂缝,被称为临界斜裂缝。临界斜裂缝形成后,梁还能继续承受荷载。最后,与临界斜裂缝相交的箍筋应力达到屈服强度,斜裂缝宽度增大,导致剩余截面减小,

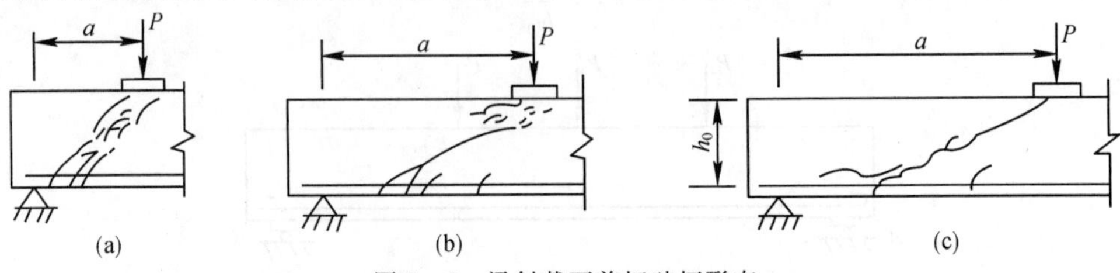

图 7-6　梁斜截面剪切破坏形态

(a)斜压破坏;(b)剪压破坏;(c)斜拉破坏

剪压区混凝土在剪压复合应力作用下达到混凝土复合受力强度而破坏,梁丧失受剪承载力。

这种破坏是最常见的斜截面破坏形态。这种破坏形态先使腹筋达到屈服强度,其后混凝土也达到极限强度而破坏,与正截面的适筋破坏类似;不过与适筋梁正截面破坏相比,它仍具突然性,属脆性破坏。这种破坏形态的受弯构件斜截面承载力取决于腹筋用量和混凝土的强度。当截面尺寸一定时,其斜截面受剪承载力小于斜压破坏时的受剪承载力,但大于下面所述的斜拉破坏时的受剪承载力。

(3)斜拉破坏。

发生条件:当梁的剪跨比较大($\lambda>3$),同时梁内配置的腹筋数量又过少时。

破坏特征:斜裂缝一出现,即很快形成临界斜裂缝,并迅速延伸到集中荷载作用点处。因腹筋数量过少,所以腹筋应力很快达到屈服强度,变形剧增,不能抑制斜裂缝的开展,梁斜向被拉裂成两部分而突然破坏(见图 7-6(c))。因这种破坏是混凝土在正应力 σ 和剪应力 τ 共同作用下发生的主拉应力破坏,故称为斜拉破坏。发生斜拉破坏的梁,其斜截面受剪承载力主要取决于混凝土的抗拉强度这种破坏与正截面少筋梁破坏类似,破坏荷载与抗裂荷载很接近,破坏时变形小,且有很明显的脆性。

试验研究与理论分析表明:梁斜压破坏时受剪承载力高而变形很小,破坏突然,剪力—挠度曲线形状陡峭;剪压破坏时,梁的受剪承载力较小,变形稍大,曲线形状较平缓;斜拉破坏时,受剪承载力最小,破坏很突然。所以这三种破坏均为脆性破坏,其中斜拉破坏最为突出,斜压破坏次之,剪压破坏稍好。比较上述三种破坏形态,剪压破坏是一种较为理想的破坏形态,因它与斜拉、斜压破坏相比有着较好的延性,且能充分发挥腹筋和混凝土的强度。《混凝土结构设计规范》计算公式是以剪压破坏模型建立的,为避免发生斜压、斜拉破坏,对公式规定了上下限值,与正截面受弯构件中的 $x\leqslant x_b$,$\rho>\rho_{min}$ 限制条件类似。

7.2.3　斜截面受剪破坏的机理

1.斜裂缝的形成

当荷载增加到一定程度时,受弯构件形成与主拉应力轨迹线大体上相垂直的斜裂缝。剪

切破坏是以斜裂缝的出现及展开为其特征的，有时候，斜裂缝一发生，构件立即破坏，有时候，斜裂缝发生后可以大体稳定，在斜截面破坏之前还可以承担更大一些的剪力。

斜裂缝按出现部位的不同可分为以下几种。

(1)弯剪裂缝(见图7－7(a))。在M、V共同作用下，剪跨比较大时，构件先产生垂直于梁纵轴的弯曲裂缝，随荷载增大，此裂缝向斜向延伸，形成斜裂缝，弯剪裂缝缝宽最大处在梁底。

(2)腹剪裂缝(见图7－7(b))。当剪跨比较小，剪力影响较大时，斜裂缝沿梁腹中部发生，称为腹剪裂缝。此裂缝中间宽，两端小，随荷载增加，从梁中性轴向上下斜向延伸。

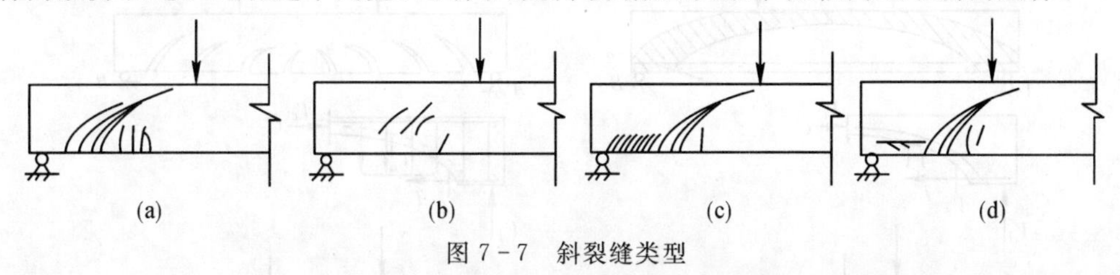

图7－7　斜裂缝类型

(a)弯剪裂缝；(b) 腹剪裂缝；(c) 纵筋黏结裂缝；(d) 剥裂裂缝

受弯构件剪切破坏除上述两种主要斜裂缝外，还有一些次生裂缝。如果梁下部纵筋锚固不足，会产生由于纵筋滑动而引起的黏结裂缝(见图7－7(c))，所以构造要求要有一定数量的纵筋伸入支座；由于传递剪力时纵筋销栓作用引起的水平剥裂裂缝(见图7－7(d))；梁传递剪力时由于拱作用，使支座顶面混凝土由于大偏心受压引起的裂缝(见图7－8)。

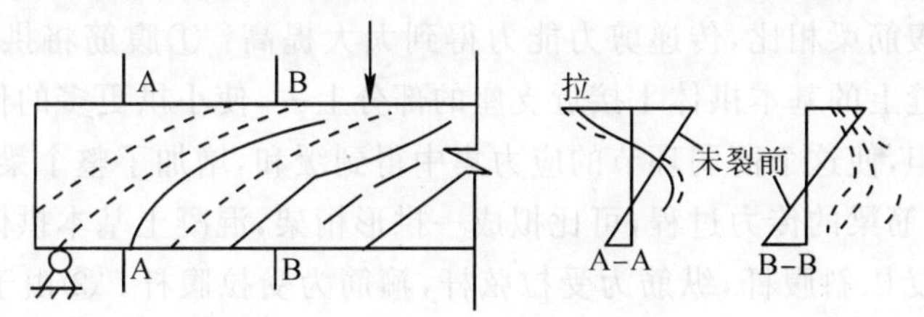

图7－8　斜裂缝开裂前后应变状态

随荷载增大，众多斜裂缝形成一条主裂缝(即临界裂缝)。如果说斜裂缝出现前，截面应变还是符合平截面假定的，那么，在斜裂缝特别是主裂缝形成后，梁弯剪区段内的正截面就不再符合平截面假定了。此时，剪应变最大值不在梁顶面，靠近支座的截面甚至出现了拉应变，混凝土被拉裂(见图7－8)。

可见，斜裂缝出现后，荷载传向支座不再依靠斜裂缝下方混凝土传递，而是依靠斜裂缝上方的混凝土，还有斜裂缝之间的混凝土块体来传递。梁内应力发生了内力重分布，再不能简单根据材料力学公式计算应力了。

2.裂缝出现后剪力的传递

在上述主斜裂缝出现后，此时梁还未破坏，还能继续保证受力，剪力又是靠什么传递到支座的呢？分析发现，剪力的传递有如下途径：①梁上部未开裂部分混凝土的剪应力传递；②梁下部受拉纵筋的销栓作用；③拱作用；④腹筋的悬吊作用；⑤斜裂缝相交面的剪力传递。这些传递方式在不同形式的构件中(如有腹筋梁，无腹筋梁)，其表现方式有所不同。

对于无腹筋梁(见图7－9(a))，当出现裂缝后，主要剪力是靠梁上部形成的带有拉杆

(纵筋)的变截面两铰拱传递,但其传递作用的大小与拉杆(纵筋)可靠锚固及拱上部混凝土承压能力有关;另外,未开裂部分混凝土传递剪力 V_c;斜裂缝两相交面上骨料咬合作用、受剪摩擦作用可传递一部分剪力 V_a;还有部分剪力经过小拱Ⅱ、Ⅲ由纵筋销栓作用传递到拱Ⅰ的根部,但往往由于纵筋受横向作用力,易引起无腹筋梁下部混凝土撕裂破坏,故这部分由纵筋传递的销拴力 V_d 较小。可见,无腹筋梁剪力传递有两个薄弱环节:一是拱Ⅰ由于上部截面小,其传递剪力能力有限,而拱的下部截面大,得不到充分利用;二是拱Ⅱ、Ⅲ受到纵筋销栓作用易引起撕裂破坏的影响,无法发挥其传递功能。而有腹筋梁则弥补了这两点不足。

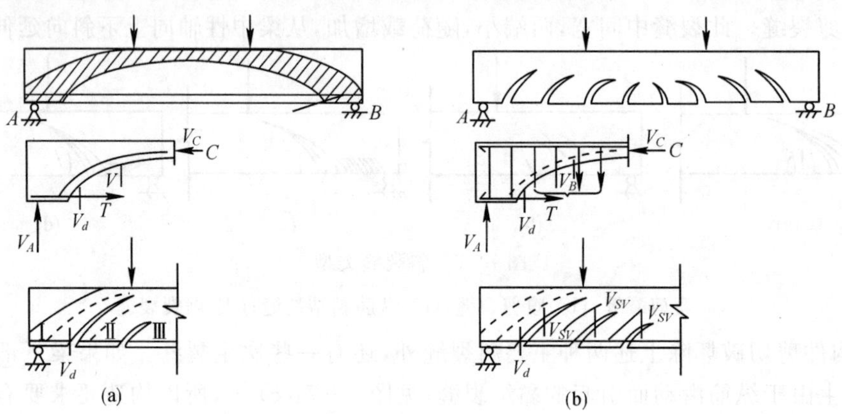

图 7-9　梁剪力传递

(a)无腹筋梁剪力传递;(b)有腹筋梁剪力传递

有腹筋梁与无腹筋梁相比,传递剪力能力得到大大提高:①腹筋将拱体Ⅱ、Ⅲ 部分传来的剪力悬吊到斜裂缝上的基本拱体Ⅰ接近支座的部分上去,使小拱更多的传递剪力,从而减轻了基本拱体Ⅰ的负担,使这个薄弱环节的应力集中得到缓和,增加了整个梁的抗剪能力。如图7-9(b)所示,有腹筋梁的传力过程,可比拟成一拱形桁架,混凝土基本拱体Ⅰ成为上弦压杆,斜裂缝间的小拱为受压斜腹杆,纵筋为受拉弦杆,箍筋为受拉腹杆;②由于箍筋约束纵筋,使发生销栓作用时,不致发生撕裂裂缝,使销栓传递作用得到提高;③腹筋可限制斜裂缝开展,从而提高了混凝土相交面的咬合力,传递剪力能力得到提高。

通常的梁都配有腹筋,经过上面剪力传递机理的分析,不难看出腹筋在斜截面抗剪方面所起的作用。从图 7-9(b)脱离体分析来看,各种因素提供的抗剪力在数值量化上还难以确定,不定因素太多。目前,国内外都没有一个能统一的理论计算模型,各国《砼规》的抗剪计算公式很不一致,计算结果相差也很大,这是抗剪计算理论还不够成熟的表现。但也有不少趋于一致的地方:把咬合力 V_a,销栓力 V_d 的影响都归入受压混凝土承担的受剪承载力 V_c 中;分别考虑混凝土和腹筋受剪承载力 V_c,V_s,并采用叠加原则等。我国也通过大量试验回归分析得出实用计算表达式:

$$V = V_c = 0.7 f_t bh_0$$

7.2.4　影响斜截面受剪承载力的主要因素

影响梁斜截面受剪承载力的因素很多。试验表明,主要因素有剪跨比、混凝土强度、箍筋的配筋率和纵筋的配筋率。

1.剪跨比 λ

剪跨比 λ 反映了截面上正应力 σ 和剪应力 τ 的相对关系。此外，λ 还间接反映了荷载垫板下垂直压应力 σ_y 的影响。剪跨比大时，发生斜拉破坏，斜裂缝一出现就直通梁顶，σ_y 的影响很小；剪跨比减小后，荷载垫板下的 σ_y 阻止斜裂缝的发展，发生剪压破坏，受剪承载力提高；剪跨比很小时，发生斜压破坏，荷载与支座间的混凝土象一根短柱在 σ_y 作用下被压坏，受剪承载力很高但延性较差。因此，在梁截面尺寸、混凝土强度等级、箍筋的配筋率和纵筋的配筋率基本相同的条件下，剪跨比愈大，梁的受剪承载力愈低。

2.混凝土强度 f_t

混凝土强度对斜截面受剪承载力影响很大。这是因为：斜压破坏时，受剪承载力取决于混凝土的抗压强度；斜拉破坏时，受剪承载力取决于混凝土的抗拉强度；剪压破坏时，受剪承载力与混凝土的压剪复合受力强度有关。

试验表明，对于低、中强度混凝土，梁的受剪承载力大致与混凝土立方体抗压强度 f_{cu} 成正比；但对于高强混凝土，受剪承载力并不与混凝土的抗压强度 f_c 成正比，而与混凝土抗拉强度 f_t 大致成线性关系。

3.箍筋的配筋率 ρ_{sv} 和箍筋强度 f_w

有腹筋梁出现斜裂缝之后，箍筋起到以下作用：

(1)箍筋直接承担相当部分剪力；

(2)有效地抑制斜裂缝的开展和延伸；

(3)提高剪压区混凝土的受剪承载力和纵筋的销栓作用。

试验表明，在配筋量适当的范围内，箍筋配得愈多，箍筋强度愈高，梁的受剪承载力也愈大。在其他条件相同时，两者大致成如下线性关系：

$$\rho_{sv}=\frac{A_{sv}}{bs}$$

式中　b —— 构件截面的肋宽；

s —— 沿构件长度箍筋的间距；

A_{sv} —— 配置在同一截面内箍筋各肢的全部截面面积，$A_{sv}=nA_{sv1}$，n 为在同一个截面内箍筋的肢数，A_{sv} 为单肢箍筋的截面面积，如图 7-10 所示。

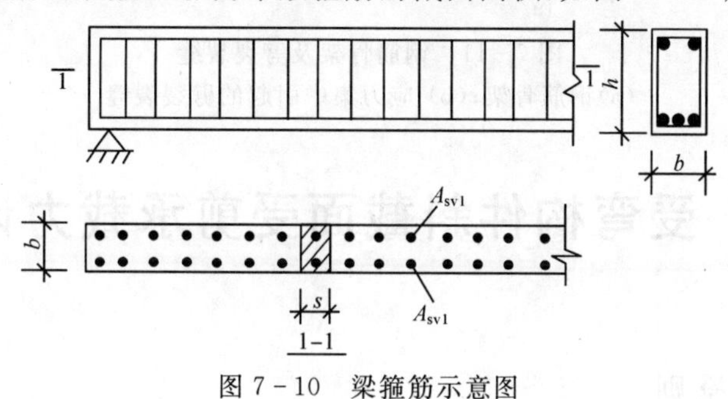

图 7-10　梁箍筋示意图

4.纵向钢筋的配筋率 ρ

其他条件相同的情况下，增加 ρ 可提高梁的受剪承载力，两者大致成线性关系。这是因为纵筋能抑制斜裂缝的开展和延伸，使剪压区混凝土的面积增大，从而提高了剪压区混凝土承受的剪力。

同时，纵筋数量增大，其销栓作用也随之增大。剪跨比较小时，销栓作用明显，ρ 对受剪承载力影响较大；剪跨比较大时，属斜拉破坏，ρ 的影响程度减弱。

【例题 7-3】（注册结构工程师类型题）在下列影响梁抗剪承载力的因素中，哪一个因素影响最小？

(A)截面尺寸　(B) 混凝土强度　(C) 配筋率　(D) 配箍率

正答：(C)

由《砼规》6.3.4，6.3.5 条规定，可知配筋率影响最小。

7.2.5 保证斜截面受剪承载力的方法

受弯构件斜截面受剪承载力主要由混凝土和腹筋（箍筋和弯起钢筋）提供。从前面梁内弯剪段微体分析可知，混凝土由于抗拉强度 f_t 抵抗不了主拉应力 σ_Ψ 的作用而开裂，如果没有配置腹筋，此梁斜截面承载力会很低，而箍筋与弯起钢筋却能提供与梁内主拉应力 σ_Ψ 方向一致的抗力，达到避免斜截面破坏的目的。理论上，箍筋布置若与主拉应力方向一致，会充分发挥箍筋的抗拉作用，但主拉应力方向变化复杂，且从施工方便角度考虑，工程实践中都采用垂直箍筋。而弯起钢筋可由正截面受拉纵筋弯起而得，弯起角度通常为 45°，60°；但又由于弯起筋传力较为集中，有可能引起弯起处混凝土的劈裂裂缝（见图 7-11 (b)）；或者在超静定结构中，由于地震作用方向不定性及地基不均匀沉降引起主拉应力方向变化甚至与原来相垂直，而导致弯起钢筋发挥不了作用，所以在工程设计中，往往首先选用垂直箍筋，再考虑选用弯起钢筋。选用的弯筋位置不宜在梁侧边缘，且直径不宜过粗。另外，在连续梁的中间支座布置的鸭筋，主次梁交接处布置的吊筋，也能起到腹筋的作用。可见，在受弯构件中，纵筋与腹筋一起构成一个钢筋骨架，共同抵抗 M、V 的作用（见图 7-11 (a)）。

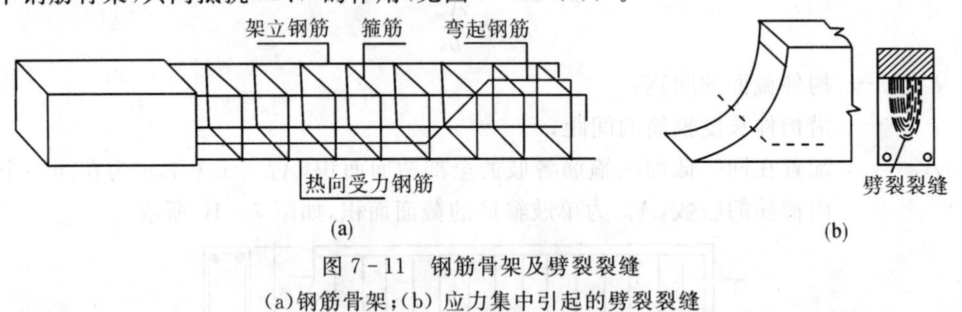

图 7-11　钢筋骨架及劈裂裂缝

(a)钢筋骨架；(b) 应力集中引起的劈裂裂缝

7.3 受弯构件斜截面受剪承载力计算

7.3.1 计算原则

1.有腹筋梁沿斜截面三种破坏形态的对应措施

(1)斜压破坏：因梁截面尺寸过小而发生，故可用控制截面尺寸不致过小的方法加以防止。

(2)斜拉破坏:因梁内配置的腹筋数量过少引起,故可用配置一定数量的箍筋和保证必要的箍筋间距加以防止。

(3)剪压破坏:依据剪压破坏特征建立受剪承载力计算公式,并通过承载力计算予以保证。

2.基本假定

实际工程中,受弯构件通常都配有腹筋,所以应研究有腹筋梁的计算公式。对于有腹筋梁斜截面强度计算公式,各个国家都有一套自己的计算方法。我国与世界多数国家目前所采用的方法一样,通过试验分析,考虑主要因素,忽略次要因素,建立半理论半经验的《砼规》公式。前面提到的梁斜截面的 3 种破坏形式,《砼规》用限制截面最小尺寸、最小配箍率来防止和避免斜压、斜拉破坏;通过计算防止剪压破坏。所以,我国《砼规》中规定的基本公式就是根据剪压破坏受力状态通过平衡方程来建立的。《砼规》为了简化计算,假定梁的斜截面受剪能力由 3 个主要因素(混凝土、箍筋、弯起钢筋)决定,如图 7-12 所示。

由 $\sum_y=0$ 得

$$V=V_c+V_{sv}+V_{sb}$$

式中　V ——斜截面的总受剪承载力;

V_c ——剪压区混凝土的受剪承载力;

V_{sv} ——与斜裂缝相交的箍筋的受剪承载力;

V_{sb} ——与斜裂缝相交的弯起钢筋受剪承载力。

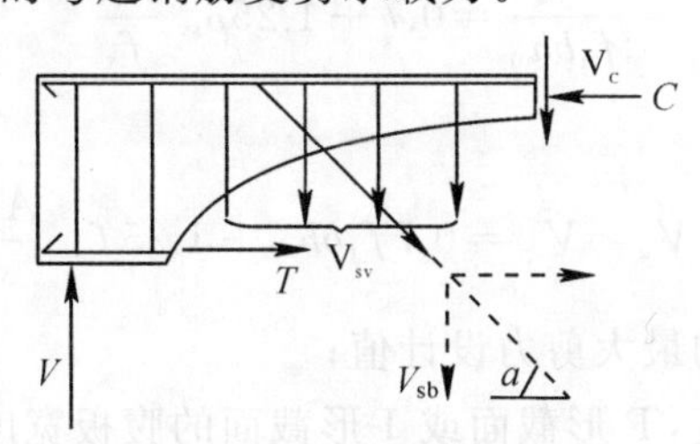

图 7-12　组成抗剪强度的三要素

2.斜截面受剪承载力计算简图(见图 7-13)

斜截面的抗力包括:剪压区砼的剪力和压力,箍筋和弯起钢筋的抗力,纵筋的抗力(拉力),纵筋的销栓力,骨料咬合力。

斜截面的受剪承载力由以下几部分组成:

$$V_u=V_c+V_{sv}+V_{sb}+V_d+V_a$$

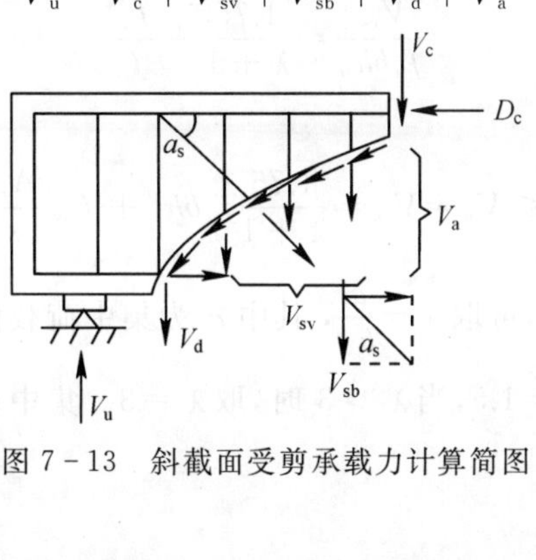

图 7-13　斜截面受剪承载力计算简图

式中 V_u——斜截面受剪承载力；

V_c——剪压区砼所承担的剪力；

V_{sv}——与斜裂缝相交的箍筋所承担剪力的总和；

V_{sb}——与斜裂缝相交的弯起钢筋所承担拉力的竖向分力之和；

V_d——纵筋的销栓力总和；

V_a——斜截面上混凝土骨料咬合力的竖向分力之和；

上式各因素中，阻止纵筋发生垂直位移的只有下面很薄的混凝土保护层，所以"销栓作用"很弱，V_d 不可靠；随着斜裂缝的加大，骨料咬合力 V_a 也逐渐减弱以至消失，因此也不能计算。故有

$$V_u = V_c + V_{sv} + V_{sb} = V_{cs} + V_{sb}$$

$$V_{cs} = V_c + V_{sv}$$

式中 V_{cs}——仅配有箍筋梁的斜截面受剪承载力。

7.3.2 仅配有箍筋梁的斜截面受剪承载力

矩形、T 形和 I 形截面的一般受弯构件斜截面受剪承载力计算公式为

$$\frac{V_{cs}}{f_t b h_0} = 0.7 + 1.25\rho_{sv}\frac{f_{yv}}{f_t}$$

写成极限状态表达式，即为

$$V \leqslant V_u = V_{cs} = 0.7 f_t b h_0 + 1.25 f_{yv}\frac{A_{sv}}{s}h_0$$

式中 V——构件斜截面上的最大剪力设计值；

b——矩形截面的宽度，T 形截面或 I 形截面的腹板宽度；

h_0——截面的有效高度；

f_t——混凝土轴心抗拉强度设计值；

f_{yv}——箍筋抗拉强度设计值。

集中荷载作用下矩形、T 形和 I 形截面的一般受弯构件斜截面受剪承载力计算公式(包括作用有多种荷载，其中集中荷载对支座截面或节点边缘所产生的剪力值占总剪力值的 75%以上的情况)：

$$\frac{V_{cs}}{f_t b h_0} = \frac{1.75}{\lambda + 1} + \frac{f_{sv}}{f_t}$$

写成极限状态表达式，即

$$V \leqslant V_u = V_{cs} = \frac{1.75}{\lambda + 1} f_t b h_0 + f_{yv}\frac{A_{sv}}{s}h_0$$

式中，λ 为计算截面的剪跨比，可取 $\lambda = \frac{a}{h_0}$，其中 a 为集中荷载作用点至支座截面或节点边缘的距离。当 $\lambda < 1.5$ 时，取 $\lambda = 1.5$，当 $\lambda > 3$ 时，取 $\lambda = 3$。集中荷载作用点至支座之间的箍筋应均匀配置。

7.3.3 配有箍筋和弯起钢筋梁的斜截面受剪承载力

试验表明:梁中弯起钢筋所承受的剪力随着弯起钢筋面积的增大而提高,两者呈线形关系,且和弯起角有关。

弯筋的受剪承载力计算公式:

$$V_{sb}=0.8f_yA_{sb}\sin\alpha_s$$

同时配置箍筋和弯筋的梁受剪承载力计算公式如下。

在均布荷载作用下:

$$V\leqslant V_u=V_{cs}+V_{sb}=0.7f_tbh_0+1.25f_{yv}\frac{A_{sv}}{s}h_0+0.8f_yA_{sb}\sin\alpha_s$$

在集中荷载作用下:

$$V\leqslant V_u=V_{cs}+V_{sb}=\frac{1.75}{\lambda+1.0}f_tbh_0+f_{yv}\frac{A_{sv}}{s}h_0+0.8f_yA_{sb}\sin\alpha_s$$

式中 V——配置弯起钢筋处的剪力设计值。

7.3.4 公式的适用范围

1.公式的上限——截面尺寸限制条件

该条表面上限制截面尺寸不应过小,其实质是防止箍筋配置过多,导致不能屈服,产生斜压破坏。规范规定,受剪截面应符合下列条件。

当 $h_w/b\leqslant 4$ 时:

$$V\leqslant 0.25\beta_cbh_0$$

当 $h_w/b\geqslant 6$ 时:

$$V\leqslant 0.2n_cbh_0$$

当 $4<h_w/4<6$ 时,按线性内插法确定,即

$$V\leqslant 0.025(14-\frac{h_w}{b})\beta_cf_cbh_0$$

式中 V——构件斜截面上的最大剪力设计值;

β_c——混凝土强度影响系数;当混凝土强度等级不超过 C50 时,取 $\beta_c=1.0$;当混凝土强度等级为 C80 时,取 $\beta_c=0.8$;其间按线性内插法确定;

f_c——混凝土轴心抗压强度设计值;

h_w——截面的腹板高度:对矩形截面,取有效高度;对 T 形截面,取有效高度减翼缘高度;对 I 形截面,取腹板净高。

2.公式的下限——防止腹筋过少过稀(构造配箍条件)

如果梁内箍筋配置过少,斜裂缝一出现,箍筋立即屈服甚至被拉断,导致发生脆性的斜拉破坏。为此,规范从以下两方面予以限制。

(1) 箍筋的最小配筋率要求:

$$\rho_{sv}=\frac{A_{sv}}{bs}\geqslant\rho_{sv,\min}=0.25\ \frac{f_t}{f_{yv}}$$

(2) 构造配箍要求：对矩形、T 形和 I 形截面梁，当 $V\leqslant 0.7\ f_t bh_0$ 时；对集中荷载作用下的矩形、T 形和 I 形截面独立梁，若 $V\leqslant\frac{1.75}{\lambda+1}f_t bh_0$ 计算不需配制箍筋，但应按构造配置箍筋。即箍筋的最大间距和最小直径应满足相应规范要求。

7.4 受弯构件斜截面受剪承载力的设计计算

7.4.1 计算截面的确定

控制梁斜截面受剪承载力的应该是剪力设计值较大而受剪承载力较小或截面抗力变化处的斜截面。计算截面一般应按以下规则选取：

(1)支座边缘处的截面；

(2)受拉区弯起钢筋弯起点处的截面；

(3)箍筋截面面积或间距改变处的截面；

(4)腹板宽度改变处的截面。

剪力的设计值按以下原则采用：

(1)计算支座边缘处的截面时，取该处的剪力设计值；

(2)计算箍筋数量改变处的截面时，取箍筋数量开始改变处的剪力设计值；

(3)计算第一排弯起钢筋(从支座起算)时，取支座边缘处的剪力设计值；

(4)计算以后每一排弯起钢筋时，取前一排弯起钢筋弯起点处的剪力设计值。

7.4.2 设计计算

1.截面设计(即腹筋配置设计)

已知构件的截面尺寸 b,h_0，材料强度设计值 f_t,f_{yv}，荷载设计值(或内力设计值)和跨度等，要求确定箍筋和弯起钢筋的数量。

对这类问题可按如下步骤进行计算：

1)计算剪力设计值；

2)验算截面尺寸；

3)验算是否按计算配置腹筋；

4)当要求计算配置腹筋时，计算腹筋数量。原则：优先采用箍筋。

(1)只配箍筋不配弯起钢筋。对矩形、T 形和 I 形截面的一般受弯构件：

$$\frac{A_{sv}}{s}\geqslant\frac{V-0.7f_t bh_0}{1.25f_{yv}h_0}$$

对集中荷载作用下的矩形、T 形和 I 形截面独立梁：

$$\frac{A_{sv}}{s} \geqslant \frac{V - \frac{1.75}{\lambda + 1} f_t b h_0}{f_{yv} h_0}$$

计算出值 $\frac{A_{sv}}{s}$ 后，一般采用双肢箍筋，即取 $A_{sv} = 2A_{sv1}$（为单肢箍筋的截面面积），便可选用箍筋直径，并求出箍筋间距 s。注意选用的箍筋直径和间距应满足表 7.3.1 的构造要求，同时满足最小配箍率要求。

(2)既配箍筋又配弯起钢筋。当计算截面的剪力设计值较大，箍筋配置数量较多但仍不满足截面抗剪要求时，可配置弯起钢筋与箍筋一起抗剪。此时，可先按经验选定箍筋数量，然后按下式确定弯起钢筋面积 A_{sb}：

$$A_{sb} \geqslant \frac{V - V_{cs}}{0.8 f_{yv} \sin\alpha}$$

2.截面校核

已知构件截面尺寸 b，h_0，材料强度设计值 f_t，f_y，f_{yv}，箍筋数量，弯起钢筋数量及位置等，要求复核构件斜截面所能承受的剪力设计值。

【例题 7-4】（注册结构工程师类型题）一矩形截面简支梁，计算跨度 $l_0 = 3.9$ m。截面尺寸 $b \times h = 200\ \text{mm} \times 500\ \text{mm}$，承受静载标准值及活载标准值分别为 $g_k = 20$ kN/m（不含自重），$Q_k = 40$ kN/m，采用 C25 级混凝土，箍筋用 HPB 300 级钢筋，$a_s = 35$ mm。则梁的箍筋用量为下列何项？

(A) ϕ 6 @150 双肢箍　　(B) ϕ 8@200 双肢箍

(C) ϕ 8@150 双肢箍　　(D) ϕ 10@250 双肢箍

正答：(C)

$$f_c = 11.9\ \text{N/mm}^2,\ f_t = 1.27\ \text{N/mm}^2,\ f_{yv} = 270\ \text{N/mm}^2$$

$$h_0 = h - a_s = 500 - 35 = 465\ \text{mm}$$

(1)求剪力设计值。

$$V_{max} = \frac{1}{2}(\gamma_G g_k + \gamma_Q q_k) l_0 =$$

$$\frac{1}{2}[1.2 \times (20 + 25 \times 0.2 \times 0.5) + 1.4 \times 40] \times 3.9 = 161\ \text{kN}$$

(2)验算截面控制条件。

$$h_w = h_0 = 465,\quad \frac{h_w}{b} = \frac{465}{200} = 2.33 < 4$$

根据《砼规》6.3.1 条，则有

$$0.25 f_c b h_0 = 0.25 \times 11.9 \times 200 \times 465 = 276.5\ \text{kN} > V = 161.85\ \text{kN}$$

(3)验算构造配箍条件。根据《砼规》6.3.7 条，则有

$$0.7 f_t b h_0 = 0.7 \times 1.27 \times 200 \times 465 = 82.7\ \text{kN} < 161.85\ \text{kN}$$

需计算配筋。

(4)梁上作用均布荷载属一般梁，根据《砼规》式(6.3.4-2)，有

$$\frac{A_{sv}}{s} = \frac{nA_{sv1}}{s} \geqslant \frac{V - 0.7 f_t b h_0}{f_{yv} h_0} = \frac{161.85 \times 10^3 - 82.7 \times 10^3}{270 \times 465} = 0.631\ \text{mm}^2/\text{mm}$$

(5)构造要求。

根据《砼规》9.2.9 条,有

$$\rho_{sv,min}=0.24f_t/f_{yv}=0.24\times1.27/270=1.13\times10^3$$

根据《砼规》表 9.2.9,当 $V>0.7f_tbh_o$,$300<h\leqslant500$ mm 时,箍筋最大间距 $s_{max}=200$ mm。

根据《砼规》9.2.9 条,$h\leqslant800$ mm,箍筋最小直径 $\phi_{min}=6$ mm。

(6)选用如双肢箍,$A_{sv}=2\times50.3=100.6\ mm^2$,则

$$s\leqslant\frac{nA_{sv1}}{0.648}=\frac{100.6}{0.631}=159\ mm$$

取 $s=150$ mm,故选用 ϕ 8@150 双肢箍。则有

$$\rho_{sv}=\frac{A_{sv}}{bs}=\frac{100.6}{200\times150}=0.34\%>\rho_{sv,min}=0.113\%$$

满足要求。

【例题 7-5】 (注册结构工程师类型题)一矩形截面简支梁,计算跨度 $l_o=3.9$ m。截面尺寸 $b=250$ mm,$h_o=430$ mm,采用C30 级混凝土,箍筋用 HPB 300 级钢筋,梁内仅配双肢箍 ϕ 10@150,试问该梁斜截面受剪承载力 V_{cs}(kN)与下列何项数值最接近?

(A) 229 (B) 249 (C) 255 (D) 270

正答:(A)

查《砼规》,可得

$$f_t=1.43\ N/mm^2,\quad f_{yv}=270\ N/mm^2$$

$$A_{sv}=nA_{sv}=2\times78.5=157mm^2$$

该梁为均布荷载作用下的一般受弯构件,由《砼规》式(6.3.4-2),可知

$$V_{cs}=0.7f_tbh_0+f_{yv}\frac{A_{sv}}{s}h_0=0.7\times1.43\times250\times430+270\times\frac{157}{150}\times430=229.1\ kN$$

$$h_w/b=h_0/b=430/240=1.72<4$$

根据《砼规》式(6.3.1-1),有

$$0.25\beta_cf_cbh_0=0.25\times1.0\times14.3\times250\times430=384.3\ kN>V=225.8\ kN$$

【例题 7-6】 (注册结构工程师类型题)已知矩形截面简支梁,计算跨度 $l_o=8.5$ m,$b=350$ mm,$h=600$ mm,承受均布荷载设计值 $g+q=12.3$ kN/m(包括梁自重),集中荷载设计值 $p=210$ kN(见图 7-14)。采用C30 级混凝土,若箍筋为 HPB 300 级钢筋,则仅配置箍筋时,所需箍筋为下列何项?

(A) 4ϕ 8@150 (B) 4ϕ 8@200 (C) 4ϕ 8@250 (D) 4ϕ 8@300

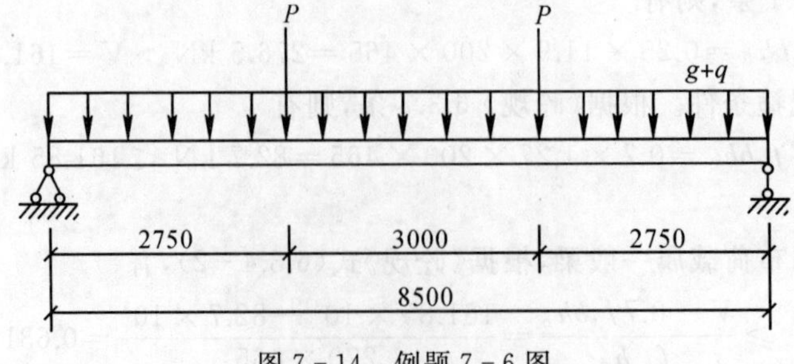

图 7-14 例题 7-6 图

正答：(A)

$f_c = 14.3\ \text{N/mm}^2$，$f_t = 1.43\ \text{N/mm}^2$，$f_y = 300\ \text{N/mm}^2$，$f_{yv} = 270\ \text{N/mm}^2$，$c = 20\ \text{mm}$

考虑弯矩较大，取出 $a_s = 70\ \text{mm}$，$h_0 = 530\ \text{mm}$，$a'_s = 35\ \text{mm}$。

(1)求剪力设计值。总剪力为

$$V = 0.5 \times 12.3 \times 8.5 + 210 = 262.3\ \text{kN}$$

其中，集中力产生剪力 210 kN，占总剪力百分比为 210/262.3=80%>75%。

$\lambda = a/h_0 = 2750/530 = 5.19 > 3$，取 $\lambda = 3$。

(2)验算受剪截面条件。根据《砼规》式(6.3.1-1)，有

$$V = 263.3\ \text{kN} < 0.25\beta_c f_c b h_0 = 0.25 \times 1.0 \times 14.3 \times 350 \times 530 = 663.16\ \text{kN}$$

满足要求。

(3)验算构造配箍条件。

根据《砼规》6.3.7 条，有

$$V = 262.3\ \text{kN} > \frac{1.75}{\lambda + 1} f_t b h_0 = \frac{1.75}{3+1} \times 1.43 \times 350 \times 530 = 116.05\ \text{kN}$$

应按计算配置箍筋。

(4)箍筋计算。根据《砼规》式(6.3.4-2)，有

$$\frac{A_{sv}}{s} = \frac{V - \frac{1.75}{\lambda + 1} f_t b h_0}{f_w h_0} = \frac{262\,300 - 116\,050}{270 \times 530} = 1.022$$

(5)构造要求。根据《砼规》9.2.9 条，有

$$\rho_{sv,\min} = 0.24 f_t / f_{yv} = 0.24 \times \frac{1.43}{270} = 1.27 \times 10^{-3}$$

根据《砼规》表 9.2.9，当 $V > 0.7 f_t b h_0$，$500\ \text{mm} < h \leqslant 800\ \text{mm}$ 时，箍筋最大间距 $s_{\max} = 250\ \text{mm}$。

根据《砼规》9.2.9 条，$h \leqslant 800\ \text{mm}$，箍筋最小直径 $\phi_{\min} = 6\ \text{mm}$。

选用 4 肢箍 ϕ 8，则有

$$A_{sv} = 4 \times 50.3 = 201.1\ \text{mm}^2$$

$$s \leqslant \frac{201.1}{1.022} = 197.0\ \text{mm}$$

取 $s = 150\text{mm}$。

故选取 4 肢箍 ϕ 8@150，满足要求。

(6)验算最小配箍率及构造要求。

$$\rho_{sv} = \frac{A_{sv}}{bs} = \frac{201.1}{350 \times 150} = 0.003\,83 > 0.24 f_t / f_{yv} = 0.24 \times \frac{1.43}{270} = 0.001\,27$$

且 ϕ 8 > ϕ 6，$s = 150\ \text{mm} < s_{\max} = 250\ \text{mm}$，均满足要求。

【例题 7-7】（注册结构工程师类型题）如图 7-15 所示。某钢筋混凝土矩形截面筒支梁，两端支承在砖墙上，净跨度 $l_n = 3\,660\ \text{mm}$，截面尺寸 200 mm×500 mm。该梁承受均布荷载，其中恒荷载标准值 $g_k = 25\ \text{kN/m}$（包括自重），荷载分项系数 $\gamma_G = 1.2$，活荷载标准值 $q_k = 38\text{kN/m}$，荷载分项系数 $\gamma_G = 1.4$；混凝土强度等级为 C25（$f_c = 11.9\ \text{N/mm}^2$，$f_t = 1.27\ \text{N/mm}^2$）；箍筋为 HPB 300 钢筋（$f_{yv} = 270\ \text{N/mm}^2$），按正截面受弯承载力计算已选配

HRB 400 钢筋 3C25 为纵向受力钢筋（ $f_y=360\ \text{N/mm}^2$ ）。若箍筋已选向 ϕ 6@200 双肢箍，采用弯筋，则弯起钢筋面积 $A_{Sb}(\text{mm}^2)$ 最接近下列何项数值？

(A) 167　(B) 316　(C) 256　(D) 292

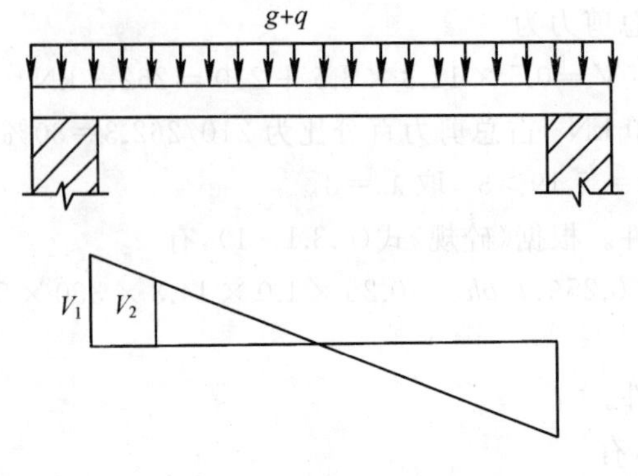

图 7－15　例题 7－7 图

正答：(A)

(1)求支座边缘处剪力设计值。

$$V_1=\frac{1}{2}(\gamma_G g_k+\gamma_G q_k)I_n=\frac{1}{2}[1.2\times25+1.4\times38]\times3.66=152.23\ \text{kN}$$

(2)验算受剪截面条件。根据《砼规》式(7.5.1－1)，有

$$0.25\beta_c f_c bh_0=0.25\times1.0\times11.9\times200\times465=276.7\ \text{kN}>152.26\ \text{kN}$$

截面尺寸满足要求。

(3)验算构造配箍条件。根据《砼规》式(7.5.7－1)，有

$$0.7f_t bh_0=0.7\times12.720\ 0\times465=82.68\ \text{kN}<152.26\ \text{kN}$$

应按计算配置腹筋。

(4)验算最小配箍率。根据《砼规》9.2.9 条，有

$$\rho_{sv}=\frac{A_{sv}}{bs}=\frac{2\times28.3}{200\times200}=0.142\%>\rho_{sv,\min}=0.24f_t/f_{yv}=0.24\times\frac{1.27}{270}=0.113\%$$

满足要求。

(5)计算 V_{cs}。根据《砼规》式(6.3.4－2)，有

$$V_{cs}=0.7f_t bh_0+f_{yv}\frac{A_{sv}}{s}h_0=82\ 680+270\times\frac{2\times28.3}{200}\times465=18.21\ \text{kN}$$

(6)计算 A_{sb}。根据《砼规》式(6.3.8)，有

$$A_{sv}\geqslant\frac{V-V_{cs}}{0.8f_y\sin\alpha}=\frac{152\ 260-18\ 210}{0.8\times360\times\sin45^\circ}=167.2\ \text{mm}^2$$

【例题 7－8】 (注册结构工程师类型题)有一简支独立混凝土梁。截面 $b\times h=200\ \text{mm}\times500\ \text{mm}$，$a_s=35$ mm，混凝土为 C30 级，主筋采用 HRB400，箍筋采用 HPB300。已知荷载设计值 $q=10$ kN/m(包括梁自重)。$V_{ap}/V_a=75\%$，梁端截面已配双肢箍 φ 8@150。试问该梁能承受的最大集中荷载设计和值 P(kN)接近下列何项数值？

(A)144.9　(B)123.9　(C)100.5　(D)113

正答：(D)

$f_c=14.3\ \mathrm{N/mm^2}, f_t=1.43\ \mathrm{N/mm^2}, f_y=360\ \mathrm{N/mm^2}, f_{yv}=270\ \mathrm{N/mm^2}, c=25\ \mathrm{mm}$

$$h_0=h-a_s=500-35=465\ \mathrm{mm}$$

$$\lambda=\frac{a}{h_0}=\frac{2\ 000}{465}=4.3>3\text{，取}\lambda=3$$

$$A_{sv}/s=101/150\ \mathrm{mm}$$

由《砼规》式(6.3.4-2)，得

$$V=\frac{1.75}{\lambda+1}f_tbh_0+f_{yv}\frac{A_{sv}}{s}h_0=\frac{1.75}{3+1}\times1.43\times200\times465\times270\times\frac{101}{150}\times465=142.7\ \mathrm{kN}$$

均载产生的支座剪力为 $V_{AP}=30$ kN。

最大集中荷载设计值为

$$V_{AP}=P=142.7-30=112.7\ \mathrm{kN}$$

【例题7-9】 (注册结构工程师类型题)某钢筋混凝土矩形截面简支梁，两端支承在砖墙上，净跨度 $I_n=3\ 660$ mm，截面尺寸 200 mm×500 mm。该梁承受均布荷载，其中恒荷载标准值 $g_k=25$ kN/m(包括自重)，荷载分项系数 $\gamma_G=1.2$，活荷载标准值 $g_k=38$ kN/m，荷载分项系数 $\gamma_G=1.4$；混凝土强度等级为C25，($f_c=11.9\ \mathrm{N/mm^2}$，$f_t=1.27\ \mathrm{N/mm^2}$)；箍筋为HPB300钢筋($f_{yv}=270\ \mathrm{N/mm^2}$)，按正截面受弯承载力计算已选配HRB400钢筋3Φ25为纵向受力钢筋($f_y=360\ \mathrm{N/mm^2}$)。若箍筋已选 φ 6@200双肢箍，采用弯筋，则弯起钢筋面积 A_{sb} (mm²)最接近下列何项数值?

(A)167　　(B)316　　(C)256　　(D)292

正答：(A)

(1)求支座边缘处剪力设计值。

$$V_1=\frac{1}{2}(\gamma_Gg_k+\gamma_Qq_k)I_n=\frac{1}{2}(1.2\times25+1.4\times38)\times3.66=152.26\ \mathrm{kN}$$

(2)验算受剪截面条件。根据《砼规》式(7.5.1-1)，有

$$0.24\beta_cf_cbh_0=0.25\times11.9\times200\times465=276.7\ \mathrm{kN}>152.26\ \mathrm{kN}$$

截面尺寸满足要求。

(3)验算构造配箍筋条件。根据《砼规》式(7.5.7-1)，有

$$0.7f_tbh_0=0.7\times1.27\times200\times465=82.68\ \mathrm{kN}<152.26\ \mathrm{kN}$$

应按计算配置箍筋。

(4)验算最小配筋率。根据《砼规》9.2.9条，有

$$\rho_{sv}=\frac{A_{sv}}{bs}=\frac{2\times28.3}{200\times200}=0.142\%>\rho_{sv,\min}=0.24\frac{f_t}{f_{yv}}=0.24\times\frac{1.27}{270}=0.113\%$$

满足要求。

(5)计算 V_{cs}。根据《砼规》式(6.3.4-2)，有

$$V_{cs}=0.7f_tbh_0+f_{yv}\frac{A_{sv}}{s}h_0=82\ 680+270\times\frac{2\times28.3}{200}\times465=18.2\ \mathrm{kN}$$

(6)计算 A_{sb}。根据《砼规》式(6.3.8)，有

$$A_{sb}\geqslant\frac{V_1-V_{cs}}{0.8f_y\sin\alpha}=\frac{152\ 260-18\ 210}{0.8\times360\times\sin45^\circ}=167.2\ \mathrm{mm^2}$$

【例题7-10】 (注册结构工程师类型题)图7-16所示为三根梁的跨中截面配筋图，其

混凝土强度等级、钢筋等级、纵向受力钢筋截面面积、箍筋根数、直径、间距均相同，则三根梁的跨中截面所能承受的设计弯矩、设计剪力，下列何种关系式组合为正确？

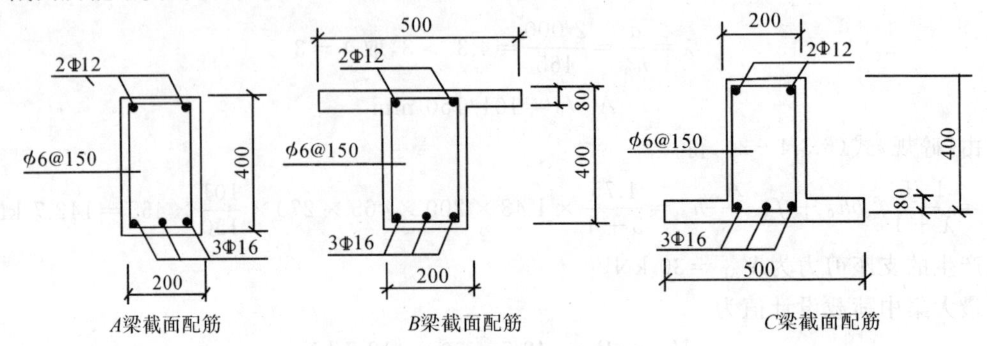

图 7-16　例题 7-9 图(单位:mm)

(A) $V_{uA} < V_{uB} = V_{uC}$, $M_{uA} < M_{uB} < M_{uC}$

(B) $V_{uA} < V_{uB} = V_{uC}$, $M_{uA} < M_{uB} = M_{uC}$

(C) $V_{uA} = V_{uB} = V_{uC}$, $M_{uA} < M_{uB} = M_{uC}$

(D) $V_{uA} = V_{uB} = V_{uC}$, $M_{uA} = M_{uB} < M_{uC}$

正答:(D)

根据《砼规》6.3.4 条、6.3.8 条，矩形、T 形和 I 形截面的一般受弯构件其斜截面受剪承载力计算公式是一样的，故

$$V_{uA} = V_{uB} = V_{uC}$$

根据《砼规》6.2.10 条，矩形截面和翼缘位于受拉边的倒 T 形截面受弯构件，其正截面受弯承载力计算公式是一样的，故

$$M_{uA} = M_{uB}$$

根据《砼规》6.2.11 条，翼缘位于受压区的 T 形，I 形截面受弯构件，其正截面受弯承载力计算应考虑受压翼缘的作用，故在其他条件相同的情况下，截面混凝土受压区高度 x 减小，力臂($h_0 - x/2$)增大，故承载能力增大。

7.5 本章小结

斜截面承载力计算是钢筋混凝土结构的一个重要问题。设计梁、柱、剪力墙等结构构件时，应同时解决正截面承载力和斜截面承载力的计算和构造问题。

梁弯剪区出现斜裂缝的主要原因，是荷载作用下梁内产生的主拉应力超过混凝土抗拉强度；斜裂缝的开展方向大致沿着主压应力迹线(垂直于主拉应力)；有两类斜裂缝：弯剪斜裂缝(出现于一般梁中)和腹剪斜裂缝(出现于薄腹梁中)。

受弯构件斜截面剪切破坏的主要形态有斜压、剪压和斜拉三种。当梁弯剪区剪力较大、弯矩较小、主压应力起主导作用时易发生斜压破坏，其特点是混凝土被斜向压坏，箍筋应力达不到屈服强度，设计时用限制截面尺寸不得过小来防止这种破坏发生；当弯剪区弯矩较大、剪力较小、主拉应力起主导作用时易发生斜拉破坏，破坏时梁被斜向拉裂成两部分，破坏过程急速而突然，设计时采用配置一定数量的箍筋和保证必要的箍筋间距来避免；剪压破坏时箍筋应力首先达到屈服强度，然后剪压区混凝土被压坏，破坏时钢筋和混凝土的强度均被充分利用。所以斜截面受剪承载力计算公式是以剪压破坏特征为基础建立的。

受弯构件斜截面承载力有两类问题：一类是斜截面受剪承载力，对此问题应通过计算配置箍筋或配置箍筋和弯起钢筋来解决；另一类是斜截面受弯承载力，主要是纵向受力钢筋的弯起和截断位置以及相应的锚固问题，一般只需用相应的构造措施来保证，无需进行计算。

钢筋混凝土柱、剪力墙等偏心受力构件的斜截面受剪承载力计算，与受弯构件的主要区别在于应考虑轴向力的影响。在一定范围内，轴向压力可使构件的受剪承载力提高，而轴向拉力则使受剪承载力降低。

思考题

1.影响梁斜截面受剪承载力的主要因素有哪些？影响规律如何？什么是广义剪跨比？什么是计算剪跨比？在连续梁中，二者有何关系？

2.为什么要控制箍筋和弯筋的最大间距？为什么箍筋的直径不得小于最小直径？当箍筋满足最小直径和最大间距要求时，是否必然满足箍筋最小配筋率的要求？

第8章 受扭构件扭曲截面受力性能与设计

本章的主要内容、重点和难点

· 纯扭构件扭曲截面承载力计算

· 复合受扭构件承载力计算

8.1 一般说明

扭转作用的分类如下。

(1) 平衡扭矩(equilibrium torsion)——由荷载作用直接引起的,可用结构的平衡条件求得,如吊车梁、雨蓬梁、曲梁、螺旋楼梯(见图8-1)。

(2) 协调扭矩(compatibility torsion)——由于超静定结构构件之间的连续性,在某些构件中引起的扭矩(见图8-2)。

实际工程中,纯扭构件很少,一般都伴随弯、剪、压等一种或多种效应(见图8-3)。

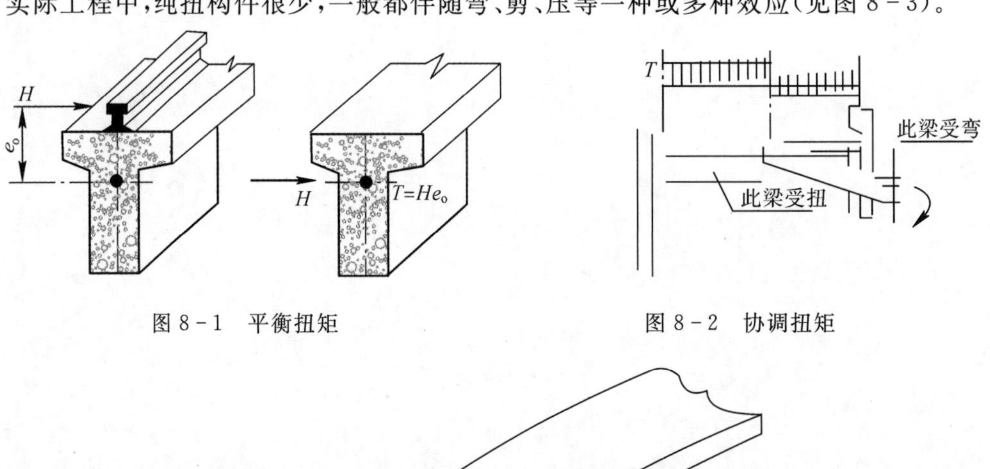

图8-1 平衡扭矩　　图8-2 协调扭矩

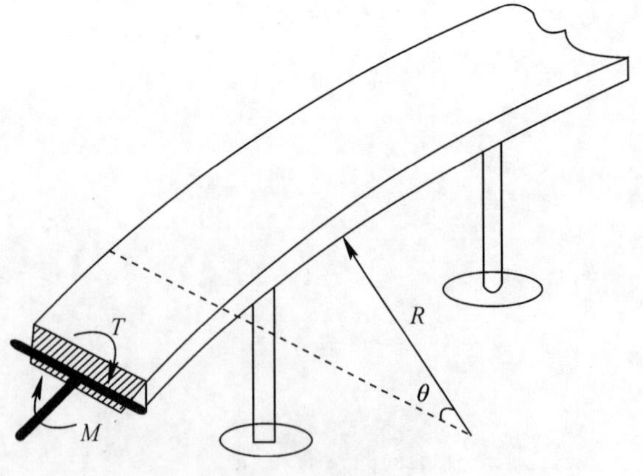

图8-3 复合受扭

8.2　纯扭构件的受力性能和扭曲截面承载力计算

8.2.1　试验研究分析

1.素混凝土纯扭构件的受扭性能

素混凝土纯扭构件的受力情况及破坏面如图 8-4 所示。

受力特点：由材料力学可知，构件受扭矩作用后，在构件截面上产生剪应力 τ，相应地在与构件纵轴成 45°方向产生主拉应力 σ_{tp} 和主压应力 σ_{cp}，并且 $\sigma_{tp}=\sigma_{cp}=\tau$。

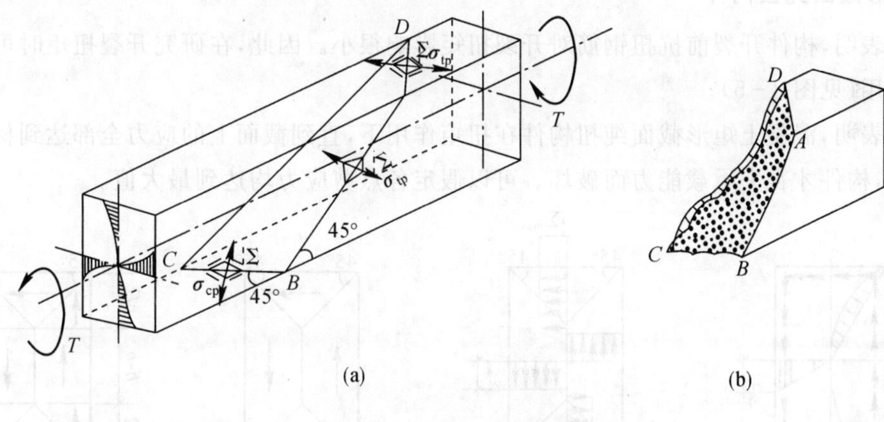

图 8-4　素混凝土纯扭构件受力情况及破坏面

破坏特点如下：

(1) 在扭矩作用下，矩形截面素混凝土构件破坏时形成三面开裂、一面受压的空间扭曲破坏面。这种破坏现象称为扭曲截面破坏。

(2) 抗扭承载力很低且表现出明显的脆性破坏特征。

2.钢筋混凝土纯扭构件的受扭性能

(1) 适筋受扭破坏。

发生条件：当受扭纵筋、箍筋数量均适当时。

破坏特征：与临界斜裂缝相交的箍筋和纵筋相继达到屈服强度，沿空间扭曲破坏面受压边混凝土被压碎后，构件破坏。塑性破坏。

(2) 少筋受扭破坏。

发生条件：当受扭纵筋、箍筋之一过少时。

破坏特征：破坏特征与素混凝土构件相似，脆性。

(3) 部分超筋受扭破坏。

发生条件：当受扭纵筋和箍筋一种过多而另一种基本适当时。

破坏特征：破坏前数量适当的那种钢筋能屈服，另一种钢筋直到受压边混凝土压碎仍未屈服，破坏有一定的塑性特征。

(4) 完全超筋受扭破坏。

发生条件：当纵筋和箍筋都配置过多时。

破坏特征：破坏时裂缝间的混凝土被压碎，箍筋和纵筋应力均未达到屈服强度，具有脆性性质。

为保证构件受扭时具有一定的塑性，设计时应使构件处于适筋和部分超筋范围内，而不应使其发生少筋或完全超筋破坏。

8.2.2 纯扭构件的开裂扭矩

1.矩形截面纯扭构件

试验表明，构件开裂前抗扭钢筋对开裂扭矩影响很小。因此，在研究开裂扭矩时可以忽略钢筋的作用(见图 8-5)。

试验表明，混凝土矩形截面纯扭构件在扭矩作用下，直到截面上的应力全部达到材料的屈服强度后，构件才丧失承载能力而破坏。可以假定各点剪应力均达到最大值。

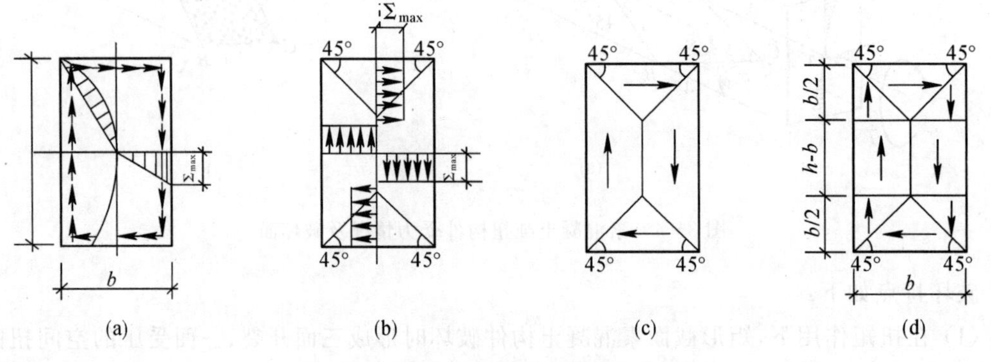

图 8-5 构件开裂前截面剪应力分布

构件开裂时，$\sigma_{tp}=\tau_{max} f_t$，所以开裂扭矩为

$$T_{cr}=f_t \cdot \frac{b^2}{6}(3h-b)=f_t W_t$$

式中，W_t ——受扭构件的截面受扭塑性抵抗矩，对矩形截面，W_t 按下式计算：

$$W_t=\frac{b^2}{6}(3h-b)$$

考虑到混凝土并非理想塑性材料，《砼规》偏于安全地取修正系数为 0.7，于是开裂扭矩为

$$T_{cr}=0.7 f_t W_t$$

2.T 形和 I 形截面纯扭构件

简化计算方法：可想像将 T 形或 I 形截面分成若干矩形截面，如图 8-6 所示对于每个矩形截面可利用上式计算相应的 W_t，并近似地认为整个截面的受扭塑性抵抗矩等于各分块矩形截面受扭塑性抵抗矩之和。

截面分块原则：首先保证较宽矩形部分的完整性，即先腹板后翼缘。

$$T_{cr}=0.7f_tW_t$$

$$W_t=W_{tw}+W'_{tf}+W_{tf}$$

腹板 $$W_{tw}=\frac{b^2}{6}(3h-b)$$

受压翼缘 $$W'_{tf}=\frac{h'^2_f}{2}(b'_f-b)$$

受拉翼缘 $$W_{tf}=\frac{h^2_f}{2}(b_f-b)$$

尚需满足：

$$b'_f\leqslant b+6h'_f,\quad b_f\leqslant b+6h_f$$

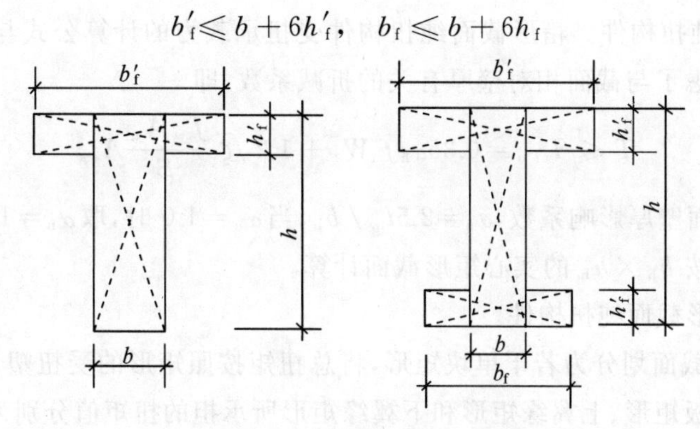

图 8-6　T 形和 I 形截面分块

8.2.3　纯扭构件的受扭承载力

1.纯扭构件的力学模型

空间桁架模型：抗扭纵筋视为空间桁架的弦杆，箍筋视为受拉腹杆，被斜裂缝分割的斜向混凝土条带视为斜压腹杆。按此模型，由平衡条件可导得构件受扭承载力 T_u 为

$$T_u=2\sqrt{\zeta}\ \frac{f_wA_{stl}}{S}A_{cor}$$

$$\zeta=\frac{f_yA_{stl}/u_{cor}}{f_{yv}A_{stl}/S}=\frac{f_yA_{stl}S}{f_{yv}A_{stl}u_{cor}}$$

2.纯扭构件的受扭承载力

(1) 矩形截面纯扭构件。纯扭构件的受扭承载力 T_u 由混凝土的抗扭作用 T_c 和箍筋与纵筋的抗扭作用 T_s 组成，即

$$T_u=T_c+T_s$$

$$T_c=\alpha_1f_1W_t$$

T_s 可用变角空间桁架模型的计算公式表示，即

$$T_s=\alpha_2\sqrt{\zeta}\ \frac{f_{yv}A_{stl}}{S}A_{cor}$$

$$T_u=\alpha_1 f_1 W_t+\alpha_2\sqrt{\zeta}\ \frac{f_{yv}A_{stl}}{S}A_{cor}$$

$$\frac{T_u}{f_t W_t}=\alpha_1+\alpha_2\sqrt{\zeta}\ \frac{f_{yv}A_{stl}}{s f_t W_t}A_{cor}$$

根据对试验结果的统计回归，得系数 $\alpha_1=0.35$，$\alpha_2=1.2$。

这样，钢筋混凝土矩形截面纯扭构件扭曲截面承载力的设计表达式为

$$T\leqslant T_u=0.35 f_t W_t+1.2\sqrt{\zeta}\ \frac{f_{yv}A_{stl}}{s}A_{cor}$$

ζ 取值范围：$0.6\leqslant\zeta\leqslant1.7$。试验表明，当 $\zeta=1.2$ 左右时，抗扭纵筋与抗扭箍筋配合最佳，两者基本上能同时达到屈服强度。

(2) 箱形截面纯扭构件。箱形截面纯扭构件受扭承载力的计算公式与矩形截面相似，仅在混凝土抗扭项考虑了与截面相对壁厚有关的折减系数，即

$$T\leqslant T_{Tu}=0.35\alpha_h f_t W_t+1.2\sqrt{\zeta}\ \frac{f_{yv}A_{stl}}{S}A_{cor}$$

式中，α_h 为箱形截面壁厚影响系数，$\alpha_h=2.5t_w/b_h$，当 $\alpha_h=1.0$ 时，取 $\alpha_h=1.0$ 。即当 $\alpha_h\geqslant1.0$ 或 $t_w\geqslant0.4bh$ 时，按 $b_h\times h_h$ 的实心矩形截面计算。

(3) T 形和 I 形截面纯扭构件。

将 T 形或 I 形截面划分为若干单块矩形，将总扭矩按照矩形的受扭塑性抵抗矩的比例分配给各矩形块。腹板矩形、上翼缘矩形和下翼缘矩形所承担的扭矩值分别为

$$\left.\begin{aligned}T_W&=\frac{W_{tw}}{W_t}T\\T'_f&=\frac{W'_{tf}}{W_t}T\\T_f&=\frac{W_{tf}}{W_t}T\end{aligned}\right\}$$

【例题 8-1】 (注册结构工程师类型题) 钢筋混凝土 T 形界面构件 $b=250$ mm，$h=500$ mm，$h'_f=150$ mm，混凝土强度等级为 C30，纵筋采用 HRB400 级钢筋，箍筋采用 HPB300 级钢筋。受扭纵筋与箍筋的配筋强度比值为 $\zeta=1.2$，$A_{cor}=90\ 000$ mm²。若构件承受的扭矩设计值 $T=15$ kN·mm，剪力设计值 $V=80$ kN，弯矩设计值 $M=15$ kN·m，则界面上翼缘分配的扭矩最接近何项数值?

(A) 1.72 kN·m (B) 1.43 kN·m (C) 1.60 kN·m (D) 1.25 kN·m

正答：(A)

计算过程：

混凝土强度 C30，有

$$f_{cu,k}=30.0\ \text{N/mm}^2\ ,\ f_c=14.3\ \text{N/mm}^2\ ,\ f_t=1.43\ \text{N/mm}^2$$

钢筋强度：

$$f_y=360\ \text{N/mm}^2\ ,\ f'_y=300\ \text{N/mm}^2\ ,\ E_s=200\ 000\ \text{N/mm}^2$$

腹板的受扭塑性抵抗矩：

$$W_{tw}=b^2\times(3h-b)\times\frac{1}{6}=250^2\times(3\times500-250)\times\frac{1}{6}\ \text{mm}^3=13\ 020\ 833\ \text{mm}^3$$

受压翼缘的受扭塑性抵抗矩：

$$W_{tf}=f'^2_f\times(b'_f-b)/2=150^2\times(400-250)\times\frac{1}{2}=1\ 687\ 500\ \text{mm}^3$$

截面的总受扭塑性抵抗矩：

$$W_t=W_{tw}+W_{tf}=13\ 020\ 833+1\ 687\ 500=14\ 708\ 333\ \text{mm}^3$$

腹板和翼缘扭矩的分配如下：

$$T_w=\frac{W_{tw}\times T}{W_t}=13\ 020\ 833\times\frac{15}{14\ 708\ 333}=13.279\ \text{kN}\cdot\text{m}$$

$$T_f=\frac{W_{tf}\times T}{W_t}=1\ 687\ 500\times\frac{15}{14\ 708\ 333}=1.721\ \text{kN}\cdot\text{m}$$

8.3　复合受扭构件承载力计算

试验表明，对于弯剪扭构件，其受扭承载力、受剪承载力、受弯承载力之间具有相关性。

8.3.1　剪扭构件承载力计算

1.剪扭承载力相关关系

(1) 四分之一圆剪扭相关关系(见图8-7)。当剪力与扭矩共同作用时，由于剪力的存在将使混凝土的抗扭承载力降低，而扭矩的存在也将使混凝土的抗剪承载力降低，两者的相关关系大致符合1/4圆的规律。其表达式为

$$\left(\frac{V_c}{V_{co}}\right)^2+\left(\frac{T_c}{T_{co}}\right)^2=1$$

式中　V_c，T_c——剪扭共同作用下混凝土的受剪及受扭承载力；

V_{co}　——纯剪构件混凝土的受剪承载力，即 $V_{co}=0.7f_tbh_0$；

T_{co}　——纯扭构件混凝土的受扭承载力，即 $T_{co}=0.35f_tW_t$。

(2) 三线段剪扭相关关系(见图8-8)。采用三线段代替四分之一圆：

AB 段：当 $\beta_t=\dfrac{T_c}{T_{co}}\leqslant0.5$ 时，混凝土的受剪承载力不予降低；

CD 段：当 $\alpha=\dfrac{V_c}{V_{co}}\leqslant0.5$ 时，混凝土的受扭承载力不予降低；

BC 段：混凝土的受剪及受扭承载力均予以降低，则有

$$V_{co}=0.7f_tbh_0$$

或

$$V_{co}=\frac{1.75}{\lambda+1}f_tbh_0\ T_{co}=0.35f_tW_t$$

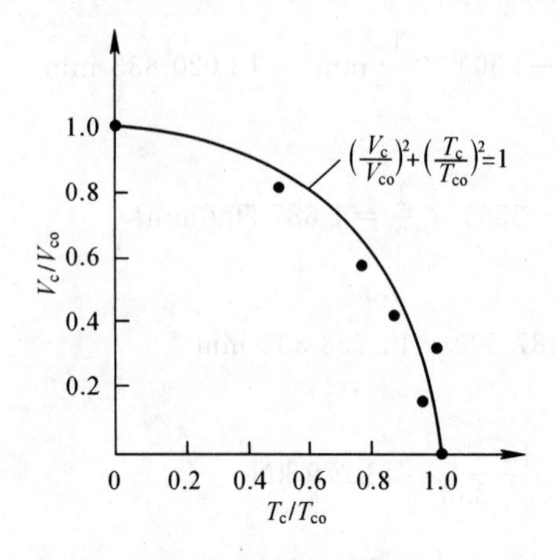

图 8－7　混凝土剪扭承载力相关关系

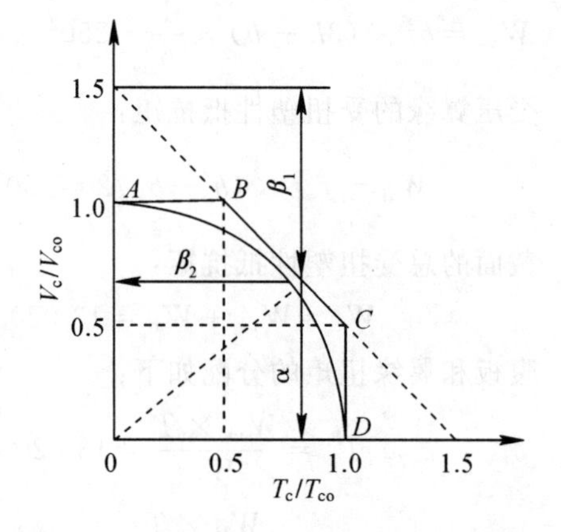

图 8－8　混凝土剪扭承载力相关的计算模式

2.剪扭构件混凝土受扭承载力降低系数

(1) 一般剪扭构件：

$$\beta_t=\frac{1.5}{1+0.5\dfrac{V}{T}\dfrac{W_t}{bh_0}}\in[0.5,1.0]$$

(2) 集中荷载作用下独立剪扭构件：

$$\beta_t=\frac{1.5}{1+0.2(\lambda+1)\dfrac{V}{T}\dfrac{W_t}{bh_0}}\in[0.5,1.0]$$

3.计算公式

(1) 矩形截面剪扭构件。

1) 受剪承载力。一般剪扭构件，有

$$V\leqslant V_u=(1.5-\beta_t)0.7f_tbh_0+1.25f_{yv}\frac{A_{sv}}{s}h_0$$

集中荷载作用下的独立剪扭构件，有

$$V\leqslant V_u=(1.5-\beta_t)\frac{1.75}{\lambda+1}f_tbh_0+f_{yv}\frac{A_{sv}}{s}h_0$$

式中，λ 为计算截面的剪跨比，可取 $\lambda=\frac{a}{h_0}$，$0.5\leqslant\lambda\leqslant1.0$，$a$ 为集中荷载作用点至支座或节点边缘的距离。

2) 受扭承载力。一般剪扭构件，有

$$T\leqslant T_u=0.35\beta_tf_tW_t+1.2\sqrt{\zeta}\frac{f_{yv}A_{stl}}{s}A_{cor}$$

(2) T 形、I 形截面剪扭构件。

1) 腹板：承受全部剪力和分配给腹板的扭矩。

受剪承载力：按剪扭构件计算；

受扭承载力：按剪扭构件计算；

2) 翼缘：只承受所分配的扭矩，不承受剪力，按纯扭构件计算。但翼缘中配置的箍筋应贯穿整个翼缘。

8.3.2　弯扭构件承载力计算

《混凝土结构设计规范》对弯扭构件的承载力计算采用简单的叠加法。

(1) 首先拟定截面尺寸，然后按纯扭构件承载力公式计算所需要的抗扭纵筋和箍筋，按受扭要求配置；

(2) 再按受弯承载力公式计算所需要的抗弯纵筋，按受弯要求配置；

(3) 对截面同一位置处的抗弯纵筋和抗扭纵筋，将二者面积叠加后确定纵筋直径和根数。

8.3.3　受弯构件承载力计算

1.截面尺寸限制条件及构造配筋要求

(1)截面尺寸限制条件。对 $h_w/b \leqslant 6$ 的矩形、T 形、I 形和 $h_w/t_w \leqslant 6$ 的箱形截面构件，其截面尺寸应符合下列条件：

1) 当 h_w/b (或 h_w/t_w) $\leqslant 4$ 时，有

$$\frac{V}{bh_0}+\frac{T}{0.8W_t}\leqslant 0.25\beta_c f_c$$

2) 当 h_w/b(或 h_w/t_w) $=6$ 时，有

$$\frac{V}{bh_0}+\frac{T}{0.8W_t}\leqslant 0.2\beta_c f_c$$

3) 当 $4< h_w/b$(或 h_w/t_w) <6 时，按线性内插法确定。

(2) 构造配筋要求。在弯矩、剪力和扭矩共同作用下，当矩形、T 形和箱形截面尺寸符合下列要求时：

$$\frac{V}{bh_0}+\frac{T}{W_t}\leqslant 0.7f_t$$

或

$$\frac{V}{bh_0}+\frac{T}{W_t}\leqslant 0.7f_t+0.07\frac{N}{bh_0}$$

则可不进行构件截面受剪扭承载力计算，但为了防止构件开裂后产生突然的脆性破坏，必须按构造要求配置钢筋。

【例题 8－2】 (注册结构工程师类型题)假定截面的受扭塑性抵抗矩 $W_t=14\ 800\ 000\ \text{mm}^3$，则当构件所受的扭矩和剪力不大于何项数值时，在进行承载力验算时刻仅验算正截面受弯承载力？

(A) 3.70 kN・m，58.2 kN　　(B) 3.70 kN・m，44.5 kN

(C) 6.70 kN・m，58.2 kN　　(D) 2.70 kN・m，52.1 kN

正答：(A)

计算过程如下。

验算是否要考虑剪力、扭矩的影响：

当 $V\leqslant 0.35f_tbh_0=0.35\times1.43\times250\times465\ \text{N}=58\ 183\ \text{N}\approx58.2\ \text{kN}$ 时，可不验算斜截面

受剪承载力。

当 $T \leqslant 0.175 f_t W_t = 0.175 \times 1.43 \times 14\ 800\ 000\ \text{N}\cdot\text{m} = 3.704\ \text{kN}\cdot\text{m}$ 时，可不进行受扭承载力验算。

2. 弯剪扭构件承载力计算步骤

(1)验算截面尺寸限制条件。

(2)验算是否应按计算配置剪扭钢筋。当不满足要求时，应计算剪扭承载力。

(3)判别配筋计算是否可忽略剪力 V 或者扭矩 T。

(4)确定箍筋数量。分别求得受剪和受扭所需的单肢箍筋用量，将两者叠加得单肢箍筋总用量，并按此选用箍筋的直径和间距。所选的箍筋直径和间距还必须符合上述构造要求。

(5)计算纵筋数量。抗弯纵筋和抗扭纵筋应分别计算。抗扭纵筋应沿截面四周对称布置。最后配置在截面弯曲受拉区和受压区的纵筋总量，应为布置在该区抗弯纵筋与抗扭纵筋的截面面积之和。所配纵筋应满足纵筋的各项构造要求。

3. 弯剪扭构件承载力复核

截面复核时，一般已知构件的截面尺寸、钢筋数量、材料强度等级以及构件的设计弯矩、剪力和扭矩图，要求复核构件的控制截面是否具有足够的承载力。此时应选取剪力和扭矩或剪力、弯矩和扭矩都相对较大的截面进行承载力复核。

【例题 8-3】 某钢筋混凝土矩形截面梁，截面尺寸为 500 mm×500 mm，计算跨度 l_0 为 6.3 m，跨中有一短挑梁(见图 5-2～图 5-12)，挑梁上作用有距梁轴线 400 mm 的集中荷载 $P=250$ kN，梁上的均布荷载设计值(包括自重) $g=9$ kN/m。支座截面弯矩设值 $M=226.640$ kN·m，剪力设计值 $V=153.4$ kN，扭矩设计值 $T=50$ kN·m，$W_t=41\ 666\ 667\ \text{mm}^3$，混凝土为 C25，纵筋采用 HRB400 钢筋、箍筋采用 HRB335 钢筋。界面有效高度 $h_0=465$ mm。

1. 梁跨中纵向钢筋的最小配筋率(%)与何项数值最接近？

(A) 0.20　　(B) 0.19　　(C) 0.39　　(D) 0.32

正答：(C)

计算过程如下。

混凝土强度：

$$\text{C25}, f_c = 11.9\ \text{N/mm}^2, \quad f_t = 1.27\ \text{N/mm}^2$$

钢筋强度：

$$f_y = 360\ \text{N/mm}^2, \quad f_{yv} = 300\ \text{N/mm}^2$$

由《砼规》表 8.5.1，可得受弯构件中纵向受拉钢筋的最小配筋率：

$$\rho_{\min} = \max\{0.20\%, 0.45 f_t / f_y\} = \max\{0.20\%, 0.159\%\} = 0.20\%$$

由《砼规》式(9.2.5)可知剪扭构件中受扭纵筋最小配筋率：

$$\rho_{tl,\min} = 0.6 \times \sqrt{\frac{T}{V \times b}} \times \frac{f_t}{f_y} = 0.6\sqrt{\frac{50}{153.4 \times 0.5}} \times \frac{1.27}{360} = 0.171\%$$

梁跨中纵向受拉钢筋的最小配筋率为

$$0.20\% + 0.205\% = 0.375\%$$

2. 设箍筋间距 $s=100$ mm，形式为双肢箍，已知界面满足《砼规》的要求，则制作截面按计算所得每 100 mm 范围内的截面抗剪箍筋面积 A_{sv}(mm²) 与何项数值最为接近？提示：按集中荷载下的剪扭构件计算，剪跨比 $\lambda=3$。

(A) 64　　(B) 85　　(C) 107　　(D) 94

正答：(A)

计算过程如下。

由《砼规》式(6.4.8－5)，计算集中荷载作用下的剪扭构件混凝土受扭承载力降低系数：

$$\beta_t=\frac{1.5}{1+\dfrac{0.2\times(\lambda+1)\times V\times W_t}{T_w\times b\times h_0}}=\frac{1.5}{1+\dfrac{0.2\times(3+1)\times 153\,400\times 41\,666\,667}{50\,000\,000\times 500\times 465}}=1.04>1.0$$

因此，取 $\beta_T=1.0$。

由《砼规》6.4.2 条，可得

$$\frac{V}{bh_0}+\frac{T}{0.8W_t}=\frac{153\,400}{500\times 465}+\frac{50\,000\,000}{0.8\times 41\,666\,667}=2.16\ \text{N/mm}^2>0.7f_t=0.89\ \text{N/mm}^2$$

需进行剪扭计算。

由《砼规》6.4.12 条验算是否要考虑剪力、扭矩的影响。

当 $V\leqslant\dfrac{0.875f_tbh_0}{\lambda+1}$ 时，可仅按纯扭构件计算受扭承载力：

$$\frac{0.875f_tbh_0}{\lambda+1}=\frac{0.875\times 1.27\times 500\times 465}{3+1}$$

应考虑剪力影响。

由《砼规》式(6.4.8－4)计算剪扭构件的受剪承载力：

$$V\leqslant\frac{1.75\times(1.5-\beta_t)f_tbh_0}{\lambda+1}+\frac{f_{yv}A_{sv}}{s}h_0$$

则 $s=100\ \text{mm}^2$ 范围内的截面抗剪箍筋面积为

$$A_{sv}=\frac{\left[V-\dfrac{1.75\times(1.5-\beta_t)f_tbh_0}{\lambda+1}\right]}{f_{yv}h_0}=$$

$$\frac{\left[153350-\dfrac{1.75\times(1.5-1)\times 1.27\times 500\times 465}{3+1}\right]}{300\times 465}=64\ \text{mm}$$

3.若已知 $A_{cor}=202\,500\ \text{mm}^2$，$\zeta=1.2$，$\beta_t=1.0$，假定支座处 $s=100$ mm 范围内的截面的抗剪箍筋面积 $A_{sv}=60\ \text{mm}^2$，其余条件同上题，则支座处截面的箍筋总面积(mm²)与何项数值最为接近？

(A) 76　　(B) 99　　(C) 138　　(D) 102

正答：(C)

计算过程如下。

由《砼规》6.4.12 条，当 $T\leqslant 0.175f_tW_t$ 时，可不进行受扭承载力计算。若

$$0.175f_tW_t=0.175\times 1.27\times 41\,666\,667=9.260\ \text{kN}\cdot\text{m}<T=50\ \text{kN}\cdot\text{m}$$

应进行受扭承载力计算。

由《砼规》式(6.4.8－3)计算剪扭构件的受扭承载力：

$$T \leqslant 0.35\beta_t f_t W_t + 1.2\sqrt{\zeta} f_{yv} A_{stl} A_{cor}/s$$

受扭计算中沿截面周边配置的箍筋单肢截面面积 A_{stl} 由下式求得：

$$A_{stl} = \frac{(T - 0.35\beta_t f_t W_t)s}{1.2\sqrt{\zeta} f_{yv} A_{cor}} =$$

$$\frac{(50\ 000\ 000 - 1.0 \times 0.35 \times 1.27 \times 41\ 666\ 667) \times 100}{1.2 \times \sqrt{1.2} \times 300 \times 202\ 500} = 39\ \text{mm}^2$$

构件中箍筋的最小配筋面积。

由《砼规》9.2.10 条，箍筋最小配筋率为

$$\rho_{sv,\min} = 0.28 \times f_t / f_{yv} = 0.12\%$$

$s = 100$ mm 范围内的界面箍筋的最小配筋面积为

$$A_{sv,\min} \times b \times s = 59\ \text{mm}^2$$

箍筋计算配筋面积为

$$A_{svt} = A_{sv} + 2 \times A_{stl} = 60 + 2 \times 39 = 138\ \text{mm}^2 > A_{sv,\min} = 59\ \text{mm}^2$$

8.3.4 压弯剪扭矩形截面框架柱承载力计算

1. 压扭矩形截面承载力计算

《砼规》规定，压扭构件的受扭承载力按下列公式计算：

$$T \leqslant T_u = 0.35 f_t W_t + 1.2\sqrt{\zeta}\ \frac{f_{yv} A_{stl}}{s} A_{cor} + 0.07\frac{N}{A} W_t$$

2. 压弯剪扭矩形截面框架柱承载力计算

在轴向压力、弯矩、剪力和扭矩共同作用下，矩形截面钢筋混凝土框架柱的受剪扭承载力按下列公式计算。

受剪承载力：

$$V \leqslant V_u = (1.5 - \beta_t)\left(\frac{1.75}{\lambda + 1} f_t b h_0 + 0.07N\right) + f_{yv}\ \frac{A_{sv}}{s} h_0$$

受扭承载力：

$$T \leqslant T_u = \beta_t (0.35 f_t + 0.07\frac{N}{A}) W_t + 1.2\sqrt{\zeta}\ \frac{f_{yv} A_{stl}}{s} A_{cor}$$

【例题 8-4】复合受力的混凝土构件的下列计算原则中，何项正确？

(A) 弯剪扭构件的受弯承载力和受扭承载力分别计算，纵筋对应叠加、合理配置。

(B) 剪扭构件通过降低系数 A 考虑混凝土受剪和受扭的承载力相关，并分别计算箍筋面积，对应叠加。

(C) 当 $V \leqslant 0.35 f_t b h_0$（或 $V \leqslant \frac{0.875}{\lambda + 1} f_t b h_0$）时，可忽略剪力的影响。

(D) 当 $T \leqslant 0.35 f_t W_t$（或 $T \leqslant 0.35 f_t \alpha_b f_t W_t$）时，可忽略扭矩的影响。

正答：(A)(B)(C)

(A) 根据《砼规》6.4.13 条，弯剪扭构件，其纵筋面积应分别按受弯和受扭构件承载力计算后叠加，配置在相应位置，是对的。

(B) 根据《砼规》6.4.13 条，箍筋面积应分别按剪扭构件的受剪和受扭承载力计算后叠加，配置在相应位置，是对的。

(C) 根据《砼规》6.4.13 条，当剪力设计值不大于受剪承载力计算公式右边第一项的一半时，可忽略剪力的影响，是对的。

(D) 根据《砼规》6.4.13 条，不符合“当扭矩设计值不大于受扭承载力计算公式右边第一项的一半时，可忽略扭矩的影响”，是不对的。

【例题 8－5】（注册结构工程师类型题）设雨篷梁的受压区高度 $x=101$ mm，受扭计算中沿截面周边配置的箍筋单肢截面面积 A_{svl} 与箍筋间距的比值为 0.3，$u_{cor}=120$ mm，已知受扭纵筋最小配筋率为 0.23%，受扭纵筋与箍筋的配筋强度比值为 $\zeta=1.2$，则截面纵向钢筋的总用量（抗弯及抗扭钢筋之和）的计算值（mm^2）与何项数值最为接近？

(A) 965　　　　(B) 1 221　　　　(C) 1 126　　　　(D) 1 356

正答：(C)

混凝土强度：

$$f_{cu \cdot k}=30.0\ \text{N/mm},\ f_c=14.3\ \text{kN/mm},\ f_t=14.3\ \text{kN/mm}$$

钢筋强度：

$$f_y=360\ \text{N/mm},\ f'_y=360\ \text{N/mm},\ E=200\ 000\ \text{N/mm}^2$$

截面有效高度：

$$h_0=465\ \text{mm}$$

正截面受弯配筋计算：

$$A_s=\frac{\alpha_1 f_c b_x}{f_y}=\frac{1.0\times14.3\times200\times101}{360}=802.4\ \text{mm}^2$$

配筋率为

$$\rho=\frac{A_S}{bh_0}=\frac{802.4}{200\times465}=0.86$$

受弯纵筋最小配筋率为

$$\rho_{max}=\max\{0.20\%,0.45f_t/f_v\}=\max\{0.20\%\ ,0.159\%\}=0.2\%<\rho=1.04\%$$

受扭计算中取对称布置的全部纵向非预应力钢筋截面面积 A_{stl} 可由下式求得：

$$A_{stl}=\frac{f_{yv}A_{stl}u_{cor}\zeta}{f_y}=\frac{270\times0.3\times1200\times1.2}{360}=324\ \text{mm}^2$$

剪扭构件中纵筋的最小配筋面积。

已知受扭纵筋最小配筋率为 $\rho_{tl \cdot min}=0.23$，腹板受扭纵筋最小配筋面积为

$$A_{stl \cdot min}=\rho_{tl \cdot min}\times b\times h=230\ \text{mm}^2<A_{stl}$$

纵向钢筋总面积为

$$802+324=1\ 126\ \text{mm}^2$$

8.3.5　超静定结构中的扭转问题

在超静定结构中，当构件开裂后，由于内力重分布将使作用于支承梁上的扭矩降低。因此，《混凝土结构设计规范》规定：

(1) 对属于协调扭转的钢筋混凝土结构构件,在进行内力分析时,可考虑因构件开裂使抗扭刚度降低而产生的内力重分布。对于独立的支承梁,可将弹性分析得出的扭矩乘以合适的调幅系数。

(2) 考虑内力重分布后的支承梁,可按本章的弯剪扭构件进行承载力计算,确定所需的纵向钢筋和箍筋,并应满足有关配筋构造要求。

8.4 本章小结

矩形截面素混凝土纯扭构件的破坏面为三面开裂、一面受压的空间扭曲面。截面上各点的主拉应力超过混凝土的抗拉强度时,构件开裂,属于脆性破坏。

钢筋混凝土受扭构件的受扭承载力远远高于素混凝土构件,根据所配箍筋和纵筋数量的多少,有四种类型,即少筋破坏、适筋破坏、部分超筋破坏和完全超筋破坏。其中适筋破坏和部分超筋破坏时,钢筋强度能充分或基本充分利用,破坏具有较好的塑性性质。为了使抗扭纵筋和箍筋的应力在构件受扭破坏时均能达到屈服强度,纵筋与箍筋的配筋强度比值 ζ 应满足条件 $0.6 \leqslant \zeta \leqslant 1.7$,最佳比为 $\zeta = 1.2$。

变角空间桁架模型是钢筋混凝土纯扭构件受力机理的一种科学概括。但由于这种模型未考虑出现裂缝后混凝土截面部分的抗扭作用,因而与试验结果存在一定差异。根据试验结果并参考变角空间桁架模型所得到的受扭承载力计算公式,较好地反映了影响构件受扭承载力的主要因素。

弯剪扭复合受力构件的承载力计算是一个非常复杂的问题。根据剪扭和弯扭构件的试验研究结果,规定了部分相关、部分叠加的计算原则,即对混凝土的抗力考虑剪扭相关性,对抗弯、抗扭纵筋及抗剪、抗扭箍筋则采用分别计算而后叠加的方法。

在压弯剪扭构件中,轴向压力可以抵消弯扭引起的部分拉应力,延缓裂缝的出现,轴向压力值在一定范围内时,轴向压力对提高构件的受扭和受剪承载力是有利的。

思 考 题

1.什么是平衡扭矩?什么是协调扭矩?各有什么特点?

2.钢筋混凝土矩形截面纯扭构件有几种破坏形态?各有什么特征?矩形截面素混凝土纯扭构件的破坏有何特点?

3.影响矩形截面钢筋混凝土纯扭构件承载力的主要因素有哪些?抗扭钢筋配筋强度比 ζ 的含义是什么?起什么作用?有何限制?

4.剪扭共同作用时,剪扭承载力之间存在怎样的相关性?弯扭共同作用时,弯扭承载力之间的相关性如何?《砼规》是如何考虑这些相关性的?

5.在弯剪扭构件的承载力计算中,为什么要规定截面尺寸限制条件和构造配筋要求?

6.受扭构件的开裂扭矩如何计算?截面受扭塑性抵抗矩计算公式是依据什么假定推导的?这个假定与实际情况有何差异?何谓受扭构件的空间桁架模型?

第9章　正常使用极限状态验算及耐久性设计

本章的主要内容

·裂缝及其控制

·裂缝宽度的计算

·受弯构件的变形计算

·混凝土结构的耐久性

本章的重点和难点

·重点：裂缝宽度的计算

9.1　概　　述

现在介绍两个概念。

(1) 结构的适用性，是指不需要对结构进行维修(或少量维修)和加固的情况下继续正常使用的性能。

(2) 结构的耐久性，是指在设计确定的环境作用和维修、适用条件下，结构构件在规定期限内保持其适用性和安全性的能力。

为了满足上述要求，除需进行承载能力极限状态计算外，尚应进行正常使用极限状态的验算，即裂缝宽度和变形不应超过规定的限值。其工作内容如图9-1所示。

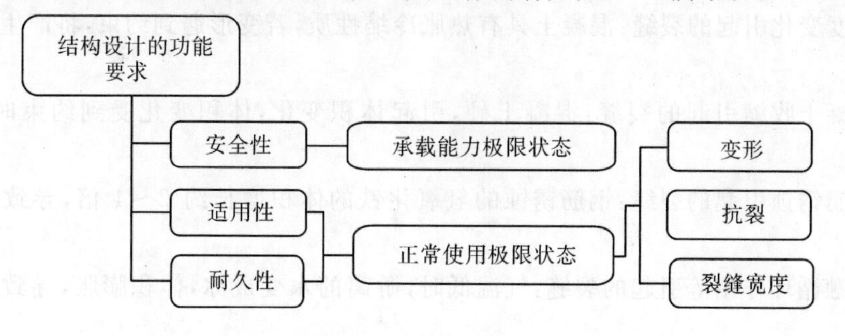

图9-1　工作内容

【例题9-1】 (注册结构工程师类型题)以下关于钢筋混凝土梁的变形及裂缝的叙述，哪一条是错误的?

(A) 进行梁的变形和裂缝验算是为了保证梁的正常使用。

(B) 由于梁的类型不同，规施规定了不同的允许挠度值。

(C) 处于室内环境下的梁，其裂缝宽度允许值为0.3 mm。

(D) 悬臂梁的允许挠度较简支梁允许挠度值为小。

正答：(D)

根据《混凝土结构设计规范》3.4.3 条表 3.4.3 注 1 规定，悬臂构件的允许挠度值按表中相应数值乘以系数 2.0 采用。也就是说，如果简支梁的允许挠度值为 $l_0/300$，则悬臂梁的允许挠度值为 $l_0/150$。

9.1.1 裂缝的分类与成因

按裂缝产生的原因分类，混凝土结构的裂缝可分为以下几类，如图 9－2 所示。

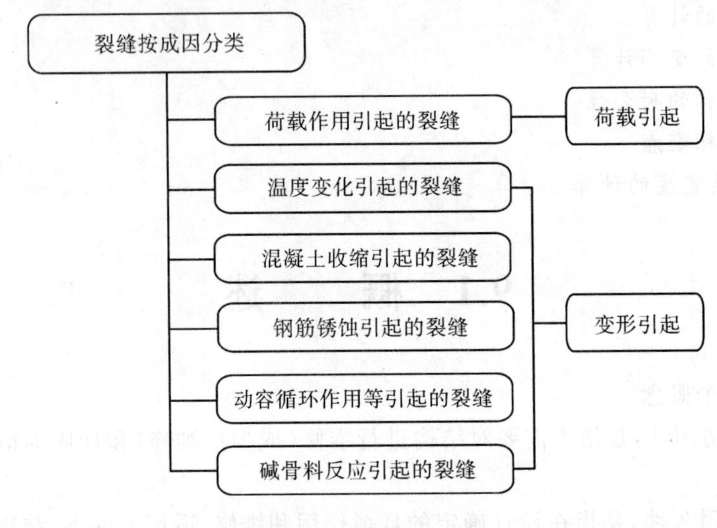

图 9－2 裂缝成因分类

各种裂缝形成的原因如下：

(1)荷载作用引起的裂缝：受力状态不同，其裂缝形状和分布也不同。

(2)温度变化引起的裂缝：混凝土具有热胀冷缩性质，若变形遇到约束，将产生应力和温度裂缝。

(3)混凝土收缩引起的裂缝：混凝土硬，引起体积变化，体积变化受到约束时，产生收缩裂缝。

(4)钢筋锈蚀引起的裂缝：钢筋锈蚀的氢氧化铁的体积增长约 2～4 倍，导致保护层混凝土开裂。

(5)冻融循环作用等引起的裂缝：气温低时，游离的水变成冰，体积膨胀，导致混凝土出现裂缝。

9.1.2 裂缝控制目的和要求

(1)裂缝控制的目的。

1)满足使用功能的要求；

2)满足建筑外观的要求；

3)满足耐久性的要求。

(2)裂缝控制等级。

一级——严格要求不出现裂缝的构件，按荷载效应标准组合计算时，构件受拉边缘混凝土不应产生拉应力。

二级——一般要求不出现裂缝的构件，按荷载效应标准组合计算时，构件受拉边缘混凝土拉应力不应大于混凝土轴心抗拉强度标准值；按荷载效应准永久组合计算时，构件受拉边缘混凝土不宜产生拉应力，当有可靠经验时可适当放松。

三级——允许出现裂缝的构件，按荷载效应标准组合并考虑长期作用影响计算时，构件的最大裂缝宽度 ω_{max} 不应超过规定的最大裂缝宽度限值 ω_{lim}，即

$$\omega_{max} \leqslant \omega_{lim}$$

对于钢筋混凝土构件，在使用阶段按三级标准来控制其裂缝宽度。

【例题 9－2】 以下何项不属于承载能力极限状态？

(A) 结构的一部分出现倾覆　　(B) 梁出现过大的挠度

(C) 梁出现裂缝　　(D) 钢筋生锈

答案：(B)(C)(D)

(A) 根据《砼规》3. 3. 1 条、3.4.1 条规定，结构的抗倾覆承载力超过了极限状态，导致结构的一部分发生倾覆破坏。

(B)(C) 均为构件不满足正常使用极限状态要求。

(D)构件耐久性不满足要求。

【例题 9－3】 (注册结构工程师类型题)为了减小钢筋混凝土受弯构件的裂缝宽度，下列措施中错误的是何项？

(A) 提高混凝土强度等级　　(B) 加大纵向钢筋用量

(C) 加密箍筋　　(D) 将纵向钢筋改成较小直径

正答：(C)

根据《砼规》7.1.2 条，加密箍筋与裂缝宽度无关。

【例题 9－4】 (注册结构工程师类型题)为避免钢筋混凝土楼板由于混凝土收缩而产生较大裂缝，在施工中采用以下哪些措施有效？

1. 根据结构布置情况选择合理的挠筑顺序。
2. 在适当位置设置施工后浇带。
3. 加强振捣与养护。
4. 提高混凝土的强度等级。

(A) 1,2,3　　(B) 2,3,4

(C) 1,3,4　　(D) 1,2,3,4

正答：(A)

根据钢筋棍凝土基本理论，为了避免钢筋棍凝土楼板混凝土收缩产生裂缝，可以采取题中 1,2,3 等项措施，而混凝土强度等级越高，收缩越大。

【例题 9－5】 (注册结构工程师类型题) 在实际工程中，为减少裂缝宽度可采取下列措施，其中不正确的是何项？

(A) 削减小钢筋直径，选用变形钢筋。

(B) 提高混凝土强度，提高配筋卒。

(C) 选用高强度钢筋。

(D) 提高构件截面高度。

正答：(C)

裂缝宽度主要与钢筋应力、有效配筋率、混凝土强度等级、保护层厚度及钢筋直径与形状等因素有关，而采用高强度钢筋对裂缝宽度减小无效果。

9.2 裂缝宽度的计算

我国《混凝土结构设计规范》提出的裂缝宽度计算公式主要以黏结滑移理论为基础，同时也考虑了混凝土保护层厚度及钢筋约束区的影响，如图 9－2 所示。

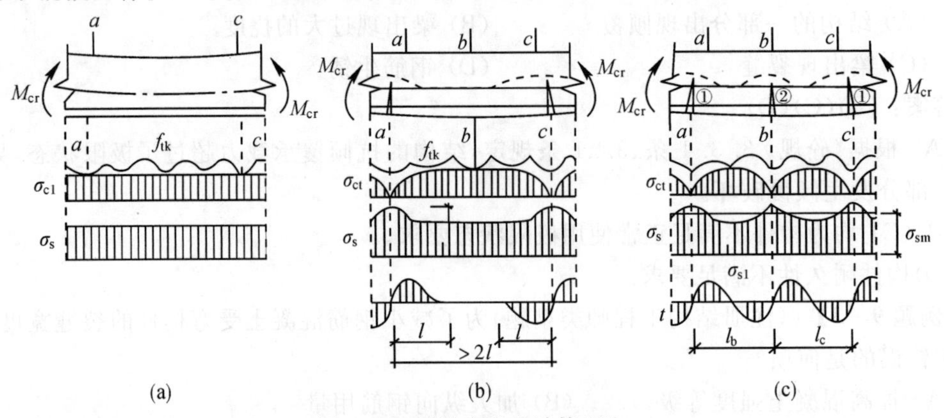

图 9－3　裂缝宽度的计算理论

(a)黏结滑移理论；(b)无滑移理论

9.2.1 裂缝的出现、分布和开展过程

以受弯构件的纯弯段为例(见图 9－4)：

(1) 当 $M<M_{cr}$时，混凝土的拉应力 σ_t 较小，钢筋和混凝土间没有黏结破坏。

(2) 当 $M=M_{cr}$时，在混凝土最薄弱的截面处就会出现第一条(批)裂缝。

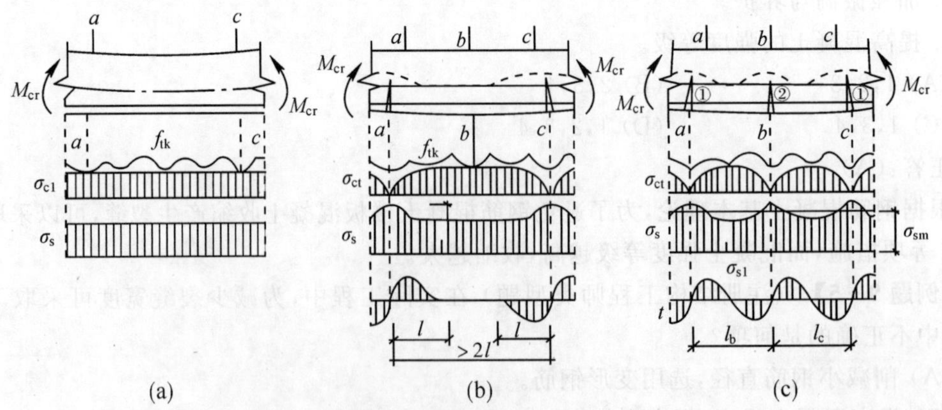

图 9－4　裂缝的出现、分布与相应的应力分布

(a)裂缝即将出现；(b)第一批裂缝出现；(c)第二批裂缝出现

开裂后，原来受拉张紧的混凝土分别向两侧回缩，由于粘结作用，使裂缝处的钢筋应力又逐渐传递给混凝土。

当达到某一距离 l 处时，两者又具有相同的拉伸应变，其应力趋于均匀分布，又恢复到未开裂前的状态。1 表示黏结应力的作用长度，或称为传递长度。

(3) 当 M 略大于 M_{cr} 时，在离开第一条（批）裂缝一定距离处的截面会陆续出现第二条（批）裂缝。按类似规律，又会在离第二条（批）裂缝一定距离处出现第三条、第四条、第五条……（批）裂缝。

当裂缝间距减小至使无裂缝截面混凝土的拉应力不能再增大到混凝土抗拉强度时，不再产生新的裂缝。

上述过程称之为裂缝出现过程。而当继续增加荷载，裂缝宽度则不断增大，称之为裂缝开展过程。

9.2.2　平均裂缝间距

1. 最小传递长度

第一条（批）裂缝出现后，钢筋经过一定的长度使混凝土的拉应力增大到其抗拉强，出现第二条（批）裂缝，这一传递长度为理论上的最小传递长度 $l_{cr,min}$，也称为临界裂缝间距。

当两条裂缝的间距小于 $2l_{cr,min}$ 时，由于黏结应力传递长度不够，使钢筋与混凝土之间的粘结应力不足以使混凝土拉应力增大到其抗拉强度，也就不会出现新的裂缝，则最大传递长度为 $l_{cr,max}=2l_{cr,min}$

裂缝间距最终将稳定在 $l_{cr,min}\sim 2l_{cr,min}$，平均裂缝间距大约为 $l_m=1.5l_{cr,min}$。

2. 平均裂缝间距

平均裂缝间距 l_m 可由平衡条件求得，也可根据试验统计分析得到（见图 9-5 及图 9-6）。

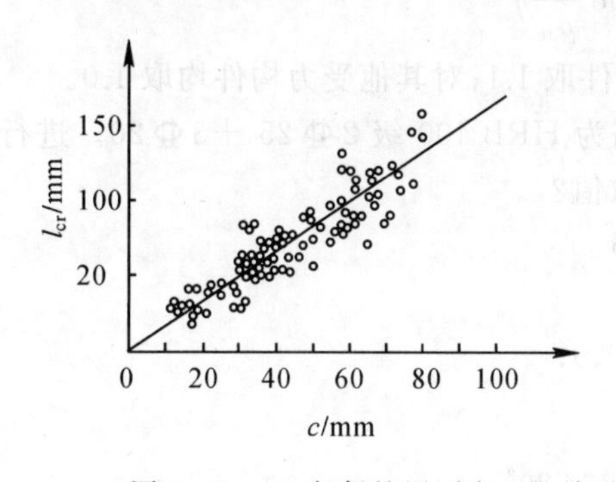

图 9-5　l_{cr} 与保护层厚度 c 的关系图

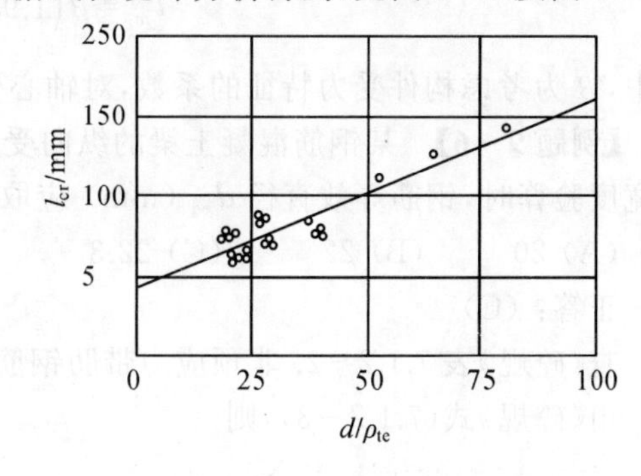

9-6　l_{cr} 与 d/ρ_{te} 的关系

$$l_m=k_1\frac{d}{\nu\rho_{te}}$$

式中　k_1——经验系数；

ν——纵向受拉钢筋相对黏结特征系数。

$\rho_{te}=A_s/A_{te}$，A_{te} 为有效受拉混凝土截面面积。

在上式中引入 k_2c，以考虑混凝土保护层的影响，得

$$l_m = k_2 c + k_1 \frac{d}{\nu \rho_{te}}$$

式中 k_2——经验系数；

c ——混凝土保护层厚度(mm)。取 $k_1 = 0.08$，$k_2 = 1.9$，可得

$$l_m = 1.9c + 0.08 \frac{d}{\upsilon \rho_{te}}$$

当纵向受拉钢筋直径不同时，将 d_ν 值以纵向受拉钢筋的等效直径 d_{eq} 代入，按照粘结力等效原则，可导出 d_{eq} 值，则得

$$l_m = 1.9c + 0.08 \frac{d_{eq}}{\rho_{te}}$$

$$d_{eq} = \frac{\sum n_i d_i^2}{\sum n_i \nu_i d_i}$$

式中 ρ_{te}——按有效受拉混凝土截面面积计算的纵向受拉钢筋配筋率；在最大裂缝宽度计算中，当 $\rho_{te} < 0.01$ 时，取 $\rho_{te} = 0.01$；

c ——最外层纵向受拉钢筋外边缘至受拉区底边的距离(mm)：当 $c < 20$ 时，取 $c = 20$；当 $c > 65$ 时，取 $c = 65$；

d_{eq}——纵向受拉钢筋的等效直径(mm)；

d_i ——受拉区第 i 种纵向钢筋的公称直径(mm)；

n_i ——受拉区第 i 种纵向钢筋的根数；

ν_i ——受拉区第 i 种纵向钢筋的相对黏结特性系数，对带肋钢筋，取 1.0，对光面钢筋，取 0.7。

对于受弯、轴心受拉、偏心受拉和偏心受压构件，在大量试验数据的统计分析基础上，并考虑工程实践经验，可将平均裂缝间距的计算公式写为如下一般形式：

$$l_m = \beta \left(1.9c + 0.08 \frac{d_{eq}}{\rho_{te}}\right)$$

式中，β 为考虑构件受力特征的系数，对轴心受拉构件取 1.1；对其他受力构件均取 1.0。

【例题 9-6】 某钢筋混凝土梁的纵向受拉钢筋为 HRB 400 级 2Φ25 +3Φ20。进行裂缝宽度验算时，钢筋等效直径 d_{eq} (mm) 应取何项数值？

(A) 20　(B) 22　(C) 22.3　(D) 25

正答：(C)

查《砼规》表 7.1.2-2. 非预应力带肋钢筋 $\upsilon_i = 1.0$；

由《砼规》式(7.1.2-3)，则

$$d_{eq} = \frac{\sum n_i d_i^2}{\sum n_i \nu_i d_i} = \frac{2 \times 25^2 + 3 \times 20^2}{1.0 \times (2 \times 25 + 3 \times 20)} = 22.3 \text{ mm}$$

9.2.3 平均裂缝宽度

1. 定义

纵向受拉钢筋重心水平处的构件侧表面的裂缝宽度，可由两条相邻裂缝之间钢筋的平均

伸长值与相应水平处受拉混凝土的平均伸长值之差求得。

2. 计算

平均裂缝宽度的计算图式如图 9-7 所示，设 ε_{sm} 为纵向受拉钢筋的平均拉应变，ε_{cm} 为与纵向受拉钢筋相同水平处侧表面混凝土的平均拉应变，则平均裂缝宽度为

$$w_m = \varepsilon_{sm} l_m - \varepsilon_{cm} l_m \left(1 - \frac{\varepsilon_{cm}}{\varepsilon_{sm}}\right) l_m$$

令 $\alpha_c = 1 - \varepsilon_{cm}/\varepsilon_{sm}$ ，则

$$\varepsilon_{sm} = \psi \varepsilon_{sk} = \psi \frac{\sigma_s k}{E_s}$$

则

$$w_m = \alpha_c \psi \frac{\sigma_s k}{E_s} l_m$$

式中　σ_{sk} ——按荷载效应标准组合计算的构件裂缝截面处纵向受拉钢筋的应力；

ψ ——裂缝间纵向受拉钢筋应变(或应力)不均匀系数；

α_c ——考虑裂缝间混凝土自身伸长对裂缝宽度的影响系数。

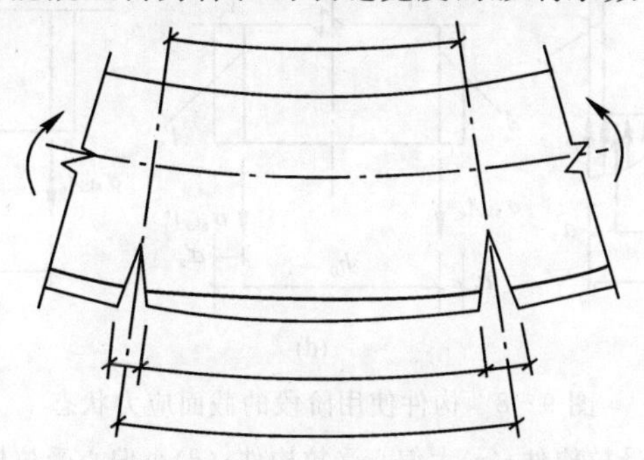

图 9-7　平均裂缝宽度计算图示

3. 裂缝截面处的钢筋应力 σ_{sk}

下面对常见构件裂缝截面处的钢筋应力予以说明，如图 9-8 所示。

(1) 受弯构件。

受弯构件的钢筋应力为

$$\sigma_{sk} = \frac{M}{A_s \eta h_0}$$

式中　η——内力臂系数，可近似取 0.87。

(2) 轴心受拉构件。轴心受拉构件的钢筋应力为

$$\sigma_{sk} = \frac{N_k}{A_s}$$

(3) 偏心受拉构件。偏心受拉构件的钢筋应力为

$$\sigma_{sk} = \frac{N_k e'}{A_s (h_0 - a'_s)}$$

(4) 偏心受压构件。偏心受压构件的钢筋应力为

$$\sigma_{sk} = \frac{N_k (w - z)}{z A_s}$$

$$z=\left[0.87-0.121(1-\lambda'_f)\left(\frac{h_0}{e}\right)\right]$$

考虑侧向挠度的影响，则有

$$\eta_s=1+\frac{1}{4\ 000e_0/h_0}(l_0/h)^2$$

当 $l_0/h\leqslant14$ 时，取 $\eta_s=1.0$。

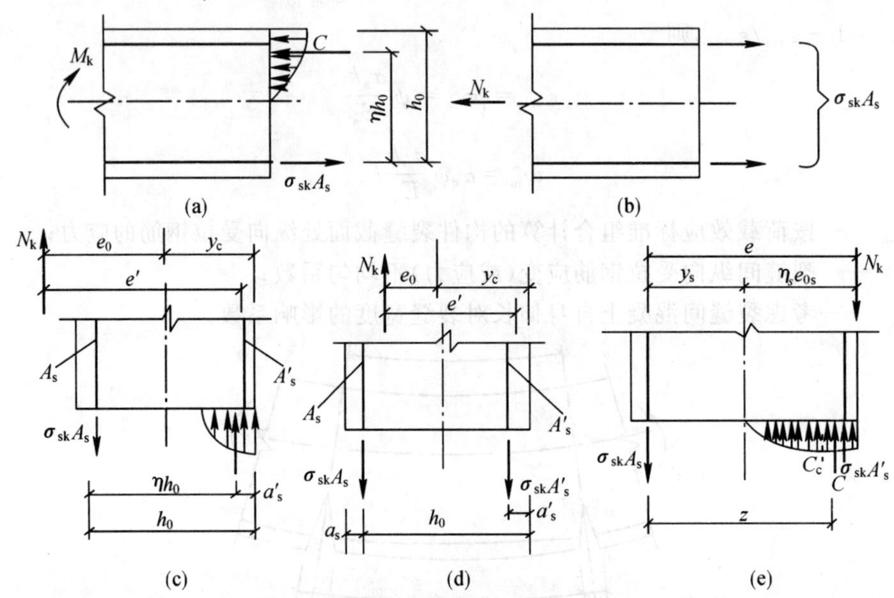

图 9－8　构件使用阶段的截面应力状态

(a)受弯构件；(b)轴心受拉构件；(c)大偏心受拉构件；(d)小偏心受拉构件；(e)偏心受压构件

4. 纵向受拉钢筋应变不均匀系数

定义如下参数：

$$\psi=\frac{\varepsilon_{sm}}{\varepsilon_{sk}}=\frac{\sigma_{sm}}{\sigma_{sk}}$$

式中　ε_{sm} 和 σ_{sm} ——平均裂缝间距范围内钢筋的平均应变和平均应力；

ε_{sk} 和 σ_{sk} ——裂缝截面处的钢筋应变和钢筋应力。

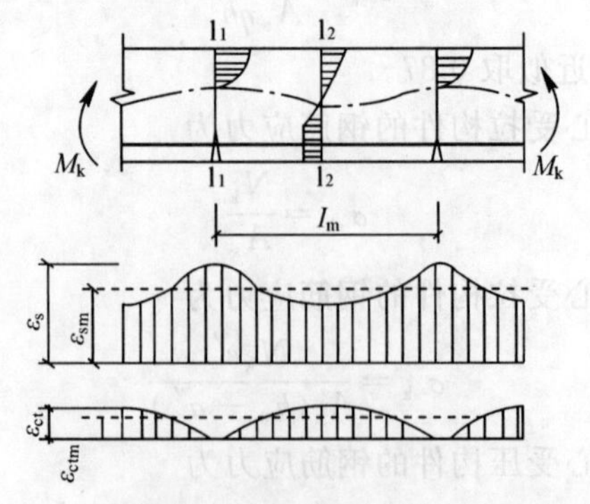

图 9－9　沿构件长度钢筋和混凝土应变分布图

ψ 的工程经验公式为

$$\psi = 1.1 - 0.65\frac{f_{tk}}{\rho_{te}\sigma_{sk}}$$

《砼规》规定，当 $\psi < 0.2$ 时，取 $\psi = 0.2$；当 $\psi > 1$ 时，取 $\psi = 1$；对直接承受重复荷载的构件，取 $\psi = 1$。

适用于轴心受拉构件、偏心受拉构件和偏心受压构件的计算。

5. 系数 α_c

裂缝间混凝土自身伸长对裂缝宽度的影响系数 α_c 可由试验资料确定：

$$\alpha_c = \frac{w_m E_s}{\psi\sigma_{sk} l_m}$$

对受弯、轴心受拉、偏心受力等构件，均可近似取 $\alpha_c = 0.85$。

【例题 9-2】 某办公室的钢筋混凝土简支梁，计算跨度 $l_0 = 6.90$ m，梁的截面尺寸为 $b \times h = 250$ mm×650 mm，混凝土强度等级为 C30，钢筋为 HRB400 级。该梁承受均布恒载标准值(包括梁自重) $g_k = 16.2$ kN/m 及均布活载标准值 $q_k = 8.5$ kN/m。由正截面受弯承载力计算结果。梁跨中下部配有纵向受拉钢筋 3($A_s = 941\text{mm}^2$)，梁的混凝土保护层厚度 $c = 25$ mm。

1. 该梁跨中截面在荷载效应的标准组合作用下，纵向受拉钢筋的应力 σ_{sk}(N/mm²) 最接近下列何项数值？

(A)291.97　(B)231.69　(C)370.46　(D)287.3

正答：(A)

计算过程：

恒载作用下梁的跨中最大弯矩标准值为

$$M_{gk} = \frac{1}{8} g_k l_0^2 = \frac{1}{8} \times 16.20 \times 6.9^2 = 96.41 \text{ kN} \cdot \text{m}$$

活载作用下梁的跨中最大弯矩标准值为

$$M_{qk} = \frac{1}{8} q_k l_0^2 = \frac{1}{8} \times 8.5 \times 6.9^2 = 50.59 \text{ kN} \cdot \text{m}$$

荷载效应标准组合的弯矩为

$$M_q = M_{gk} + M_{qk} = 96.41 + 50.59 = 147 \text{ kN} \cdot \text{m}$$

$$h_0 = 650 - 35 = 615 \text{ mm}, \quad A_s = 941 \text{ mm}^2$$

根据《砼规》式(7.1.4-3)，该梁跨中在荷载效应标准组合作用下纵向受拉钢筋应力为

$$\sigma_{sk} = \frac{M_q}{0.87 h_0 A_s} = \frac{147 \times 10^6}{0.87 \times 615 \times 941} = 291.97 \text{ N/mm}^2$$

2. 已知 $A_s = 941$ mm²，$\alpha_E = 7.14$，$\gamma_f' = 0$，$f_{tk} = 1.43$ N/mm²，假定 $\sigma_{sk} = 285$ N/mm²。在荷载效应标准组合作用下该梁的短期刚度 B_s($\times 10^{13}$ N·mm²) 最接近于下列何项数值？

(A) 5.07　(B) 5.29　(C) 6.68　(D) 0.274

正答：(A)

计算过程：

$$\rho = \frac{A}{b h_0} = \frac{941}{250 \times 615} = 0.006\ 1$$

根据《砼规》式(7.1.2-4)

$$\rho_{te}=\frac{A_s}{0.5bh}=\frac{941}{0.5\times250\times650}=0.0116$$

根据《砼规》式(7.1.2-2)

$$\psi=1.1-\frac{0.65f_{tk}}{\rho_{te}\sigma_{sk}}=1.1-\frac{0.65\times1.43}{0.0116\times285}=0.819$$

根据《砼规》式(7.2.3-1),有

$$B_s=\frac{E_sA_sh_0'}{1.15\psi+0.2+6\alpha_E\rho}=$$

$$\frac{2.0\times10^5\times941\times615^2}{1.15\times0.819+0.2+6\times7.14\times0.0061}=$$

$$5.07\times10^{13}\,\text{N}\cdot\text{mm}^2$$

3. 假定荷载短期效应组合的跨中最大弯矩 $M_k=M_{gk}+M_{qk}=96.41+50.59=147\ \text{kN}\cdot\text{m}$，$B_s=5.5\ \text{N}\cdot\text{mm}^2$ 试确定该梁跨中挠度值 f(mm) 最接近于下列何项数值?

(A) 17.44　(B) 24.22　(C) 30.13　(D) 23.75

正答:(D)

计算过程:

荷载效应准永久组合弯矩为

$$M_k=M_{gk}+0.4M_{qk}=96.41+0.4\times50.59=116.65\ \text{kN}\cdot\text{m}$$

由于 $\rho'=0$,根据《砼规》7.2.5-1 得 $\theta=2.0$。

根据《砼规》式(7.2.2),有

$$B=\frac{M_k}{M_q(\theta-1)+M_k}B_s=\frac{147}{116.65\times(2-1)+147}\times5.5\times10^{13}=$$

$$0.558\times5.5\times10^{13}=3.069\times10^{13}\,\text{N}\cdot\text{mm}^2$$

$$f=\frac{5(g_k+q_k)l_0^4}{384B}=\frac{5(16.20+8.50)6\,900^4}{384\times3.069\times10^{13}}=23.75\ \text{mm}$$

9.2.4　最大裂缝宽度

荷载长期作用下的最大裂缝宽度可由短期荷载作用下的最大裂缝宽度乘以裂缝扩大系数 τ_l 得到:

$$w_{max}=\tau_s\tau_i\tau w_m=0.85\tau_s\tau_i\psi\frac{\sigma_{sk}}{E_s}l_m$$

对受弯构件和偏心受压构件,裂缝扩大系数 $\tau_s=1.66$;对于轴心受拉和偏心受拉构件,可求得裂缝扩大系数 $\tau_s=1.90$ 。

《砼规》规定,对矩形、T 形、倒 T 形和 I 形截面的受拉、受弯和大偏心受压构件,按荷载效应的标准组合并考虑长期作用的影响,其最大裂缝宽度可按下列公式计算:

$$w_{max}=\alpha_{cr}\psi\frac{\sigma_{sk}}{E_s}(1.9c+0.08\frac{d_{eq}}{\rho_{ie}})$$

式中,α_{cr} 为构件受力特征系数,对钢筋混凝土构件按下述规定取值:轴心受拉构件,$\alpha_{cr}=2.7$;

偏心受拉构件，$\alpha_{cr}=2.4$；受弯和偏心受压构件，$\alpha_{cr}=2.1$；其他符号意义同前述。

对 $e_0h_0\leqslant 0.55$ 的偏心受压构件，可不作裂缝宽度验算。

【例题 9-3】（注册结构工程师类型题）混凝土构件按荷载效应标准组合并考虑长期作用影响的最大裂缝宽度 w_{max} 计算中，下列论述何项正确？

(A)钢筋应力 σ_{sk} 愈大，w_{max} 愈大。

(B)其他条件相同时，轴拉构件 w_{max} 大于偏拉构件，也大于受弯和偏压构件。

(C)相对黏性特性系数 v_i 愈大，w_{max} 愈大。

(D)保护层厚度 c 愈大（c 在 20～65 mm 范围），w_{max} 愈大。

正答：(A)(B)(D)

由《砼规》式(7.1.2-1)看出：

(A) w_{max} 与 σ_{sk} 成正比；且 σ_{sk} 愈大，Ψ 也愈大，w_{max} 与功成正比。凡是影响 w_{max} 最主要因素，故(A)是对的。

(B) 构件受力持征系数 α_{cr}：对轴拉构件取 2.7，对偏拉构件取 2.4，对受弯和偏压构件取 2.1，故其他条件相同时，(B)的论述是对的。

(C) d_{eq} 为拉区纵筋等效直径。相对蒙古结特性系数 v_i 在分母，v_i 愈大，带结性能愈好，d_{eq} 愈小，w_{max} 也随之减少，故(C) 是错的。

(D)在 20～65 mm 范围内 w_{max} 与 c 呈线性关系增加，(D) 是对的。

【例题 9-4】（注册结构工程师类型题）钢筋混凝土简支梁 $l_0=6.4$ m，$b\times h=200$ mm×500 mm，承受均布荷载标准值 $g_k=181$ kN/m，$q_k=15.2$ kN/m，采用 C25 级混凝土，HRB400 级钢筋。$C_s=25$ mm，已知 $A_s=1\ 520$ mm^2，$v_{lim}=0.3$ mm，下列何项为该梁满足裂缝宽度要求的钢筋最大等效直径内 d_{eq} (mm)？

(1)20　(B) 22　(C) 26　(D) 28

正答：(C)

$f_{tk}=1.78$ N/mm^2，$E_s=2.0\times10^5$ N/mm^2，$c=25$ mm，$\alpha_s=35$ mm，$h_0=515$ mm

$$A_s=1\ 520\ \text{mm}^2$$

弯矩标准值为

$$M_k=\frac{1}{8}(g_k+q_k)=\frac{1}{8}(18+15.2)\times6.4^2=169.98\ \text{kN}\cdot\text{m}$$

根据《砼规》式(7.1.4-3)，有

$$\sigma_{sk}=\frac{M_k}{0.87A_sh_0}=\frac{169.98\times10^6}{0.87\times515\times1\ 520}=249.6\ \text{kN}\cdot\text{mm}^2$$

根据《砼规》式(7.1.2-4)，有

$$\rho_{ie}=\frac{A_s}{0.5bh}=\frac{1\ 520}{0.5\times250\times550}=0.022\ 1$$

根据《砼规》式(7.1.2-2)，有

$$\psi=1.1-0.65\frac{f_{tk}}{\rho_{ie}\sigma_{sk}}=1.1-0.65\frac{1.78}{0.022\ 1\times249.6}=0.89$$

根据《砼规》式(7.1.2-1)求最大 d_{eq}：

$$w_{max}=\alpha_{cr}\Psi\frac{\sigma_{cr}}{E_s}(1.9c+0.08\frac{d}{\rho_{ie}})\leqslant w_{lim}$$

$$d_{\mathrm{eq}} \leqslant \left(\frac{w_{\mathrm{lim}} E_{\mathrm{s}}}{1.9\psi\sigma_{\mathrm{sk}}} - 1.9c\right)\frac{\rho_{\mathrm{ie}}}{0.08} \leqslant \left(\frac{0.3 \times 2 \times 10^5}{1.9 \times 0.89 \times 249.6} - 1.9 \times 25\right) \times \frac{0.022\,1}{0.08} = 26.1\ \mathrm{mm}$$

【例题 9-5】（注册结构工程师类型题）某钢筋混凝土梁的纵向受拉钢筋为 HRB 400 级 2B25 ＋ 3B20。进行裂缝宽度验算时，钢筋等效直径 d_{eq}（mm）应取何项数值？

(A) 20　(B) 22　(C) 22.3　(D) 25

正答：(C)

查《砼规》表 7.1.2-2 非预应力带肋钢筋 $v_{\mathrm{i}} = 1.0$。

由《砼规》式 7.1.2-3，得

$$d_{\mathrm{eq}} = \frac{\sum n_i d_i^2}{\sum n_i v_i d_i} = \frac{2 \times 25^2 + 3 \times 20^2}{1.0 \times (2 \times 25 + 3 \times 20) - 22.3}\ \mathrm{mm}$$

【例题 9-6】 若 $\Psi = 0.506$，$\sigma_{\mathrm{sk}} = 270.0\ \mathrm{N/mm^2}$，该梁跨中的最大裂缝宽度 $w_{\max}$（mm）最接近下列何项数值？

正答：(B)

(A)＝0.293　(B)0.24　(C)0.344　(D)0.304

计算过程：

根据《砼规》式(7.1.2-4)，有

$$\rho_{ie} = \frac{A_s}{0.05bh} = \frac{941}{0.5 \times 250 \times 650} = 0.011\,6$$

根据《砼规》表 7.1.2-1，可知 $\alpha_{\mathrm{cr}} = 2.1$。

已知钢筋直径 $d = 20\ \mathrm{mm}$，$E_{\mathrm{s}} = 2.0 \times 10^5\ \mathrm{N/mm^2}$，保护层 $c = 25\ \mathrm{mm}$。

根据《砼规》式(7.1.2-1)最大裂缝宽度为

$$w_{\max} = \alpha_{\mathrm{cr}} \Psi \frac{\sigma_{\mathrm{sk}}}{E_{\mathrm{s}}}\left(1.9c + 0.08\frac{d}{\rho_{\mathrm{ie}}}\right)$$

【例题 9-7】（注册结构工程师类型题）若 $M_K = 5\,056\ \mathrm{kN \cdot m}$，板内配有 4A10＋3A8，如间隔均匀布置的纵向受力钢筋 $A_{\mathrm{s}} = 464.96\mathrm{mm}^2$。已知裂缝间纵向受拉钢筋应变不均匀系数 $\Psi = 0.489$，则此板的最大裂缝宽度 $w_{\max}$（mm）最接近何项数值？

(1)0.090 5　(B) 0.109 8　(C) 0. 106 6　(D) 0. 120 6

正答：(C)

受弯构件的受力特征系数 $\sigma_{\mathrm{cr}} = 1.9$ 光面钢筋的相对黏结特性系数 $v_{\mathrm{i}} = 0.7$。

$c_{\mathrm{s}} = 15\ \mathrm{mm} < 20\ \mathrm{mm}$，故取 $c_{\mathrm{s}} = 20\ \mathrm{mm}$ 进行计算。

纵向受拉钢筋的等效直径根据《砼规》式(7.1.2-3)，有

$$d_{\mathrm{eq}} = \frac{\sum n_i d_i^2}{\sum n_i v_i d_i} = \frac{2 \times 10^2 + 2 \times 8^2}{2 \times 0.7 \times 10 + 2 \times 0.7 \times 8.5} = 13.5\ \mathrm{mm}$$

根据《砼规》式(7.1.1-3)，有

$$\sigma_{\mathrm{sk}} = \frac{M_{\mathrm{k}}}{0.87 A_{\mathrm{s}} h_0} = \frac{5.56 \times 10^6}{0.87 \times 464.96 \times 80} = 171.81$$

根据《砼规》7.1.2 条，有

$$\rho_{\mathrm{ie}} = \frac{A_{\mathrm{s}}}{0.5bh} = \frac{464.96}{0.5\ 900\ 100} = 0.01\,033$$

根据《砼规》式(7.1.2－1)裂缝最大宽度为

$$w_{\max}=\alpha\Psi\frac{\sigma_{sk}}{E_s}\left(1.9cs+0.08\frac{d_{eq}}{\rho_{eq}}\right)$$

$$=1.9\times0.489\times\frac{171.81}{2.1\times10^5}(1.9\times20+0.08\frac{13.2}{0.01033}=0.1\ 066\ \text{mm}$$

9.2.5　影响裂缝宽度的主要因素

影响由荷载直接作用所产生的裂缝宽度的主要因素如下：

(1)纵向受拉钢筋的应力 σ_{sk}；

(2)纵筋直径 d；纵向受拉钢筋表面形状；

(3)纵向受拉钢筋配筋率 ρ；

(4)混凝土保护层厚度 c；

(5)荷载性质;构件受力性质；

(6)混凝土强度等级对裂缝宽度的影响不大。

减小裂缝宽度的有效措施主要有以下几点：

(1)在钢筋截面面积不变的情况下,采用较小直径的钢筋;采用变形钢筋；

(2)采用增大钢筋截面面积或增大构件截面尺寸等措施；

(3)最有效办法是采用预应力混凝土,它能使构件在荷载作用下不产生裂缝或减小裂缝宽度。

9.3　受弯构件的变形计算

9.3.1　变形控制的目的和要求

对受弯构件挠度的要求：

$$f\leqslant f_{\lim}$$

式中　f　——荷载作用下产生的挠度变形；

$f_{\lim}$ ——挠度变形限值。

9.3.2　混凝土受弯构件变形计算的特点

由材料力学可知,匀质弹性材料梁的跨中挠度 f 可表示为

$$f=\alpha\frac{M}{EI}l_0^2=\alpha\phi l_0^2$$

式中　α ——与荷载形式、支承条件有关的挠度系数；

l_0 ——梁的计算跨度；

EI ——梁的截面弯曲刚度；

ϕ ——截面曲率，即构件单位长度上的转角。

对匀质弹性材料梁，其截面弯曲刚度 EI 是一个常数。

《砼规》定义在 $M-\phi$ 曲线上 $0.5M_u \sim 0.7M_u$ 区段(第Ⅱ阶段)内，任一点与坐标原点 O 相连的割线斜率 $\tan\alpha$ 为截面弯曲刚度 B_s，即 $B_s=\tan\alpha=M_0$，为区别于弹性弯曲刚度，用符号 B_s 来表示，如图 9-10 所示。

钢筋混凝土受弯构件的截面弯曲刚度 B_s 随着弯矩的变化而变化。

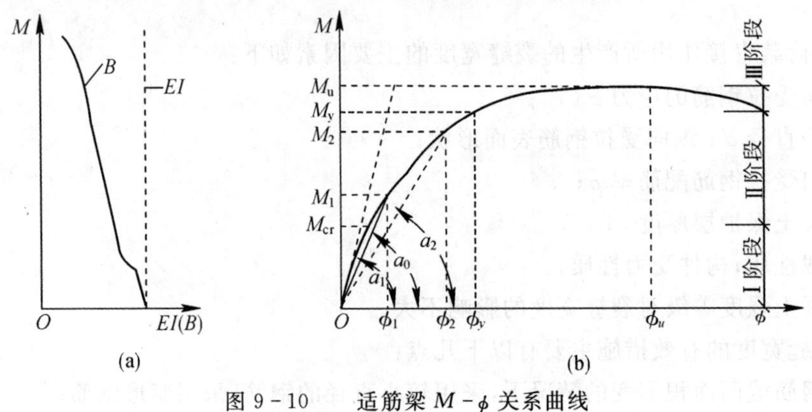

图 9-10　适筋梁 $M-\phi$ 关系曲线

(a)弯矩-刚度关系；(b)弯矩-曲率关系

9.3.3 短期刚度 B_s 的建立

短期刚度的 B_s 建立可采用半理论半经验的方法，如图 9-11 所示。

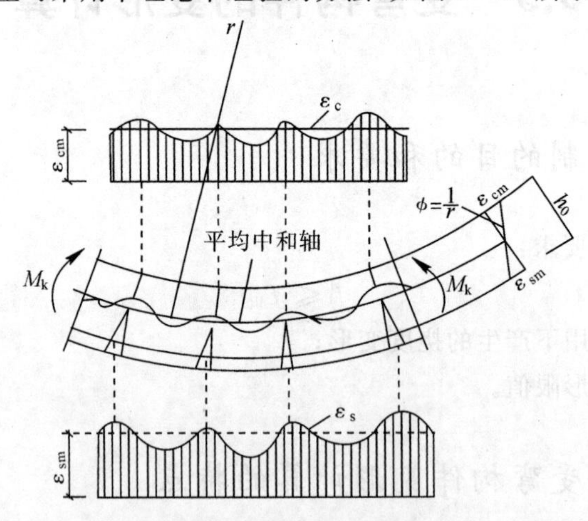

图 9-11　梁纯弯段内各截面应变及裂缝分布

钢筋应变 ε_s 沿构件轴线方向为非均匀分布，呈波浪形变化，裂缝截面处的 ε_s 较大，裂缝中间截面处的 ε_s 较小。

受压边缘混凝土的应变 ε_c 沿构件轴线方向的分布也为不均匀分布，呈波浪形变化，且同为裂缝截面处 ε_c 较大，裂缝中间截面处的 ε_c 较小，但其波动幅度要比 ε_c 小得多。

(1)几何关系(见图 9－12)。平均截面的平均应变 ε_{sm}，ε_{cm} 符合平截面假定，则

$$\phi_m=\frac{1}{r_m}=\frac{\varepsilon_{sm}+\varepsilon_{cm}}{h_0}$$

(2)物理关系。钢筋和混凝土的物理关系可分别表示为

$$\varepsilon_s=\frac{\sigma_s}{E_s}\varepsilon_c=\frac{\sigma_c}{\lambda E_c}$$

式中　E_c' ——混凝土的变形模量，取 $E'_c=\lambda E_c$；

　　　λ ——混凝土的弹性系数。

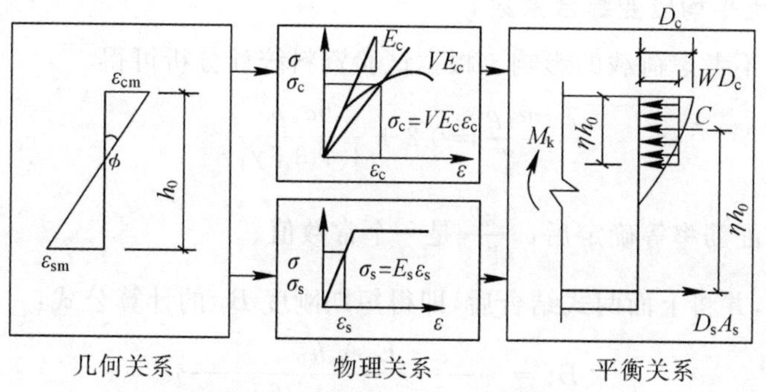

图 9－12　刚度计算公式的建立

(a)截面应变分布；(b)混凝土和钢筋应力-应变曲线；(c)截面应力分布

由平衡条件可得

$$\sigma_s=\frac{M_k}{\omega(\zeta+\gamma'_f)\varepsilon bh_0^2}$$

$$\sigma_s=\frac{M_k}{A_s\eta h_0}$$

由 $\varepsilon_{sm}=\Psi\varepsilon_s$ 和 $\varepsilon_{cm}=\Psi_c\varepsilon_c$，得

$$\varepsilon_{cm}=\Psi_c\varepsilon_c=\Psi_c\frac{\sigma_s}{E_s}=\frac{M_k}{\dfrac{\omega(\gamma'_f+\zeta_0)\eta\lambda}{\Psi_c}bh_0^2E_c}=\frac{M_k}{\zeta bh_0^2E_c}$$

$$\varepsilon_{sm}=\Psi\varepsilon_s=\Psi\frac{\sigma_s}{E_s}=\frac{\Psi}{\eta}\cdot\frac{M_k}{E_sA_sh_0}$$

式中，ζ 反映了混凝土的弹塑性、应力分布和截面受力对受压边缘混凝土平均应变的综合影响，故称为受压区边缘混凝土平均应变综合系数。

将上面两式子结合，可得截面的平均曲率为

$$\phi_m=\frac{\dfrac{\Psi}{\eta}\dfrac{M_k}{\zeta bh_0^2E_c}}{h_0}=M_k\left(\frac{\Psi}{\eta}\frac{M_k}{E_sA_sh_0^2}+\frac{M_k}{\zeta bh_0^3E_c}\right)$$

经整理后可得在荷载效应标准组合下的截面弯曲刚度(短期刚度)为

$$B_s=\frac{M_k}{\phi_m}=\frac{1}{\dfrac{\Psi}{\eta}\dfrac{1}{E_sA_sh_0^2}+\dfrac{1}{\zeta bh_0^2E_c}}=\frac{E_sA_sh_0^3}{\dfrac{\Psi}{\eta}+\dfrac{\alpha_E\rho}{\zeta}}$$

式中　α_E ——钢筋与混凝土的弹性模量比，$\alpha_E=E_s/E_c$；

ρ ——纵向受拉钢筋的配筋率，$\rho = A_s/bh_0$；

钢筋应变不均匀系数 Ψ 按上几节的公式计算。

9.4.4 参数 η 和 ζ 的确定方法

1.开裂截面的内力臂系数 η

《砼规》为简化计算，取 $\eta = 0.87$ 或 $1\eta = 1.15$。

2.区边缘混凝土平均应变综合系数 ζ

对 ζ 的取值可不考虑荷载的影响。根据试验资料统计分析可得

$$\frac{\alpha_E \rho}{\zeta} = 0.2 + \frac{6\alpha_E \rho}{1 + 3.5\gamma'_f}$$

混凝土强度等级和配筋率等确定后，$\frac{\alpha_E \rho}{\zeta}$ 是一个常数值。

当取 $\eta = 0.87$，并将上面两式结合后，即得短期刚度 B_s 的计算公式：

$$B_s = \frac{E_s A_s h_0^2}{1.5\Psi + 0.2 + \frac{6\alpha_E \rho}{1 + 3.5\gamma'_f}}$$

【例题 9-8】 某单跨简支板，计算跨度 $l_0 = 3.0$ m，板宽 900 mm，板厚 100 mm，环境类别为一类。恒荷载标准值 $g_k = 3.114$ kN/m，均布活荷载标准值 $q_k = 2.7$ kN/m。

1.(注册结构工程师类型题)若板内已配置纵向受拉钢筋 A10@150 ($A_s = 523$ mm^2)，则在荷载效应的标准组合作用下，板内纵向受拉钢筋的应力 σ_{sk} (N/mm^2)最接近何项数值？

(A) 135.63 (B) 169.12 (C) 179.69 (D) 232.30

正答：(C)

荷载效应的标准组合下跨中最大弯矩值为

$$M_k = \frac{1}{8}(g_k + q_k) = \frac{1}{8}(3.114 + 2.7) + 3.0^2 = 6.54 \text{ kN} \cdot \text{m}$$

根据《砼规》式(7.1.4-3)，有

$$\sigma_{sk} = \frac{M_q}{0.087 h_0 A_s} = \frac{6.541 \times 10^6}{0.87 \times 80 \times 523} = 179.69 \text{ N/mm}^2$$

2.(注册结构工程师类型题)若荷载效应的标准组合下跨中最大弯矩值 $M_k = 6.56$ kN/m，板内均匀配置 7 A10@150 纵向受力钢筋($A_s = 549.78$ mm^2，混凝土为 C25 则梁的短期刚度 B_s(N·mm^2)最接近何项数值？

(A) 6. 31× 1 011 (B) 6. 69×1 011 (C) 6. 92 × 1 011 (D) 9. 55 × 1 011

正答：(A)

$$f_{tk} = 1.78 \text{ N/mm}^2,\quad E_c = 2.8 \times 10^4 \text{ N/mm}^2,\quad E_s = 2.1 \times 10^5 \text{ N/mm}^2$$

$$\rho = \frac{A_s}{bh} = \frac{549.78}{900 \times 80} = 0.764\%$$

$$\alpha_E = \frac{E_s}{E_c} = \frac{2.1 \times 10^5}{2.8 \times 10^4} = 7.5$$

根据《砼规》7.1.2 条，有

$$\rho_{ie}=\frac{A_s}{0.5bh}=\frac{549.78}{0.5\times900\times100}=0.012\ 2$$

根据《砼规》式(7.1.4-3)，有

$$\sigma_{sk}=\frac{M_q}{0.87h_0A_s}=\frac{6.56\times10^4}{0.87\times549.78\times80}=171.44\ \text{N/mm}^2$$

根据《砼规》式(7.1.2-2)，有

$$\Psi=1.1-\frac{0.65f_{tk}}{\rho_{te}\sigma_{sk}}=1.1-\frac{0.65\times1.78}{0.012\ 2\times171.44}=0.547$$

因受压区没有翼缘，故 $\gamma'_f=0$。

根据《砼规》式(7.2.3-1)，有

$$B_s=\frac{E_sA_sh_0^2}{1.15\Psi+0.2+6\alpha_E\rho}=\frac{2.1\times10^5\times549.78\times80^2}{1.15\times0.547+0.2+6\times7.5\times0.007\ 64}=6.31\times10^{11}\ \text{N}\cdot\text{mm}^2$$

9.3.4　受弯构件的刚度 B

在荷载长期作用下，钢筋混凝土受弯构件的挠度随时间而增长，刚度随时间而降低。《砼规》采用挠度增大系数进行长期挠度的计算。

在长期荷载作用下受弯构件挠度的增大可用挠度增大系数 θ 来反映，即 $\theta=f_l/f_s$。其中 f_l 为荷载长期作用下的挠度，f_s 为荷载短期作用下的挠度。

《砼规》规定按下列公式计算：

$$\theta=2.0-0.4\frac{\rho'}{\rho}$$

式中　ρ 和 ρ'——受拉及受压钢筋的配筋率。

若短期荷载与长期荷载的分布形式相同，则有

$$\alpha\frac{(M_k-M_q)l_0^2}{B_s}+\theta\cdot\alpha\frac{M_ql_0^2}{B_s}=\alpha\frac{M_kl_0^2}{B}$$

可得矩形、T 形、倒 T 形和 I 形截面受弯构件按荷载效应的标准组合并考虑荷载长期作用影响的刚度计算公式，即

$$B=\frac{M_k}{M_q(\theta-1)+M_k}B_s$$

式中　M_k——按荷载效应的标准组合计算的弯矩，取计算区段内的最大弯矩值；

M_q——按荷载效应的准永久组合计算的弯矩，取计算区段内的最大弯矩值。

9.3.5　最小刚度原则

在等截面构件中，可假定各同号弯矩区段内的刚度相等，并取用该区段内最大弯矩处的刚度。即采用各同号弯矩区段内最大弯矩 M_{max} 处的最小截面刚度 B_{min} 作为该区段的刚度 B 按等刚度梁来计算构件的挠度。

9.3.6 提高受弯构件刚度的措施

增大构件截面高度 h 是提高截面刚度的最有效措施；当构件的截面尺寸受到限制时，可考虑增加受拉钢筋配筋率或提高混凝土强度等级；对某些构件还可以在构件受压区配置一定数量的受压钢筋。采用预应力混凝土构件也是提高受弯构件刚度的有效措施。

【例题 9-9】（注册结构工程师类型题）某单跨预应力钢筋混凝土用面简支梁，混凝土强度等级 C40，计算跨度 $L_o=17.7\text{m}$，要求使用阶段不出现裂缝。

1.该梁跨中截面按荷载效应的标准组合计算弯矩值 $M_k=800\ \text{kN}\cdot\text{m}$，按荷载效应准永久组合 $M_q=750\ \text{kN}\cdot\text{m}$，换算截面惯性矩 $I_o=3.4\times10^{10}\ \text{mm}^4$。该梁按荷载效应标准组合并考虑荷载效应长期作用影响的刚度 B（N/mm^2）为

(A) 4.85×10^{14}　(B) 5.20×10^{14}　(C) 5.70×10^{14}　(D) 5.82×10^{14}

正答：(A)

查《砼规》得 $E_c=3.25\times10^4\ \text{N/m}$ 时，应用《砼规》式 7.2.3-2 得

$$B_s=0.85E_cI_o=0.85\times3.25\times10^4\times3.4\times10^{10}\ \text{N/mm}^2=9.393\times10^{14}\ \text{N/mm}^2$$

根据《混凝土结构设计规范》第 7.2.5-2 款，取 $\theta=2.0$。应用《砼规》式(7.2.2) 得

$$B=\frac{M_k}{M_q(\theta-1)+M_k}B_s=4.85\times10^{14}\ \text{N/mm}^2$$

2.该梁按荷载短期效应组合并考虑预应力长期作用产生的挠度 $f_1=56.6\ \text{mm}$，计算的预加力短期反拱值 $f_2=15.2\ \text{mm}$，该梁使用上对挠度有较高要求，则该梁挠度与规范中允许挠度 f 之比为

(A) 0.59　(B) 0.76　(C) 0.94　(D) 1.28

正答：(A)

根据《砼规》第 7.2.6 条规定，应考虑预压应力长期应用的影响，将计算求得的预加力短期反拱值 f_2 乘以增大系数 2.0，即

$$f_z=2\times15.2\ \text{mm}=30.4\ \text{mm}$$

根据《棍凝土结构设计规范》第 3.4.3 条注 3 得，梁挠度

$$f=f_1-f_2=(56.6-30.4)\ \text{mm}=26.2\ \text{mm}$$

查表 3.4.3，$l_o>9\ \text{m}$ 的对挠度有较高要求的构件挠度限值：

$$[f]=l_o/400=17\,700/400\ \text{mm}=44.25\ \text{mm}$$

则
$$\frac{f}{[f]}=\frac{26.2}{44.25}=0.59$$

【例题 9-10】 某钢筋棍凝土简支大梁，矩形截面，混凝土采用 C30。根据《砼规》公式求出梁的挠度和裂缝稍大，需调整设计，但荷载和截面不能改变。下列减少 f 和 w_{max} 的几种办法中，哪几项措施是合适的？

(A)提高混凝土的强度等级。

(B)取消受压钢筋，同时增加剪力箍筋 A_{sv} 和缩小剪力箍筋间距 5。

(C)增加受拉钢筋的面积。

(D) 增加受压钢筋的面积和减少受拉主筋的钢筋直径 d。

正答：(A)(C)(D)

由《混凝土结构设计规范》式(7.2.3－1)、式(7.1.2－2)、式(7.1.2－4)、式(7.1.4－3)，取消受压钢筋($A'_s=0$)，同时增加剪力箍筋 A_{sv} 和缩小剪力箍筋间距 S，对提高刚度无攻。故(B) 是错误的。

【例题 9－11】 (注册结构工程师类型题)钢筋混凝土简支矩形截面梁尺寸为 250 mm×500 mm，混凝土强度等级为 C30，梁受拉区配置 3B20 的钢筋(942 mm²，梁受压区配有 2 B18 的钢筋，混凝土保护层 $c=25$ mm。承受均布荷载，梁的计算跨度 $l_0=6$ m。已知梁的短期效应刚度 $B_s=29\ 732.14\ \text{kN}\cdot\text{m}^2$，按荷载效应的标准永久组合计算的跨中弯矩值 $M_q=50\ \text{kN}\cdot\text{m}$，则跨中挠度(mm) 与下列项数值最为接近？

(A) 10.2　(B) 14.3　(C) 16.3　(D) 11.4

正答：(D)

$$\rho'=\frac{A'_s}{bh_0}=\frac{509}{250\times 465}=0.004\ 4$$

考虑荷载长期效应组合对挠度影响增大影响系数

$$\theta=2.0-0.4\frac{\rho'}{\rho}=2.0-0.4\times\frac{509}{941}=1.8$$

受弯构件的长期刚度 B，可按下列公式计算：

$$B=\frac{B_s}{\theta}=\frac{29\ 732.14}{1.8}=16517.9\ \text{kN}\cdot\text{m}^2$$

挠度为

$$f=\frac{5}{48}\times\frac{M_q l_0^2}{B}=\frac{5}{48}\times\frac{50\times 6^2}{16\ 517.9}=0.011\ 4\ \text{m}=11.4\ \text{mm}$$

【例题 9－12】 (注册结构工程师类型题)混凝土 T 形截面简支梁属于一类室内正常环境的一般构件，计算跨度 6 m，截面尺寸 $b=250$ mm，$h=650$ mm，b'_f，$h'_f=120$ mm；采用 C30 级混凝土，纵筋为 HRB400 级钢筋。

1.(注册结构工程师类型题)若配置 8C 25 受拉钢筋，则 ρ_{te} 最接近何项数值？

(A)0.051　(B) 0.048　(C) 0.024　(D)0.017

正答：(B)

$$A_s=8\times 490.9=3\ 927.2\ \text{mm}^2$$

根据《砼规》7.1.2 的规定

$$A_{te}0.5bh=81\ 250\ \text{mm}^2$$

由《砼规》式(7.1.2－4) 得

$$\rho_{te}=\frac{A_s}{A_{te}}=\frac{3\ 927.2}{81\ 250}=0.048$$

2.(注册结构工程师类型题)若 $M_q=571\ \text{kN}\cdot\text{m}$，$\rho_{te}=0.06$，则 Ψ 最接近何项数值？

(A) 0.978　(B) 1. 0　(C) 1. 013　(D) 1. 024

正答：(B)

$$f_{tk}=2.01\ \text{N/mm}^2;h_0=580\ \text{mm}$$

由《砼规》式(7.1.4－3)，有

$$\sigma_{sk}=\frac{M_q}{0.87\ h_0A_s}=\frac{5.71\times10^6}{0.87\times580\times3\ 927.2}=288.14\ \text{N/mm}$$

由《砼规》式(8.1.2－2)，有

$$\Psi=1.1-\frac{0.65\times2.01}{0.060\times288.14}=1.024>1.0$$

取 $\Psi=1.0$。

3.(注册结构工程师类型题) 若 $\Psi=0.978$，则 B_s ($\times10^{14}$ N · mm) 最接近何项数值?

(A) 1. 087　(B) 1. 099　(C) 1. 496　(D) 1. 517

正答：(D)

$$E_c=3.0\times10^4\ \text{N/mm}^2,\quad f_y=360\ \text{N/mm}^2,\quad E_s=2.0\times10^5\ \text{N/mm}^2$$

$$\alpha_E=\frac{E_s}{E_c}=6.667,\rho=\frac{A_s}{bh_0}=\frac{3\ 927.2}{250\times580}=0.027$$

由《砼规》式(7.1.4－7)，有

$$\gamma'_f=\frac{(b'_f-b)h'_f}{bh_0}=\frac{(800-250)\times120}{250\times580}=0.455$$

由《砼规》式(7.2.3－1)，有

$$B_s=\frac{E_sA_sh_0^2}{1.15\Psi+0.2+\frac{6\alpha E}{1+3.5\gamma'_f}}=\frac{2\times105\times3\ 927.2\times5\ 802}{1.15\times0.978+0.2+\frac{6\times6.667\times0.027}{1+3.5\times0.455}}$$

4.(注册结构工程师类型题)若 $M_q=443.38$ N/m，梁上作用均布荷载标准值 $g_k+q_k=105.0$ kN/m，$B_s=2.12\times10^{14}$ N · mm² 时，则梁的最大挠度 f (mm)最接近何项数值?

(A) 18.61　(B) 16.18　(C) 16.72　(C) 17.72

正答：(C)

根据《砼规》7.2.5 条，因为 $\rho'=0$ 所以 $\theta=2.0$。

由《砼规》式(7.2.2－2)，有

$$B=\frac{B_s}{\theta}=\frac{2.12\times10^{14}}{2}=1.06\times10^{14}\ \text{N}\cdot\text{mm}$$

挠度计算如下：

$$f=\frac{5(g_k+q_k)l_0^4}{384B}=\frac{5\times10^5\times10^{12}}{384\times1.06\times10^{14}}=16.72\ \text{mm}$$

【例题 9－13】 (注册结构工程师类型题) 某钢筋混凝土五跨连续梁，其计算简图及支座配筋如图 9－13 所示：混凝土强度等级为 C30，$f_t=1.43$ N/mm²，$f_{tk}=2.01$ N/m，$E_c=$ N/mm²；纵筋采用 HRB400 级热轧钢筋，$E_s=2.0\times10^5$ N/mm²。

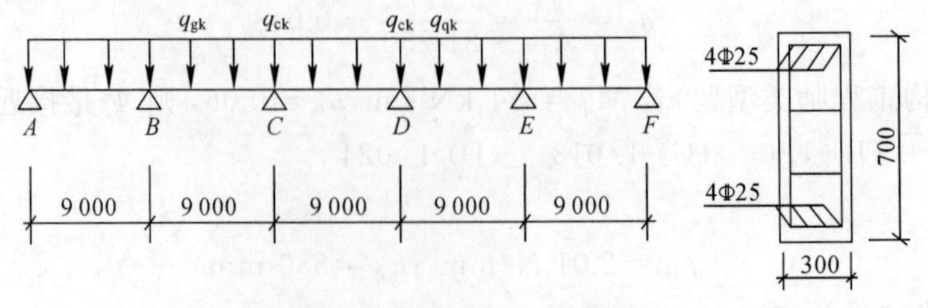

图 9－13　例题 9－13 图 1

1.(注册结构工程师类型题) 已知梁截面有效高度 $h_0 = 660\text{mm}$，B 支座处梁上部纵向钢筋拉应力值 $\sigma_{sq} = 220\text{N/m}$ 时，纵向受拉钢筋配筋率 $\rho = 9.92\times10^{-3}$，按有效受拉棍凝土截面面积计算的纵向受拉钢筋配筋率 $\rho_{te} = 0.01870$ 试问，梁在该支座处的短期刚度 B_s ($\text{N}\cdot\text{mm}^2$) 与下列何项数值最为接近？

(A) 9.27×10^{13}　　(B) 9.79×10^{13}　　(C) 1.15×10^{14}　　(D) 1.31×10^{14}

正答：(C)

$$A_s = \rho b h_0 = 0.992\% \times 300 \times 660\ \text{mm}^2 = 1\ 964\ \text{mm}^2$$

根据《砼规》式(7.1.2-2)，有

$$\Psi = 1.1 - 0.65\frac{f_{tk}}{\rho_{te}\sigma_{sq}} = 1.1 - 0.65\times\frac{2.01}{0.018\ 7\times220} = 0.78$$

$$\alpha_E = \frac{E_s}{E_c} = \frac{2.010\ 5}{3.010\ 4} = 6.67,\ \gamma'_f = 0$$

根据《砼规》式(7.2.3-1)，有

$$B_s = \frac{E_s A_s h_0^2}{1.15\times0.2 + \frac{6\alpha E\rho}{1+3.5\gamma'_f}} = \frac{2.0\times10^5\times1961\times660^2}{1.15\times0.78+0.2+6\times6.67\times9.92\times10^{-3}} = 1.15\times10^{14}\ \text{N}\cdot\text{mm}^2$$

2.(注册结构工程师类型题)假定 AB 跨(即左端边跨)按荷载效应标准组合并考虑长期作用影响的跨中最大弯矩截面的刚度和 B 支座处的刚度，依次分别为 $B_1 = 8.4\times10^{13}\ \text{N}\cdot\text{mm}^2$，$B_2 = 6.5\times10^3\ \text{N}\cdot\text{mm}^2$ 时，作用在梁上的永久荷载标准值 $q_{gk} = 15\ \text{kN/m}$，可变荷载标准值 $q_{qk} = 30\ \text{kN/m}$。试问，AB 跨中点处的挠度值 f (mm)，应与下列何项数值最为接近？提示：在不同荷载分布作用下，AB 跨中点挠度计算式如图 9-14 中所示。

(A) 20.5　　(B) 22.6　　(C) 30.4　　(D) 34.2

正答：(C)

跨中：

$$B_1 = 8.4\times10^{13}\ \text{N}\cdot\text{mm}^2$$

支座：

$$B_2 = 6.5\times10^{13}\ \text{N}\cdot\text{mm}^2 > B_1/2 = 4.2\times10^{13}\ \text{N}\cdot\text{mm}^2$$

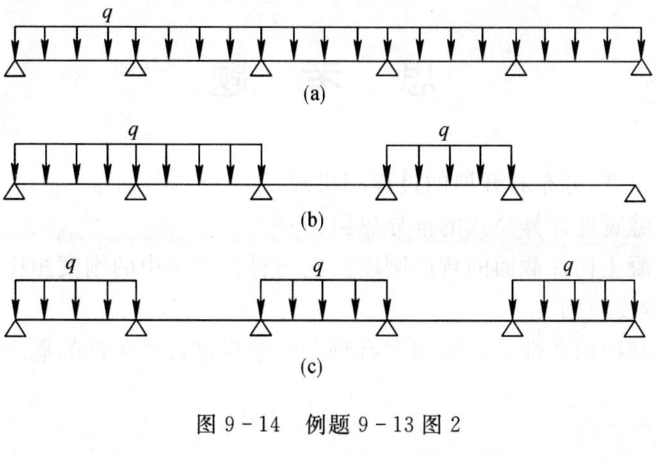

(a)

(b)

(c)

图 9-14　例题 9-13 图 2

根据《砼规》7.2.1 条：$B_2 < 2B_1$ 且 $B_2 > B_1/2$，按跨中等刚度计算。故

AB跨按等刚度计算，取

$$B=B_1=8.4\times 10^{13}\ \text{N}\cdot\text{mm}^2$$

又

$$q_{gk}=15\ \text{kN/m},\ q_{qk}=30\ \text{kN/m}$$

当恒载满跨布置，活载本跨布置，隔跨布置时，挠度最大。

所以

$$f=\frac{0.644ql^4}{100B}+\frac{0.973l^4}{100B}=\frac{(0.644\times 15+0.973\times 30)\times(9\times 10^3)^4}{100\times 8.4\times 10^3}=30.34\ \text{mm}$$

9.4 本章小结

通过对钢筋混凝土构件的裂缝出现、分布和开展过程的分析，根据黏结滑移理论，推导出了平均裂缝宽度的计算公式。最大裂缝宽度则等于平均裂缝宽度乘以扩大系数，这系数是考虑裂缝宽度的随机性以及荷载长期作用效应组合的影响。根据最大裂缝宽度计算公式和试验研究分析了影响裂缝宽度的主要因素。

受弯构件在使用阶段应具有足够的刚度，使其变形的计算值不超过允许的限值。钢筋混凝土受弯构件的挠度可用材料力学公式计算，但由于混凝土的弹塑性性质和构件受拉区存在裂缝，混凝土变形模量和截面惯性矩均随作用于截面上弯矩值的大小而变化，因而截面刚度不是常数，这与匀质弹性材料构件不同。因此，钢筋混凝土受弯构件在使用阶段的挠度计算，关键是确定截面的弯曲刚度 Bs。

在荷载长期作用下，由于混凝土的徐变等因素影响，截面刚度将进一步降低，这可通过挠度增大系数予以考虑，由此得构件的长期刚度。构件挠度计算时取长期刚度。由于沿构件长度方向的弯矩和配筋均为变量，故沿构件长度方向的刚度也是变化的，实用上为简化计算，规定在等截面构件中，受弯构件挠度按最小刚度原则进行计算。

由于混凝土为非匀质的弹塑性体，构件又是带裂缝工作的，在理解裂缝出现与开展过程中钢筋和混凝土应力分布的基础上，着重领悟建立裂缝宽度及刚度计算公式的基本依据和概念、推导中考虑的基本因素、公式中符号的关系和物理意义。

思考题

1.简述裂缝的出现、分布和开展的过程和机理。

2.简述最大裂缝宽度计算公式的推导思路。

3.何谓钢筋混凝土构件截面的弯曲刚度？它与材料力学中的刚度相比有何不同？

4.何谓“最小刚度原则”？

5.影响混凝土结构耐久性的主要因素有哪些？怎样进行耐久性的概念设计？

第 10 章　预应力混凝土构件的性能与设计

本章的主要内容

预应力混凝土的概念及其与普通钢筋混凝土的区别

预应力混凝土构件(轴心受拉)设计

构造要求

本章的重点和难点

预应力混凝土的基本概念

各项预应力损失的意义、计算方法、减小措施

预应力混凝土轴心受拉构件各阶段的应力状态、设计计算方法

10.1　预应力混凝土的基本知识

10.1.1　一般概念

预应力混凝土(prestressed concrete)是在混凝土构件承受外荷载之前,对其受拉区预先施加压应力。这种预压应力可以部分或全部抵消外荷载产生的拉应力,因而可减少甚至避免裂缝的出现,如图 10-1 所示。

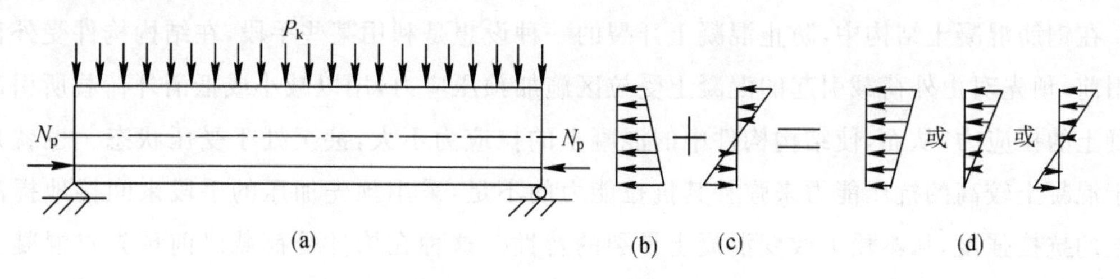

图 10-1　预应力示意图

通过人为控制预压力 N_p 的大小,可使梁截面受拉边缘混凝土产生压应力、零应力或很小的拉应力,以满足不同的裂缝控制要求,从而改变了普通钢筋混凝土构件原有的裂缝状态,成为预应力混凝土受弯构件。

美国混凝土协会(ACI)对预应力混凝土下的定义是:“预应力混凝土是根据需要人为地引入某一数值与分布的内应力,用以全部或部分抵消外荷载应力的一种加筋混凝土”。

10.1.2 预应力混凝土的原理

普通钢筋混凝土结构或构件，由于混凝土的抗拉强度及极限拉应变很小，其抗拉强度约为抗压强度的1/17～1/8，极限拉应变（约为$0.1\times10^{-3}\sim0.15\times10^{-3}$）也仅为极限压应变的1/20～1/30。因此，在使用荷载作用下，钢筋混凝土受弯构件、大偏心受压构件及受拉构件的受拉区混凝土开裂较早，这时受拉钢筋的压力σ_s只有20～30 N/mm^2。混凝土开裂后，显著地降低了构件的刚度，导致构件变形过大。当钢筋应力达到200 MPa时，裂缝宽度已有较大的开展，可达0.2 mm以上。裂缝的开展，将导致钢筋的锈蚀，使处于高湿度或侵蚀性环境中构件的耐久性降低。对要求有较高密度性和耐久性的结构物，如水池、油罐、原子能反应堆，受到侵蚀性介质作用的工业厂房、水利、海洋港口工程结构物使用普通钢筋混凝土结构成为不可能或很不经济。为了使构件满足变形和裂缝控制的要求，则需增加构件的截面尺寸和用钢量，这将导致截面尺寸和自重过大，使钢筋混凝土构件用于大跨或承受动力荷载的结构如大跨屋盖、重吨位吊车梁、铁路桥梁等成为很不经济、很不合理、甚至是不可能的。采用高强度混凝土和高强钢筋是减轻结构自重，节省钢材和降低造价的重要措施。而在普通钢筋混凝土构件中很难合理利用高强度材料，如第9章所述，提高混凝土强度等级对提高构件的抗裂性、刚度和减小裂缝宽度的作用很小。采用高强度钢筋，在使用荷载作用下，其应力可以达500～1 000 N/mm^2，但裂缝宽度和挠度将远远超过了允许的限值。因而，在普通钢筋混凝土结构中采用高强钢筋不能充分发挥作用。

在普通钢筋混凝土构件中，高强钢筋及高强混凝土不能充分发挥作用的主要障碍是：拉区混凝土的过早开裂，使混凝土固有的抗压强度高的优势不能充分发挥。日常生活中可见到，在木桶或木盆干燥时用几道铁箍箍紧，使桶壁中产生环向预压应力。盛水后，水压力在桶壁内产生环向拉应力，只要木板之间的预压应力大于水压产生的环向拉应力，木桶和木盆就不会漏水。在钢筋混凝土结构中，防止混凝土开裂的一种设想是利用某些手段，在结构构件受外荷载作用前，预先对由外荷载引起的混凝土受拉区施加预压应力，用以减小或抵消外荷载所引起的混凝土的拉应力，从而，使结构构件中的混凝土的拉应力不大，甚至处于受压状态。也就是借助于混凝土较高的抗压能力来弥补其抗拉能力的不足，采用预先加压的手段来间接地提高混凝土的抗拉强度，从本质上改变混凝土易裂的特性。这种在构件受荷载以前预先对混凝土受拉区施加压应力的结构称为“预应力混凝土结构”。

预应力混凝土最早是在1928年由著名的法国工程师弗来西奈（E.Freyssinet）研究成功的。经过数十年的研究开发与推广应用，取得了很大进展，在房屋建筑、桥梁、水利、海洋、能源、电力及通讯工程中得到了广泛应用，节约了大量的材料与投资，促进了社会生产的发展。可以说，预应力混凝土结构作为一种先进的结构形式，其应用的范围和数量是衡量一个国家建筑技术水平的重要指标之一。现以图10-2所示简支梁为例，说明预应力混凝土的一些重要特性及基本原理。

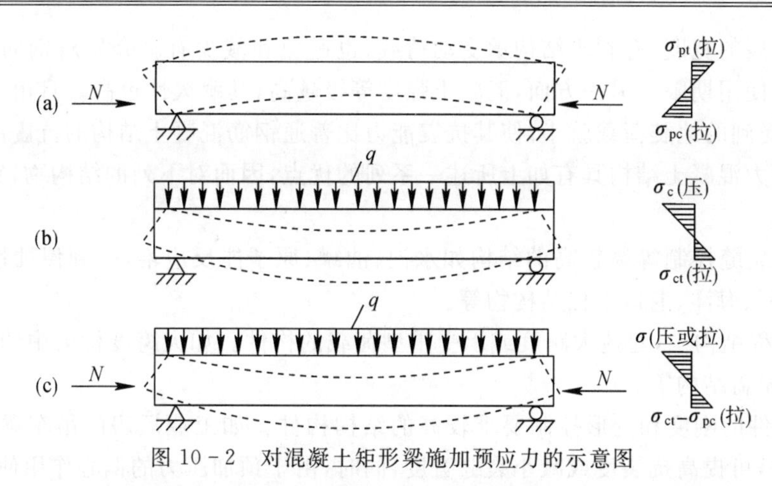

图 10-2　对混凝土矩形梁施加预应力的示意图

(a) 外荷载作用下；(b) 预压力作用下；(c) 预压力与外荷载共同作用下

图 10-2(b) 所示的无配筋素混凝土梁，当均布荷载 q（包括梁自重）作用时，跨中截面梁的下边缘将产生拉应力 σ_{ct}，梁上边缘产生压应力 σ_c，假如混凝土的应力处于弹性范围以内，则跨中混凝土正应力沿截面高度呈直线分布。图 10-2 (a) 为另外一条梁，其截面尺寸，跨度等同前一根梁。在外荷截作用之前，预先在梁的受拉区施加一对大小相等、方向相反的偏心力，从而使梁跨中截面的下边缘混凝土产生预压应力 σ_{pc}，梁上边缘产生预拉应力 σ_{pt}。这样，在预加力 N 和外荷载 q 的共同作用下，梁的下边缘拉应力将减至 $\sigma_{ct}-\sigma_{pc}$，梁上边缘应力一般为压应力，但也可能为拉应力(图见 10-2(c))。只要 $\sigma_{ct}-\sigma_{pc}<f_t$，就可使构件在使用中不出现裂缝。再由于预加力 N 的大小是可调的，如果增大预加力 N，则在外荷载作用下梁的下边缘的拉应力还可减小，甚至变成压应力。

因此，预应力混凝土的基本原理是：预先对混凝土或钢筋混凝土构件的受拉区施加压应力，使之处于一种人为的应力状态。这种应力的大小和分布可能部分抵消或全部抵消使用荷载作用下产生的拉应力 σ_{ct}，从而使结构或构件在使用荷载作用下不至于开裂、推迟开裂，或减小裂缝开展的宽度，并提高构件的抗裂度和刚度，有效利用了混凝土抗压强度高这一特点来间接提高混凝土的抗拉强度。多数情况下，预加应力是由张拉后的预应力钢筋提供的，从而使预应力混凝土构件可利用高强钢筋和高强混凝土，取得了节约钢材，减轻构件自重的效果，克服了普通钢筋混凝土的主要缺点。为高强材料的应用开辟了新的途径。预应力混凝土结构具有如下一系列主要优点。

(1) 改善和提高了结构或构件的受力性能。由于预应力的作用，克服了混凝土抗拉强度低的弱点，可以根据构件的受力特点和使用条件，控制裂缝的出现及裂缝开展的宽度。从而也提高了构件的刚度，能减少受力构件承受荷载后弯曲的程度。

(2) 充分利用高强材料节约钢材、混凝土减轻结构自重。在普通钢筋混凝土结构中，当采用高强度材料后，如果要充分利用材料的强度，构件或结构的裂缝和变形会很大而难以满足正常使用的要求。在预应力混凝土结构中，却必须采用高强度材料，因为只有利用高强度的钢筋，才能建立起有效预压应力，只有使用高强度的混凝土才能承受由预加力和荷载在构件内产生的较高的压应力，且使用高强度材料后可减少构件的截面尺寸，节约钢材和混凝土，降低结构自重。

(3) 提高结构或构件的耐久性、耐疲劳性和抗震能力。预加应力能有效地控制混凝土的开裂或裂缝开展的宽度，有利于结构承受动荷载，也避免和减少有害介质对钢筋的侵蚀，延长结构或构件的使用期限。另一方面，混凝土强度等级越高，其耐久性也高。且由于预应力结构自重减轻，它受到的地震荷载就小，使其抗震能力比普通钢筋混凝土结构的抗震能高。

由于预应力混凝土结构具有如上所述一系列的优点，因而对下列的结构物，宜优先采用预应力结构。

(1) 要求裂缝控制等级较高的结构如水池、油罐、原子能反应堆，受到侵蚀性介质作用的工业厂房、水利、海洋、港口工程结构物等。

(2) 在工程结构中，建造大跨度或承受重型荷载的构件。如大跨度桥梁中的梁式构件，吊车梁，楼盖与屋盖结构等。

(3) 对构件的刚度和变形控制要求较高的结构构件。如工业厂房的吊车梁等，采用预应力混凝土结构，可提高抗裂度或减小裂缝宽度，同时，由于预加压力的偏心作用使构件产生拱，可抵消或减小由使用荷载所产生的变形。

但预应力混凝土同时也存在着一些缺点：如生产工艺较复杂、对施工队伍要求高、需要有张拉机具、灌浆设备和锚固装置等专用设备等。

10.1.3 预应力混凝土的分类

预应力混凝土按施加预应力值的大小对构件截面裂缝控制程度的不同可分成以下三种：全预应力混凝土、有限预应力混凝土和部分预应力混凝土。

(1) 全预应力混凝土。在使用荷载作用下，截面上混凝土不出现拉应力。大体上相当于《砼规》中严格要求不出现裂缝的一级构件，即$\sigma_c-\sigma_{pcII}\leqslant 0$。$\sigma_c$为按荷载短期效应组合下混凝土正应力，$\sigma_{pcII}$为扣除全部预应力损失后混凝土的有效预压应力。

(2) 有限预应力混凝土。在使用荷载作用下，载面受拉边缘允许产生拉应力，但拉应力不得超过f_{tk}，即$\sigma_c-\sigma_{pc\,II}\leqslant f_{tk}$。不同程度上保证了混凝土不开裂，大体相当于《砼规》中一般要求不出现裂缝的二级构件。

(3) 部分预应力混凝土。在使用荷载作用允许出现裂缝，但最大裂缝宽度不应超过允许值，即$\sigma_c-\sigma_{pcII}>f_{tk}$。它相当于《砼规》中允许出现裂缝的三级构件。

早期的预应力混凝土结构大多设计成全预应力混凝土或有限预应力混凝土。全预应力混凝土构件具有抗裂性好、刚度大、抗疲劳性能好等优点。但也有以下缺点：① 要求对构件施加的预应力较大，徐变造成的预应力损失大；②所需设备的费用较高；③对梁这类构件，由于在拉区施加预压力，一旦可变荷载不存在时，可能产生过大的反拱，导致地面，隔墙开裂，桥面不平等问题；④构件开裂荷载与极限荷载接近，构件延性较差，对结构抗震不利。实践表明，要求一般混凝土构件不出现裂缝实属太过严格了。

事实上所谓完全不出现拉应力的全预应力结构几乎是不存在的，即使采用三向预应力的混凝土结构构件，其拉应力的出现也是难以避免的，因为一般在梁中都存在着弯剪组合所产生的主拉应力，且其值往往大于混凝土的抗拉强度。适当降低预压力，设计成部分预应力混凝土构件，既克服了全预应力混凝土的缺点，又用预应力改善了钢筋混凝土的受力性能，使开裂推迟，刚度增加，并减轻自重，降低造价。虽然可能在荷载短期效应组合下产生一些细小裂缝，但在荷载长期效应组合下裂缝还会闭合。现在部分预应力混凝土结构已逐渐为国内外所重视，它可取得较好的技术经济效果，采用部分预应力混凝土结构已成为目前预应力混凝土结构的重要发展趋势。

10.1.4 施加预应力的方法

目前，对混凝土施加预应力，一般是通过张拉钢筋（称为预应力筋 A_p）利用钢筋的回弹来挤压混凝土，使混凝土受到预压应力。通常通过机械张拉钢筋给混凝土施加预应力。按照施工工艺的不同，可分为先张法和后张法两种。

1.先张法

在浇灌混凝土之前张拉预应力钢筋，故称为先张法(pretensioning type)。可采用台座长线张拉或钢模短线张拉。其主要工序如下：

(1) 在台座（或钢模）上按设计规定的拉力张拉钢筋，并将它用夹具临时锚固在台座（或钢模）上(见图 10-3(a)，(b))。

(2) 支模、绑扎钢筋（如为局部加强锚固区而设置的非预应力钢筋，抗剪需要的非预应力钢筋等)，浇灌混凝土并养护(见图 10-3(c))。

(3) 待混凝土到达一定强度后（一般不低于设计强度的 75%），切断或放松预应力，预应力钢筋在回缩时挤压混凝土，使混凝土获得预压力(见图 10-3(d))。所以先张法预应力混凝土构件中，预压应力是通过钢筋与混凝土之间的黏结力来传递的。

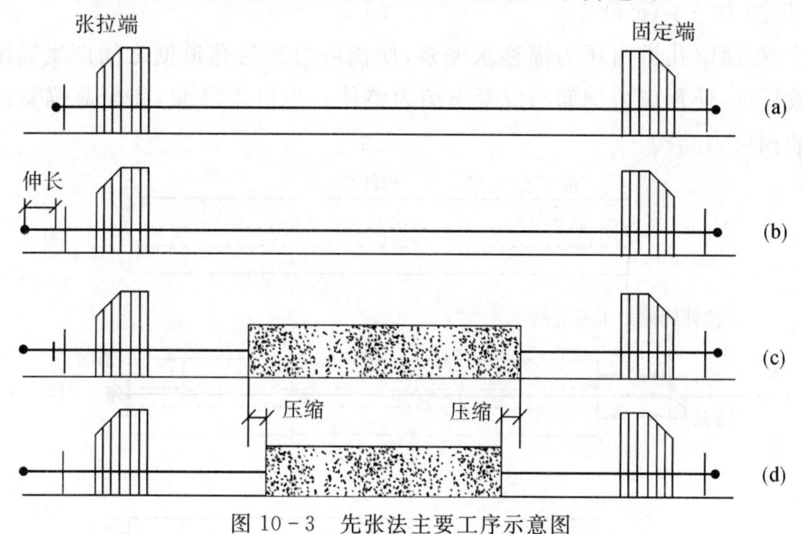

图 10-3　先张法主要工序示意图

(a) 钢筋就位；(b) 张拉钢筋；(c)临时固定钢筋，浇灌混凝土并养护

(d) 放松钢筋，钢筋回缩，混凝土受预压

制作先张法预应力构件一般都需要台座、千斤顶（或张拉车）、传力架和夹具等设备。台座承受张拉力的反力，形式有多种，长度往往很长，设计时应保证它具有足够的强度和刚度，能承受张拉钢筋时产生的巨大荷载，且无滑移，不倾覆。当构件尺寸不大时，可不用台座，而在钢模上直接进行张拉。千斤顶和传力架随构件的形式和尺寸、张拉力大小的不同而有不同的类型。先张法中在张拉端夹住钢筋进行张拉的夹具以及在两端临时固定钢筋用的工具或锚具，可以重复使用。

先张法构件是通过预应力钢筋与混凝土之间的黏结力传递预应力的。此方法适用于在预制厂大批制作中、可以用运输车装运的中小型构件，如预应力混凝土楼板、屋面板、梁等。先张法多数是直线配筋，也可进行曲线配筋。先张法施工工艺简单，质量易保证，可以大批量生产预应力混凝土构件，重复利用模板，迅速施加预应力，节省大量价格昂贵的锚具及金属附件，是一种非常经济的施加预应力的方法。

2.后张法

在浇灌混凝土并结硬之后张拉预应力钢筋，故称为后张法(post - tensioning type)。后张法构件是依靠其两端的锚具锚住预应力钢筋并传递预应力的。因此，这样的锚具是构件的一部分，是永久性的，不能重复使用。此方法适用于在施工现场制作大型构件，如预应力屋架、吊车梁、大跨度桥梁等。其主要工序如下：

(1) 浇注混凝土，并在构件中配置预应力钢筋的部位上预留孔道(见图 10 - 4 (a))；孔道可采用预埋铁皮管、钢管抽芯成型或用充气橡皮管抽芯成型。

(2) 待混凝土到达规定的强度后(不低于设计强度的 75%)，将预应力钢筋穿入孔道，利用构件本身作为加力台座用千斤顶张拉钢筋，在张拉预应力钢筋的同时，混凝土被压缩并获得预压应力(见图 10 - 4(b))；为了防止在混凝土的预拉区产生裂缝，在受弯构件的预拉区也可设置一部分非预应力筋。

(3) 当预应力钢筋的张拉应力达到设计规定值后，在张拉端用锚具将钢筋锚住，使构件保持预压状态(见图 10 - 4 (c))。

(4) 最后，在预留孔道内压力灌注水泥浆，使预应力筋与孔道壁之间产生黏结力，保护预应力钢筋不被锈蚀，使预应力钢筋与混凝土结为整体。也可不灌浆，完全靠锚具施加预应力，形成无黏结的预应力结构。

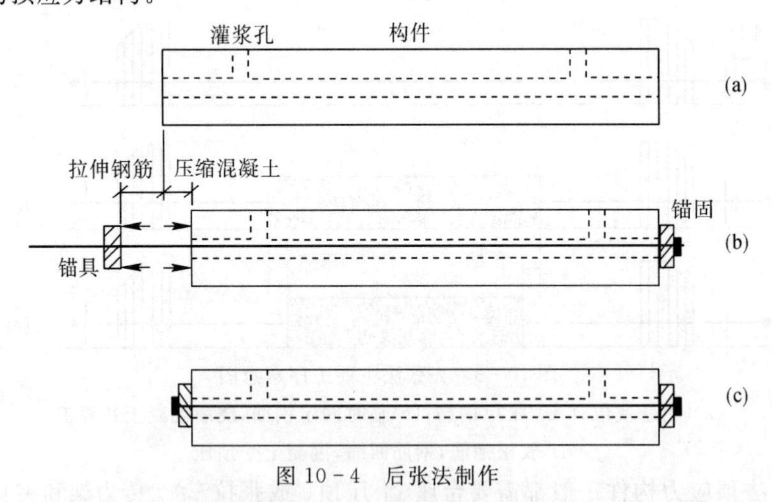

图 10 - 4 后张法制作

(a) 制作构件，预留孔道，穿入预应力钢筋；(b) 安装千斤顶；(c) 张拉钢筋

后张法构件是靠设置在钢筋两端的锚固装置来传递和保持预加应力的。用后张法生产预应力混凝土构件，主要需要永久性安装在构件上的工作锚具和需要千斤顶、制孔器、压浆机等设备，锚具不能重复使用，成本高，但不需要台座，施工工艺较复杂。后张法更适用于在现场成型的大型预应力混凝土构件，在现场分阶段张拉的大型构件以至整个结构。后张法的预应力

筋可按照设计需要做成曲线或折线形状以适应荷载的分布状况，使支座处部分预应力筋可以承受部分剪力。

先张法与后张法虽然以张拉钢筋在浇注混凝土的前后来区分，但其本质差别却在于对混凝土构件施加预压力的途径。先张法通过预应力筋与混凝土之间的黏结力施加预应力；而后张法则通过钢筋两端的锚具施加预应力。在后张法中张拉钢筋可用千斤顶，也可用电热张拉法。

3.电热张拉法

电热张拉法是利用钢材热胀冷缩的原理来张拉预应力筋的。张拉时在钢筋两端接上电线，在低电压下通入强大的电流，由于钢筋电阻较大，短时间内使钢筋发热引起膨胀伸长，当延长达到预定长度时，拧紧钢筋端部的螺帽或插入垫板，将钢筋锚固在混凝土构件上，然后切断电源，随着温度的下降，钢筋逐渐冷却回缩。由于钢筋的两端已经锚固，钢筋不能自由冷缩，故这种冷缩在钢筋中产生了拉应力；钢筋的冷缩力压紧构件的两端，使构件混凝土产生预压应力，从而达到了预应力的目的。

电热张拉法具有设备简单，操作方便，生产效率高，无摩擦损失，便于曲线张拉和高空作业等优点；但也有耗电量较大；用伸长值控制应力不易准确；成批生产尚需校核张拉力等缺点。对圆形预应力混凝土结构(如水池、油罐等）和无黏结波形配筋的升板结构，尤宜采用电热张拉法。

10.1.5　锚具、夹具与预应力设备概述

1. 基本要求和分类

夹具和锚具是在制作预应力构件时用于锚固预应力钢筋的工具。它是制造预应力混凝土构件必不可少的部件。通常锚固在构件端部，与构件联成一体共同受力，不再取下的称为锚具。锚具多用在后张法生产的构件中。锚具用代号“M”表示。在张拉钢筋和混凝土成型过程中夹持和临时固定预应力筋，待混凝土达到一定强度后取下并再重复使用的称为夹具。夹具多用在先张法生产的构件中（有时二者可互相换用）。锚具、夹具是保证预应力混凝土结构安全可靠的关键因素之一。特别对后张法预应力混凝土，预应力主要是靠钢筋端部的锚具来传递的。故在设计、制造和选用锚具、夹具时必须满足以下各项要求：

(1) 锚固受力安全可靠，共本身具有足够的强度和刚度；

(2) 应使预应力钢筋在锚具内尽可能不产生滑移，以减少预应力损失；

(3) 构造简单，便于机械加工制作；

(4) 用方便，节约钢材，造价低廉。

分类：现在国内外的锚具、夹具种类繁多，有许多用于单根或多根钢丝、钢绞线及钢筋的锚固系统可供选用。按锚(夹）具的受力原理可划分成：

(1) 靠摩擦力锚固的锚具。如锥形锚、波型夹具、JM－12 锚具、XM 型锚具及 QM 锚具体系等，是借张拉钢筋回缩带动锚楔(或夹片）将钢筋夹紧而锚固的。

(2) 依靠承压锚固的锚具。如镦头锚具及夹具、钢筋螺纹锚具，是利用钢丝(或钢筋）的镦粗头或螺纹承压进行锚固的。

(3) 依靠钢筋与混凝土之间的黏结力进行锚固的。

按预应力筋的锚固方式不同,可分为夹片式(多孔夹片锚具、JM锚具)、支承式(镦头锚具、螺丝端杆锚具等)、锥塞式(钢质锥形锚具、槽销锚具等)和握裹式(压花锚具、挤压锚具)等4种。夹片式和锥塞式锚具的主要优点是预应力束下料方便、长度尺寸要求不严;缺点是在锚固过程中,预应力钢材滑动回缩量较大,约3～6 mm,产生应力损失值较大。支承式锚具的主要优点是在锚固过程中钢材拉伸变形的回缩量小,约1 mm;主要缺点是预应力束要有准确的下料长度,对下料尺寸要严格控制。因此前者用于10～50 m的长束,后者用于6～12 m的短束。握裹式只用于张拉的固定埋入端。

锚具的选用可根据预应力筋品种和锚固部位的不同,参考表10-1选定。

表10-1 锚具选用

预应力筋品种	选用锚具形式和锚固部位			说明和要求
	张拉端	固定端		
		非张拉端	埋入端	
钢绞线及钢绞线束	夹片锚具	夹片锚具	挤压锚具压花锚具	压花锚具只限于有黏结配筋受力小的部位,并要求做专门的埋入端构造设计
“模拔”型钢绞线及钢绞线束	夹片锚具	夹片锚具	挤压锚具	
碳素钢丝及刻痕钢丝	夹片锚具 镦头锚具	夹片锚具 镦头锚具	镦头锚具	
碳素钢丝束及无黏结平行钢丝束	锥塞锚具镦头锚具夹片锚具	锥塞锚具镦头锚具夹片锚具	镦头锚具挤压锚具	夹片锚具或挤压锚具的端头应将钢丝伸出的“多余”长度弯钩
热处理钢筋	夹片锚具 镦头锚具	夹片锚具 镦头锚具	镦头锚具	适用于有黏结预应力混凝土结构

2. 国内常用的几种锚具

按照预应力筋类型的不同,目前国内预应力混凝土结构中常用几种锚具简述如下:

(1)螺丝端杆锚具。这种锚具适用于用先张法、后张法或电热法锚固单根直径为18～36 mm的冷拉HRB335、冷拉HRB400钢筋,可用于张拉端,也可用于固定端,张拉设备为一般的千斤顶。它主要由螺丝端杆、螺母及垫板组成。构造如图10-5所示。

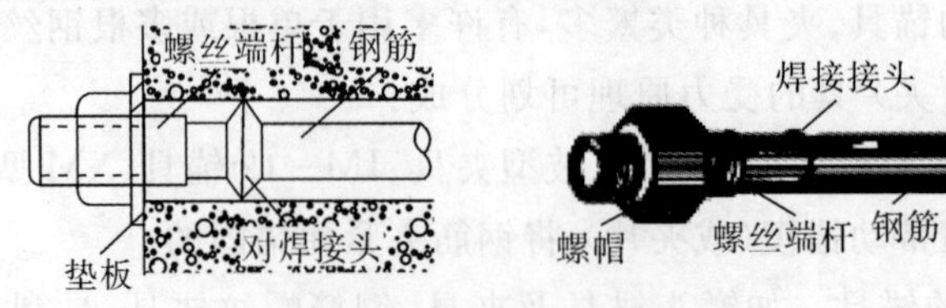

图10-5 螺丝端杆锚具

在单根预应力筋的两端各焊以一短段螺丝端杆（也可用套筒式连接器连接），套以螺帽和垫板，即形成一种简单的锚具。螺丝端杆用冷拉式热处理钢筋制成，螺母及垫板均用 3 号钢制作，不作热处理。端杆与预应力筋的焊接宜在预应力钢筋冷拉前进行。张拉时，将千斤顶拉杆（端部带有内螺纹）拧紧在螺丝端杆的螺纹上进行张拉。张拉完毕后，旋紧螺帽，钢筋被锚住。预拉力通过螺纹端杆螺纹斜面上的承压力传到螺帽，再经过垫板将预压力传给预留孔道口四周的混凝土上。这种锚具的优点是构造简单、滑移小，便于再次张拉，但需特别注意焊接接头的质量，以防发生脆断。

(2) 片式锚具。JM－12 型锚具、JM－15 型锚具、JM 型锚具及 XM 型锚具，这里主要介绍 JM－12 锚具，构造如图 10－6 所示。

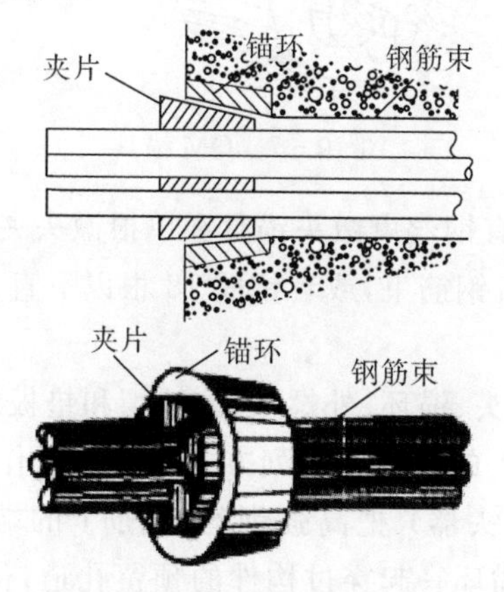

图 10－6　JM－12 锚具

JM－12 锚具是一种用于后张法锚固 3 ～6 根直径为 d ＝12 mm 的由Ⅱ，Ⅲ，Ⅳ光面钢筋组成互相平行放置的钢筋束或者锚固 5～6 根由钢绞线所组成互相平行的钢绞线束的锚具。由于钢绞线与周围接触的面积小，且强度高、硬度大，故对其锚具的性能要求很高。

这种锚具由锚环和 3～6 个夹片组成，夹片的块数与预应力钢筋或钢绞线的根数相同，夹片呈楔形，其截面为扇形。每一块夹片有二个圆弧形槽，槽内有齿纹，用以锚住预应力钢筋。锚环如图 10－7 所示可嵌入混凝土构件中，也可凸出在构件外。锚具靠摩擦力锚固预应力筋，依靠摩擦力将预拉力传给夹片。再通过夹片的楔入作用将承压力传给锚环，锚环挤压混凝土（或通过垫板）通过承压力将张拉力传给混凝土构件。

这种锚具可用于张拉端，也可用于固定端。张拉时需采用特别的双作用千斤顶。这种千斤顶有两个油缸。所谓双作用，即千斤顶操作时有两个动作同时进行，其一是夹住钢筋进行张拉，其二是将夹片顶入锚环，将预应力钢筋挤紧，牢牢锚住。锚环和夹片均用铸钢制成，加工的精度要求较高。这种锚具的缺点是钢筋回缩值较大。实测表明钢筋可达 3 mm，钢绞线可达 5 mm。

JM 锚具是我国 20 世纪 60 年代研制的钢绞线夹片锚具。随着钢绞线的大量使用和钢绞线强度的大幅度提高，仅 JM 锚具已难以满足要求。20 世纪 80 年代除进一步改进了 JM 锚具外，特别着重进行钢绞线群锚体系的研究和试制工作。中国建筑科学研究院先后研制出了 XM 锚具和 QM 锚具（见图 10－7）系列。QM 锚具与 JM－12 锚具不同的是每根钢绞线分别由一组夹片夹紧，各自独立地放在锚板的锚形孔内，互不影响，锚固性能较好，且加工方便。交通部公路规划设计院研制出了YM锚具系列；柳州市建筑机械厂与同济大学合作，在QM锚具系列的基础上又研制出了OVM锚具系列等。这些锚具体系的锚具性能均达到国际预应力混凝土联合会（FIP）的标准，并已广泛地应用于房屋、建筑、水利、桥梁等各种土建结构工程中。

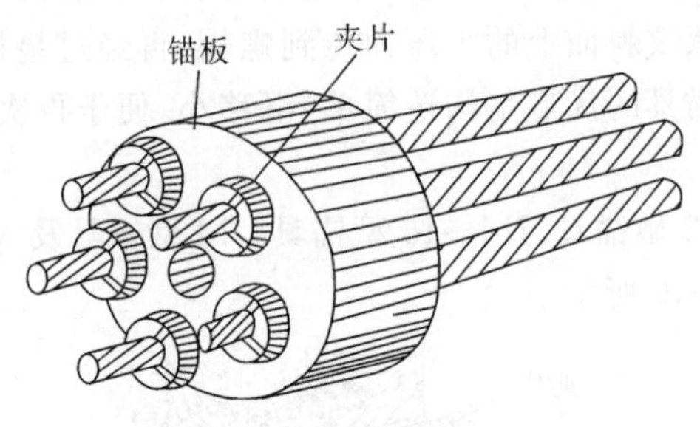

图10－7　QM锚具

(3) 镦头锚具。镦头锚具有钢丝束镦头锚具和单根镦头夹具。钢丝束镦头锚具用于锚固多根直径为10～18 mm的平行钢筋束，或者锚固18根以下直径为5 mm的平行钢丝束，构造如图10－8所示。

这种锚具由被镦粗的钢丝头、锚环、外螺帽、内螺帽和垫板组成，锚环上的孔洞数和间距均由被锚固的预应力钢筋（钢丝）的根数和排列方式而定。操作时，将钢筋（钢丝）穿过锚环孔眼，用镦头设备（即液压钢丝镦头器）把高强钢丝（钢筋）的端头挤压镦粗为鼓形，与锚环固定，然后将预应力钢筋束连同锚环一起穿过构件的预留孔道，待钢筋伸出孔道口，套上螺帽进行张拉，边张拉边旋紧内螺帽。

预拉力依靠镦头的承压力传到锚环，再依靠螺纹斜面上的承压力传到螺帽，再经过垫板传到混凝土构件。

镦头锚具锚固性能可靠，锚固力大，张拉操作方便，可以按需要设置两端张拉，也可以设置一端张拉，另一端为固定式，但要求钢筋或钢丝束的长度有较高的精度，故下料长度要求较严。

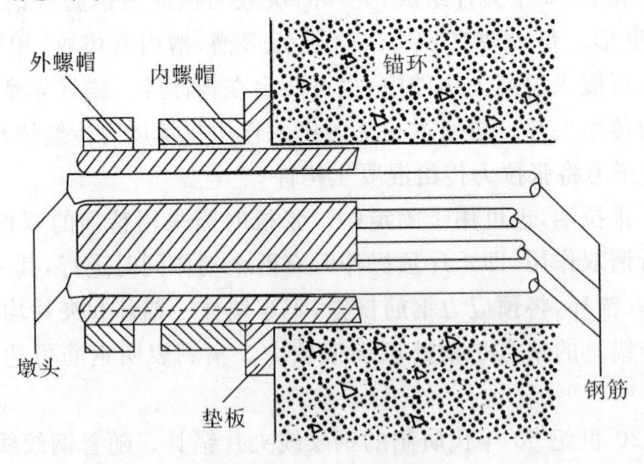

图10－8　镦头锚具

3. 预应力设备

预应力混凝土生产中所使用的机具设备种类较多，主要可分为张拉设备、预应力筋（丝）

镦粗设备、刻痕及压波设备、对焊设备、灌浆设备及测力设备等。现将千斤顶、制孔器、压浆机等设备简要介绍如下。

(1) 千斤顶。张拉机具是制作预应力混凝土构件时,对预应力筋施加张拉力的专用设备。常用的有各种液压拉伸机(由千斤顶、油泵、连接油管三部分组成)及电动或手动张拉机等。液压千斤顶按其作用可分为单作用、双作用和三作用三种形式,按其构造特点则可分为台座式、拉杆式、穿心式和锥锚式等四种形式。按后者构造特点分类,有利于产品系列化和选择应用,并配合锚夹具组成相应的张拉体系。各种锚具都有各自适用的张拉千斤顶,应用时可根据锚具型号,选择与锚具配套的千斤顶设备。

(2) 制孔器。预制后张法构件时,须预先留好混凝土结硬后筋束穿入的孔道,构件预留孔道所用的制孔器主要有两种:抽拔橡胶管与螺旋金属波纹管。

1) 抽拔橡胶管。在钢丝网胶管内预先穿入芯棒,再将胶管连同芯棒一起放入模板内,待浇注混凝土达到一定强度后,抽去芯棒,再拔出胶管,则形成预留孔道。

2) 螺旋金属波纹管。在浇注混凝土之前,将波纹管按筋束设备位置,绑扎于与管筋焊连的钢筋托架上,再浇注混凝土,结硬后即可形成穿束用的孔道。使用波纹管制孔的穿束方法,有先穿法与后穿法两种。

(3) 灌孔水泥浆及压浆机。

1) 在后张法预应力混凝土结构中,为了保证预应力钢筋与构件混凝土结合成为一个整体,一般在钢筋张拉完毕之后,即需向预留孔道内压注水泥浆。

2) 压浆机是孔道灌浆的主要设备。它主要由灰浆搅拌桶、贮浆桶和压浆送灰浆的灰浆泵以及供水系统组成。压浆机的最大工作压力可达到 1.5 MPa,可压送的最大水平距离为 150 m,最大竖直高度为 40 m。

10.1.6　先张法预应力锚固长度

先张法构件预应力钢筋的两端,一般不设置永久性锚具,它是通过钢筋与混凝土的黏结力锚固预应力筋,并将预压力传递给混凝土的。

如图 10 - 10 所示,当预应力筋受拉伸时,由于波桑效应,截面缩小,当切断或放松预应力钢筋时,构件端部外露处的预应力钢筋恢复到原来截面,直径变粗,预拉应力变为零,钢筋在该处的抗应变也相应变为零,钢筋将向构件内部产生内缩,滑移。但在构件端部以内,钢筋的回缩受到周围混凝土的阻拦,造成了径向压应力,并主要由此形成的相应摩擦力在钢筋与混凝土之间产生黏结应力,这黏结力将阻止钢筋的回缩(见图 10 - 9 (a))。若取离构件端部长度为 x 的预应力筋作为脱离体进行分析(见图 10 - 9(b)),随距端部截面距离 x 的增大,由于黏结应力的积累,由钢筋脱离体的平衡条件可见,使预应力筋的预拉应力 σ_p 从边缘向中间逐渐增大,由截面的脱离体平衡可见,相应混凝土中的预压应力 σ_c 也将增大,预应力筋的回缩将减小,两者间的相对滑移也将减少。当 x 达到一定的长度 l_{tr} 时(见图 10 - 9(b) 中 a 截面与 b 截面之间的距离),在 l_{tr} 长度内的黏结力与预拉力 σ_p 平衡,自 b 截面起预应力筋才能建立起稳定的预拉应力 σ_{pe},同时,相应的混凝土截面建立起有效的预压应力 σ_{pc}。这时,预应力筋的回缩量恰好与混凝土的弹性压缩应变相等,两者共同变形,相对滑移消失。自 b 截面起,预应力筋中的拉应力与混凝土中的压应力才保持不变,建立起稳定的预应力。钢筋从应力为零的端

面到应力为 σ_{pe} 的这一段长度 l_{tr}，称为先张法构件预应力钢筋的应力传递长度，ab 段称为先张法构件的自锚区。

从上述分析可以看出，先张法构件端部整个应力传递长度范围内受力情况比较复杂，且在自锚区的预应力值较小，所以对先张法构件端部进行斜截面受剪承载力计算以及正截面、斜截面抗裂验算时，应考虑预应力钢筋在其传递长度 l_{tr} 范围内实际应力值的变化。为了设计计算方便，在先张法构件预应力筋的传递长度范围区内，预应力筋的应力 σ_{pe} 和混凝土的有效预应力 σ_c 均简化为按直线变化（见图 10－9(b)）。预应力钢筋的预应力传递长度 l_{tr} 值按表 10－2 取用。

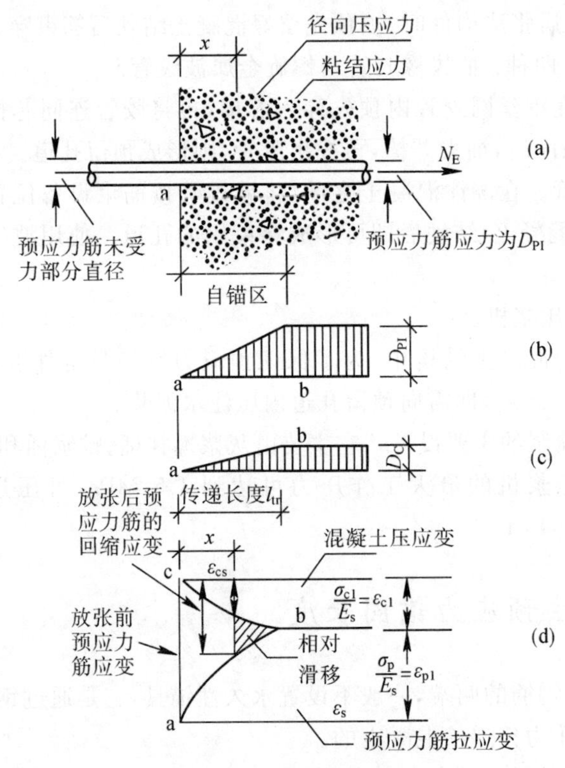

图 10－9 先张法自锚区应力应变分布图

表 10－2 预应力钢筋的预应力传递长度 l_{tr}

钢筋种类	混凝土强度等级			
	C20	C30	C40	≥C50
刻痕钢丝 $d=5$ mm. $\sigma_{pe}=1\ 000$ N/mm^2	150 d	100d	65d	50d
钢绞线直径 $d=9\sim15$ mm	——	85d	70d	70d
冷拔低碳钢丝直径 $d=4\sim5$ mm	110d	90d	85d	80d

注：① 确定传递长度 l_{tr} 时，表中混凝土强度等级应按放张时的混凝土立方体抗压强度确定；

② 当刻痕钢丝的有效预应力值 σ_{pe} 大于或小于 1 000 N/mm^2 时，其预应力传递长度应根据表 10－2 的数值按比例增减；

③ 当采用骤然放松预应力钢筋的施工工艺时，l_{tr} 的起点应从距构件末端 $0.25l_{tr}$ 处开始计算；

④ 对冷拉Ⅱ，Ⅲ级钢筋，可不考虑预应力传递长度 l_{tr} 。

预应力钢筋的预应力传递长度 l_{tr} 可按下式计算：

$$l_{tr}=\beta\frac{\sigma_{pe}}{f'_{tk}}d \tag{10-1}$$

式中 σ_{pe} ——放张时预应力钢筋的有效预应力值；

d ——预应力钢丝、钢绞线的公称直径；

β ——预应力钢筋外形系数，按表 10-3 取用；

f'_{tk}——与放张时混凝土立方体抗压强度 f'_{cu} 相应的抗拉强度标准值。

表 10-3　预应力钢筋外形系数 β

预应力钢筋种类	刻痕钢丝	螺旋肋钢丝	钢绞线	
			3 股	7 股
β	0.18	0.14	0.15	0.16

注：① 采用骤然放松预应力钢筋的施工工艺时，l_{tr} 的起点应从距构件末端 $0.25l_{tr}$ 处开始计算。

② 热处理钢筋，可不考虑预应力传递长度 l_{tr} 预应力钢筋的锚固长度 l_a 按表 10-4 取用。

表 10-4　预应力钢筋锚固长度 l_a(mm)

种类	混凝土强度等级		
	C30	C40	≥C50
刻痕钢丝直径 $d=50$ mm	$160d$	$100d$	$80d$
钢绞线直径 $d=9\sim15$ mm	—	$100d$	$100d$
冷拔低碳钢丝直径 $d=4\sim5$ mm	$110d$	$100d$	$100d$

在计算先张法预应力混凝土构件端部锚固区的正截面和斜截面受弯承载力时，由于考虑到锚固区附近预应力钢筋的锚固长度较短，其强度设计值不能充分发挥。因此《砼规》规定锚固区内的预应力钢筋抗拉强度设计值在锚固起点处应取零，在锚固终点处应取 f_{py}，在两点之间可按直线内插法取值。对采用冷拉Ⅱ级、Ⅲ级钢筋的先张法构件其锚固区预应力钢筋的抗拉强度设计值可不折减。

10.1.7　预应力混凝土的材料

1. 钢筋

预应力混凝土结构中的钢筋包括预应力钢筋(prestressing tendon)和非预应力钢筋(ordinary steel bar)。

非预应力钢筋宜采用 HRB400 级和 HRB335 级钢筋，也可采用 RRB400 级钢筋。由于通过张拉预应力钢筋给混凝土施加预压应力，预应力筋在构件中，从制造开始，直到破坏，始终处于高应力状态。因此预应力钢筋首先必须具有很高的强度，才能有效提高构件的抗裂能力。对使用的预应力筋的要求有五个方面：

1) 强度高混凝土预压应力的大小，取决于预应力钢筋张拉应力的大小。若要使混凝土中建立起较高的预压应力，预应力筋必须在混凝土发生弹性回缩、收缩、徐变以及预应力筋本身的应力松弛发生后仍存在较高的应力，则需要采用较高的张拉应力，这就要求预应力筋要有较高的抗拉强度。

2）具有一定的塑性为了避免预应力混凝土构件发生脆性破坏，要求预应力钢筋在拉断时，具有一定的伸长率。当构件处于低温或受到冲击荷载时，更应注意对钢筋塑性和抗冲击性的要求。一般对冷拉热轧钢筋要求极限伸长率不小于6%（RRB400），不小于8%（HRB400）和不小于10%（HRB335）；对碳素钢丝和钢绞线则不小于4%。

3）良好的加工性能要求有良好的可焊性，同时要求钢筋"镦粗"后并不影响原来的物理力学性能等。

4）与混凝土之间有良好的黏结强度这一点对先张法预应力混凝土构件尤为重要，因为在传递长度内钢筋与混凝土间的黏结强度是先张法构件建立预应力的保证。

5）钢筋的应力松弛要低预应力钢材的发展趋势是高强度、粗直径、低松弛和耐腐蚀。目前预应力钢材产品的主要种类有高强度钢丝（碳素钢丝、刻痕钢丝）、钢绞线和热处理钢筋，冷拉 HRB335，HRB400，RRB400 钢筋。中小型预应力构件的预应力钢筋可采用甲级冷拔低碳钢和冷轧带肋钢筋。

(1)高强钢丝（碳素钢丝、刻痕钢丝）：用高碳钢热轧制成盘圆条后再经过多次冷拔制成的。高强钢丝的直径有 3.0 mm，4.0 mm，5.0 mm，6.0 mm 及 7.0 mm 等 5 种。直径越小，强度愈高，其抗拉强度设计值可达 1 110 ～1 250 N/mm^2，而极限伸长率仅为 2% ～6%。适用于大跨度构件，如桥梁用预应力大梁等。

(2)钢绞线：一般由 7 股 3，4 或 5 的高强钢丝用铰盘拧成螺旋状，再经低温回火制成，公称直径分别为 9.0 mm，12.0 mm 和 15.0 mm 这 3 种。抗拉强度设计值分别为 1 130 N/mm^2，1 070 N/mm^{2}和 1 000 N/mm^2，伸长率一般不小于 4%。钢绞线具有易盘弯运输、与混凝土黏结强度高，简化成束工序等优点。在后张法预应力混凝土结构中采用较多。高强度、低松弛钢绞线在国内外的应用日趋广泛。

(3)热处理钢筋：对某些热轧Ⅳ钢筋（如 $40Si_2Mn$，$48Si_2Mn$，$45Si_2Cr$ 等）经调制处理而形成的高强度无明显流幅的硬钢。利用热轧钢筋的余热进行淬火，然后再中温回火等热处理后形成的。具有强度高（抗拉强度设计值可达 1 000 N/mm^2）、松弛小等特点。它以盘圆形式供应，可省掉冷拉、对焊和整直等工序，大大方便施工。与相同强度的高强冷拔钢丝相比，这种钢材的生产效率高，价格低。

(4)冷拉低合金钢筋：采用热轧 HRB335，HRB400，RRB400 钢筋冷拉后获得。钢筋经冷拉后虽然它的强度得到提高，但它的塑性却有所降低。属有明显屈服点的钢筋。冷拉 HRB335（20MnSi）、冷拉 HRB400（20MnSiV，20MnSiNb，20MnTi）和 RRB400（20MnSi），抗拉性能较好，可焊性也较好，但强度偏低。冷拉Ⅱ级钢筋在预应力构件中应用较少，次要的预应力混凝土构件可采用 RRB400 级（20MnSi）钢筋。冷拉Ⅳ级钢筋是目前应用较多的一种预应力钢筋，抗拉强度设计值可达 580 N/mm^2，但由于其含硅量较高，焊接质量不易保证，易在焊接区域发生断裂现象，仅在不用焊接的情况下，才能用于承受重复荷载的构件。针对粗直径钢筋的对焊问题，近年来用热轧方法生产出一种在钢筋表面不带纵向肋的螺旋钢筋，可以用螺丝套筒（连接器）把钢筋接长（见图 10 - 10），这样可在任意部位接长钢筋，对施工极为有利。另外，由于避免了焊接，可以提高钢材的含碳量，减少合金元素，因此，很适合于做成粗直径的高强度钢筋。近年来我国冶金部为了克服原Ⅲ级钢质量不够稳定、焊接性能不好的缺点，试制成400 MPa级新HRB400级钢，冷拉后用作预应力钢筋$f_{ptk}=530\ N/mm^2$并具有较好的延性及焊接性能。

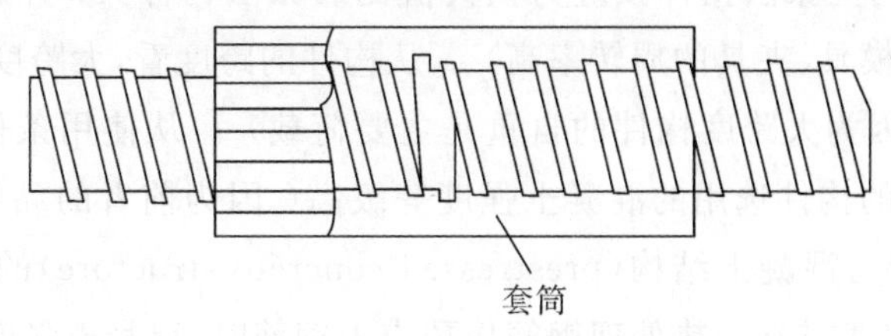

图10-10　螺旋钢筋的套筒连接

(5)冷拔低碳钢丝：一般由直径为6 mm盘圆的Ⅰ级钢筋经多次冷拔加工而成。常用的钢丝直径为5 mm,4 mm和3 mm。钢筋经多次冷拔后，它的物理力学性能发生较大变化，无明显的流幅，强度明显提高，塑性明显降低。由于Ⅰ级钢筋各地钢厂均能生产，且冷拔工艺简单，故被广泛用于中小型构件中。冷拔低碳钢丝分甲、乙两级，预应力筋应采用甲级冷拔低碳钢丝，非预应力筋宜采用乙级冷拔低碳钢丝。光圆冷拔钢丝由于与混凝土的黏结锚固性能较差，故不宜用于承受动荷载作用的构件。

钢筋、钢丝和钢绞线各有特点。高强钢丝的强度最高，钢绞线的强度接近于钢丝，但价格最贵。钢筋的强度越低，其在构件中的用量相应有所增加，但价格最低。钢筋和钢绞线的直径大，使用根数相对较少，便于施工，钢绞线的锚具最贵。由于钢筋束或钢绞线的长度越增加，锚具价格在整个构件造价中所占比越小，因此，在选择钢材时，应综合考虑上述各种因素，根据实际情况合理地进行选用。规范规定，预应力钢筋宜采用预应力钢绞线、消除应力钢丝及热处理钢筋。

2. 混凝土

预应力混凝土结构构件所用的混凝土，需满足下列要求：

(1) 高强度预应力混凝土结构中，采用高强度混凝土配合高强度钢筋，即所用预应力筋的强度越高，混凝土等级相应要求越高，从而由预应力筋获得的预压应力值越大，更有效地减小构件截面尺寸，减轻构件自重，使建造跨度较大的结构在技术、经济上成为可能。高强度混凝土的弹性模量较高，混凝土的徐变较小；高强度混凝土有较高的黏结强度，可减少先张法预应力混凝土构件的预应力筋的锚固长度，高强度混凝土也具有较高的抗拉强度，使高强度的预应力混凝土结构具有较高的抗裂强度；同时后张法构件，采用高强度混凝土，可承受构件端部强大的预压力。

(2) 收缩、徐变小以减少由于收缩，徐变引起的预应力损失。

(3) 快硬、早强混凝土能较快地获得强度，尽早地施加预应力，以提高台座、模具、夹具、张拉设备的周转率，加快施工进度，降低间接管理费用。

近年来，用普通水泥砂石原材料和常规工艺配制的和易性较好，强度在C50～C100之间的高强度混凝土在许多国家得到迅速发展。一些国家在建筑工程中使用了C100以上的混凝土。而我国C50～C60级高强混凝土已被用于多、高层建筑，桥梁与公路工程中，现正在修订的《混凝土设计规范》已将混凝土的强度等级拓宽到C80。

选择预应力混凝土强度等级时，应综合考虑施加预应力的制作方法、构件跨度的大小，使用条件以及预应力筋类型等因素。从施加预应力的方法看，先张法构件中的混凝土等级一般比后张法构件高（因为先张法构件预应力损失值比后张法构件大；并且，为了使施加预压力的龄期早，以至台座、模具、夹具的周转率高）。从构件的跨度看，大跨度构件比小跨度构件选用的混凝土强度高（因为大跨度构件的自重是主要荷载）。从使用条件看，受到动力荷载的构件应比受静力荷载的构件选用的混凝土强度等级高（因为前者的黏结力易遭破坏，如吊车梁）。规范规定，预应力混凝土结构（prestressed concrete structure）的混凝土强度等级不应低于 C30；当采用钢绞线、钢丝、热处理钢筋作预应力钢筋时，混凝土强度等级不宜低于 C40。

【例题 10－1】（注册结构工程师类型题）预应力结构构件的混凝土需满足的下列要求中不正确的是何项？

（A）强度高　　　　　　　（B）收缩、徐变小

（C）快硬、早强　　　　　（D）强度等级不宜低于 C20

正答：（D）

预应力混凝土构件对混凝土的要求主要有以下几点：①高强度，混凝土强度等级不低于 C30；② 收缩及徐变要小；③快硬、早强。

【例题 10－2】（注册结构工程师类型题）预应力混凝土对钢筋的性能要求如下，其中正确的是何几项？

Ⅰ. 高强度、低松弛；

Ⅱ. 具有一定的塑性；

Ⅲ. 有良好的时焊性；

Ⅳ. 常用的预应力筋有钢筋、钢丝和钢绞线三大类。

（A）Ⅰ，Ⅱ　　（B）Ⅱ，Ⅲ　　（C）Ⅰ，Ⅱ，Ⅲ　　（D）Ⅰ，Ⅱ，Ⅲ，Ⅳ

正答：（C）

预应力混凝土对钢筋性能的要求主要有以下四个方面：高强度，良好的加工性能（可焊性），与混凝土之间有足够的黏结强度，具有良好的塑性。常用的预应力筋有钢丝、钢绞线和预应力螺纹钢筋三大类。

10.1.8 预应力混凝土的特点

预应力混凝土与普通钢筋混凝土相比，有如下特点：提高了构件的抗裂能力；增大了构件的刚度；充分利用高强度材料；扩大了构件的应用范围。

预应力混凝土具有施工工序多、对施工技术要求高，且需要张拉设备、锚夹具及劳动力费用高等特点，因此特别适用于普通钢筋混凝土构件力不能及的情形（如有防水、抗渗要求者或大跨度及重荷载结构）。

10.2　预应力混凝土构件设计的一般规定

10.2.1　张拉控制应力

张拉控制应力(controlling stress)是指张拉预应力钢筋时,张拉设备的测力仪表所指示的总张拉力除以预应力钢筋截面面积得出的拉应力值。预应力钢筋在施工阶段所经受的最大应力。在先张法构件中,由于放松时混凝土的弹性压缩、钢筋的松弛、混凝土的收缩和徐变等原因,会使预应力筋的应力逐渐减小;在后张法构件中,由于放张时锚具变形、预应力筋与孔道间的摩擦、预应力筋的松弛、混凝土收缩和徐变等原因,产生类似的效果。这种预应力值的降低称为预应力损失,用 σ_l 表示。预应力损失值的总和约占张拉控制应力的 15% ~30% 。

张拉控制应力的取值大小,直接影响预应力混凝土构件优越性的发挥。如果控制应力取值过低,则预应力钢筋在经历各种损失后,对混凝土产生的预应力过小,不能有效地提高预应力混凝土构件的抗裂度和刚度。σ_{con} 值定的高一些,可以充分利用预应力筋,对混凝土建立较高的预压应力,以达到节约材料的目的。但如果 σ_{con} 取值过高,又会产生一些不良后果。所以,作为施工时张拉预应力钢筋依据的 σ_{con},其取值应适当。若过大,则会产生如下问题:① 个别钢筋可能被拉断;② 施工阶段可能会引起构件某些部位受到拉力(称为预拉区)甚至开裂,还可能使后张法构件端部混凝土产生局部受压破坏;③ 使开裂荷载与破坏荷载相近,一旦裂缝,将很快破坏,即可能产生无预兆的脆性破坏。另外,还会增大预应力钢筋的松弛损失。因而对张拉控制应力应规定上限值。

同时,为了保证构件中建立必要的有效预应力,张拉控制应力取值也不能过小,即也应有下限值。

混凝土规范规定:预应力钢筋的张拉控制应力值不宜超过表 10 - 5 规定的张拉控制应力限值,且不应小于 $0.4f_{ptk}$ 。

表 10 - 5　张拉控制应力

钢筋种类	张拉方法	
	先张法	后张法
消除应力钢丝、钢绞线	$0.75\ f_{ptk}$	$0.75\ f_{ptk}$
热处理钢丝	$0.70\ f_{ptk}$	$0.65\ f_{ptk}$

【例题 10 - 3】　(注册结构工程师类型题)为了保证获得必要的预应力效果,避免将张拉控制应力 σ_{con} 定得过小,《混凝土结构设计规范》规定,对预应力钢丝、钢绞线、热处理钢筋的张拉控制应力 σ_{con} 的最低限值不应小于何项数值?

(A) $0.3f_{ptk}$　　(B) $0.4f_{ptk}$　　(C) $0.5f_{ptk}$　　(D) $0.6f_{ptk}$

正答：(B)

根据《混凝土结构设计规范》10.1.3 条。

【例题 10-4】 (注册结构工程师类型题)在预应力混凝土结构中，拉区预应力钢筋超张拉的目的是何项？

(A) 提高构件的承载能力　　(B) 减少预应力损失

(C) 利用钢筋屈服后的强度提高特性　　(D) 节省预应力钢筋

正答：(B)

拉区预应力钢筋通过超张拉(一般提高 5 个百分点) 可减少预应力筋孔道损失和松弛损失等。见《砼规》10.1.3 条。

10.2.2　预应力损失

将预应力钢筋张拉到控制应力后，由于种种原因，其拉应力值将逐渐下降到一定程度，即存在预应力损失(loss of prestress)。经损失后预应力钢筋的应力才会在混凝土中建立相应的有效预应力(effective prestress)。正确估计预应力的损失是重要的。因为预应力的损失使构件的刚度和抗裂度降低，损失过大甚至达不到预应力的作用。这就是预应力发现的初期，由于无高强材料和对预应力损失认识不清，而导致预应力失败的主要原因。

引起预应力损失的因素很多，如混凝土的收缩、徐变，钢筋的应力松弛等原因引起的预应力损失还会随时间的增长和环境的变化不断变化，因而可以认为预应力损失是一个随机过程，且其中许多因素又相互影响、相互依赖，如混凝土收缩、徐变使构件缩短，钢筋回缩导致预应力值降低。再如钢筋的松弛也将引起徐变损失的减小。除了各项因素引起的应力损失相互制约以外，材料性能如混凝土的弹性模量 E_c 的实际变异也很难精确计算。要精确计算预应力损失值是一项非常复杂的工作，在工程设计中为了简化计算起见，我国现行规范中，一般单独计算各种因素引起的预应力损失值，预应力混凝土构件的总的预应力损失值等于各种因素产生的预应力损失值叠加之和。

下面分项讨论引起预应力损失的原因、损失值的计算以及减少预应力损失的措施。

1. 张拉端锚具变形和钢筋内缩引起的预应力损失 σ_{l1}

(1) 无论先张法临时固定预应力钢筋还是后张法张拉完毕锚固预应力钢筋时，在张拉端由于锚具的压缩变形，锚具与垫板之间、垫板与垫板之间、垫板与构件之间的所有缝隙被挤紧，或由于钢筋、钢丝、钢绞线在锚具内的滑移，使得被拉紧的预应力钢筋松动缩短 a(mm) 从而引起预应力损失 σ_{l1}(N/mm^2)。可按下式计算：

$$\sigma_{l1}=\frac{a}{l}E_s \qquad (10-2)$$

式中　a——张拉端锚具变形和钢筋回缩值(mm)；按表 10-6 取用；

l——张拉端至锚固端之间的距离(mm)；

E_s——预应力筋的弹性模量(N/mm^2)。

表 10－6　锚具变形和钢筋回缩值 a (mm)

锚具类别	a
带螺帽的锚具(包括钢丝束的锚形螺杆锚具等) 螺帽缝隙 每块后加垫板的缝隙	 1 1
钢丝束的墩头锚具	1
钢丝束的钢制锥形锚具	5
JM12 锚具:当预应力筋为钢筋时	3
当预应力筋为钢绞线时	5
单根冷拔低碳钢丝的锥形锚具	5

(2)后张法构件曲线预应力筋由于锚具变形和预应力筋回缩引起的预应力损失值 σ_{l1}，会因预应力曲线钢筋与孔道壁之间存在的反向摩擦作用而产生变化。摩擦力的方向总与运动方向相反，张拉钢筋时预应力筋与孔道壁之间的摩擦力指向跨中，引起了预应力钢筋的应力损失 σ_{l2}，但构件各截面产生的损失值不尽相同，其应力变化近似如图 10－11(b)直线 abc 表示。张拉完毕，预应力筋锚固在构件上，由于预应力钢筋因锚固变形和钢筋回缩受到钢筋与孔道壁之间的反向摩擦力 $\sigma_{\text{ll},2}$，张拉力将有所下降，锚固端预应力筋的张拉应力由 a 点下降至 a' 点，其差值为 σ_{ll}。这因锚具变形使钢筋回缩所产生的预应力损失值 σ_{ll}，离张拉端的距离越远，损失值越小。离张拉端某一距离 l_f 处钢筋的内缩为零，锚具变形和钢筋内缩所引起的预应力损失值 $\sigma_{\text{ll}}=0$。l_f 称为反向摩擦影响长度。在 l_f 范围内，σ_{ll} 的变化如图 10－11(b)中的 $a'b$ 所示。σ_{ll} 应根据预应力曲线钢筋与孔道壁之间的反向摩擦影响长度 l_f 范围内的钢筋变形值等于锚具变形和钢筋内缩值的条件确定。当预应力钢筋为圆弧形构成，且其对应的圆心角 θ 不大于 30°时(见图 10－11(a))，距端部为 x 处因锚固变形和钢筋内缩而引起的预应力损失值可按下列计算：

$$\sigma_{l1}=2\sigma_{\text{con}}l_f\left(\frac{\mu}{\gamma_c}+k\right)\left(1-\frac{X}{l_f}\right) \tag{10-3}$$

$$l_f=\sqrt{\frac{aE_s}{1\,000\sigma_{\text{con}}\left(\frac{\mu}{\gamma_c}+k\right)}} \tag{10-4}$$

式中　γ_c ——圆弧形曲线预应力钢筋的曲率半径(m)；

μ ——预应力钢筋与孔道壁之间的摩擦因数，按表 10－7 取用；

κ ——考虑孔道每米长度局部偏差的摩擦系数，按表 10－7 取用；

x ——张拉端至计算截面的距离(m)；且 $x\leqslant l_f$；

l_f ——反向摩擦影响长度(m)；

a ——锚具变形和钢筋回缩值(mm)；按表 10－6 取用；

E_s ——预应力钢筋弹性模量(N/mm^2)。

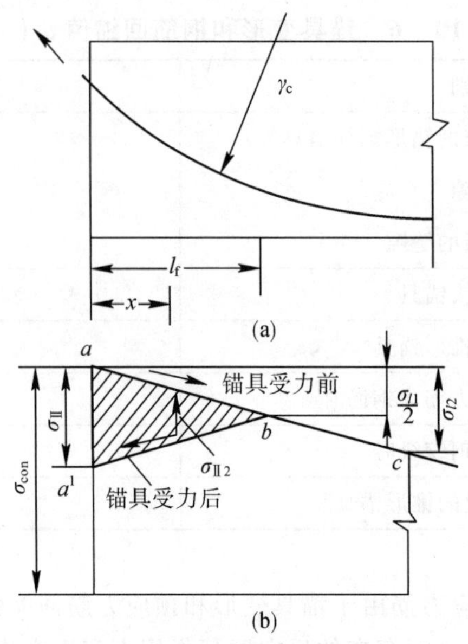

图 10－11　曲线预应力筋的 σ_{l1}

(a)圆弧形预应力钢筋；(b)预应力损失值 σ_{l1} 分布

表 10 － 7　摩擦因数

孔道成型方式	k	μ	
		钢丝束、钢绞线、光面钢筋	变形钢筋
预埋铁皮管	0.003 0	0.35	0.40
预埋波纹管	0.001 5	0.25	——
预埋钢管	0.001 0	0.25	——
抽芯成型	0.001 5	0.55	0.60
无黏结预应力钢绞线	0.004 0	0.12	——
无黏结预应力钢绞束	0.003 5	0.10	——

注：① 当采用钢丝束的钢质锥形锚具及类似形式锚具时，应考虑锚环口处的附加摩擦损失，其值可根据实测数据确定；

②无黏结预应力钢绞线适用于公称直径 12.70 mm 或 15.20 mm 钢绞线制成的无黏结预应力钢筋。

为了减小锚具变形和钢筋内缩引起的预应力损失，应尽量少用垫板；先张法采用长线台座张拉时损失较小；而后张法中构件长度越大则损失越小。

2.预应力钢筋与孔道壁之间的摩擦引起的预应力损失 σ_{l2}

后张法由于孔道的制作偏差、孔道壁粗糙以及钢筋与孔壁的挤压等原因，张拉预应力筋时，钢筋将与孔壁发生摩擦(friction)。距离张拉端越远，摩擦阻力的累积值越大，从而使构件每一截面上预应力钢筋的拉应力值逐渐减小，这种预应力值差额称为摩擦损失。

为了减小摩擦损失，对于较长的构件可采用一端张拉另一端补拉，或两端同时张拉，也可采用超张拉。

1)用两端张拉，以减小 θ 值和孔道计算长度 x。见图 10 － 12(a)(b)，但这个措施同时将引起 σ_{l1} 的增加，故应用时应予以权衡；

2) 用超张拉，如图 10 － 12(c) 所示的张拉程序：

$$1.1\sigma_{con} \xrightarrow[\text{缺载至}]{\text{持荷 2min}} 0.85\sigma_{con} \xrightarrow[\text{再加荷至}]{\text{停 2min}} \sigma_{con}$$

它显然将比一次张拉至 σ_{con} 的预应力分布均匀。各截面的预应力损失 σ_{l2} 亦将减小。

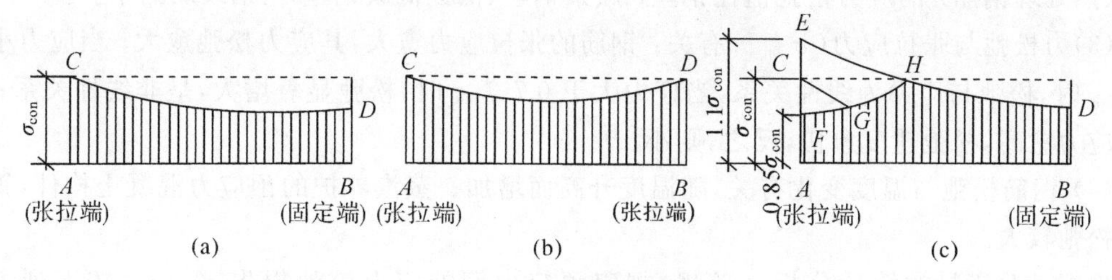

图 10－12　一端张拉、两端张拉及超张拉对减少摩擦损失的影响

3.混凝土加热养护时,受张拉的钢筋与承受拉力的设备之间的温差引起的预应力损失 σ_{l2}

制作先张法构件时,一般用长线台座生产预应力混凝土构件。为了缩短生产周期,常采用蒸汽养护,促使混凝土快硬。在养护的升温阶段,由于预应力钢筋与台座间形成温差,预应力筋的温度高于承受拉力的台座温度,而这时新浇的混凝土还没有结硬,钢筋受热,产生自由膨胀使钢筋伸长,相当于使预应力筋的拉伸变形减小,但张拉台座一般埋置于土中,两端台座的长度保持原长不变,从而在预应力钢筋内,钢筋的部分弹性变形转化成温度变形,使预应力钢筋中应力下降。其应力损失值为 σ_{l3} 。当混凝土结硬后,钢筋与混凝土之间产生粘线路作用。降温时,由于钢筋与混凝土两者间已成一整体且两者的温度膨胀系数接近(钢为 1.2×10^{-5} / ℃;混凝土为(1.0 ～1.5)$\times10^{-5}$ / ℃) 所以随温度降低产生相同的收缩,钢筋不能回复到原拉长时的位置,因养护升温所降低的应力 σ_{l3} 已不可恢复,产生的预应力损失。

蒸汽养护时,若受张拉的钢筋与承受拉力的设备(台座) 之间的温差为 Δt,取钢筋的温度线膨胀系数 $\alpha = 1\times10^{-5}$ / ℃,钢筋的长度为 L,钢筋产生的温差变形为 ΔL。则 σ_{l3} 按下式计算:

$$\sigma_{l3} = \varepsilon_s E_s = \frac{\Delta L}{L}E_s = \frac{\alpha\Delta t L}{L}E_s = \alpha E_s \Delta t = 0.000\,01 \times 2.0 \times 10^5 \times \Delta t = 2\Delta t \ (\text{N/mm}^2) \tag{10-5}$$

减少 σ_{l3} 的措施包括如下几点:

1)通常采用两阶段升温养护来减小温差损失:先升温 20～25℃ ,待混凝土强度达到 7.5～10N/mm² 后,混凝土与预应力钢筋之间已具有足够的黏结力而结成整体;当再次升温时,二者可共同变形,不再引起预应力损失。

2)钢模张拉。由于预应力筋锚固在钢模上,钢模与构件一起送入蒸养室,两者同时升温,$\Delta t = 0$,台座与钢筋同步伸长,又同时冷却,锚固于台座上的预应力筋的张拉应力保持不变,故不考虑 σ_{l3}。

4.预应力钢筋的应力松弛引起的预应力损失 σ_{l4}

应力松弛(stress relaxation)是指钢筋受力后,在长度不变的条件下,钢筋应力随时间的增长而降低的现象。

试验表明,钢筋的应力松弛与下列因素有关,并有以下特点:

(1) 钢筋的应力松弛与时间有关: 应力松弛速度在张拉初期发展最快,一般 2 min 应力松弛可完成全部松弛损失的 30% ,5 min 完成 40% ,1 h 完成 50% ,24 h 完成 80% ～90% ,以后发展很缓慢。

(2) 钢筋的应力松弛损失与预应力钢筋的种类密切相关而与张拉方式无关：钢筋（冷拉钢筋、热处理钢筋）的应力松弛值比钢丝（碳素钢丝、低拔低碳钢丝）、钢绞线的小。

(3)力松弛与张拉应力（σ_{con}）有关：钢筋的张拉应力愈大，其应力松弛愈大；当应力小于 $0.7f_{ptk}$ 时，松弛与应力为线性关系，当应力大于 $0.7f_{ptk}$ 时，松弛显著增大，呈非线性关系；且张拉应力愈高，松弛速度愈快，反之，则小。

(4) 钢筋松弛与温度变化有关，随温度升高而增加。蒸汽养护的预应力混凝土构件，钢筋应力松弛较大。

根据试验资料的统计分析，《砼规》规定预应力筋的应力松弛损失 σ_{l4}，σ_{l4} 按下列方式计算。

· 冷拉钢筋、热处理钢筋：

一次张拉 $$\sigma_{l4}=0.05\sigma_{con} \tag{10-6}$$

超张拉 $$\sigma_{l4}=0.035\sigma_{con} \tag{10-7}$$

· 冷拔低碳钢丝：

一次张拉 $$\sigma_{l4}=0.085\sigma_{con} \tag{10-8}$$

超张拉 $$\sigma_{l4}=0.065\sigma_{con} \tag{10-9}$$

· 预应力钢丝、钢绞线：

普通松弛时，有 $$\sigma_{l4}=0.4\Psi\left(\frac{\sigma_{con}}{f_{plk}}-0.5\right)\sigma_{con} \tag{10-10}$$

式中，一次张拉时，$\Psi=1.0$；超张拉时，$\Psi=0.9$。

低松弛时，计算方法如下：

当 $\sigma_{con}\leqslant 0.7f_{ptk}$ 时，有

$$\sigma_{l4}=0.125\left(\frac{\sigma_{con}}{f_{plk}}-0.5\right)\sigma_{con} \tag{10-11}$$

当 $0.7f_{ptk}<\sigma_{con}\leqslant 0.8f_{ptk}$ 时，

$$\sigma_{l4}=0.2\left(\frac{\sigma_{con}}{f_{plk}}-0.575\right)\sigma_{con} \tag{10-12}$$

对预应力钢丝及钢绞线，当 $\sigma_{con}/f_{ptk}\leqslant 0.5$ 时，可不考虑此项松弛损失，即取 $\sigma_{l4}=0$。当采用上述超张拉的应力松弛损失值时，张拉程序应符合现行国家标准《混凝土结构工程施工及验收规范》的要求。

减少此项损失的措施有进行超张拉。这是因为在较高应力下，短时间所产生的应力松弛损失与在较低应力下经过较长时间才能完成的松弛损失大抵相同，所以经过超张拉后再重新张拉至 σ_{con} 时，一部分松弛损失在超张拉时业已完成，松弛损失即可减小。

5.混凝土的收缩和徐变引起的预应力损失 σ_{l5}

混凝土在空气中结硬时体积收缩(shrinkage)，而在预压力作用下，混凝土沿压力方向又发生徐变(creep)。收缩、徐变都导致预应力混凝土构件的长度缩短，预应力钢筋也随之回缩，产生预应力损失。

《砼规》规定，在一般相对湿度环境下，混凝土收缩、徐变引起受拉区和受压区预应力钢筋

的预应力损失 σ_{l5} 和 σ'_{l5}（N/mm^2）可按下列公式计算。

先张法：

$$\sigma_{l5}=\frac{45+280\dfrac{\sigma_{pc}}{f'_{cu}}}{1+15\rho} \tag{10-13}$$

$$\sigma'_{l5}=\frac{45+280\dfrac{\sigma'_{pc}}{f'_{cu}}}{1+15\rho'} \tag{10-14}$$

后张法：

$$\sigma_{l5}=\frac{35+280\dfrac{\sigma_{pc}}{f'_{cu}}}{1+15\rho} \tag{10-15}$$

$$\sigma'_{l5}=\frac{35+280\dfrac{\sigma'_{pc}}{f'_{cu}}}{1+15\rho'} \tag{10-16}$$

式中　σ_{pc}，σ'_{pc}——受拉区，受压区预应力钢筋在各自合力点处混凝土法向压应力。此时，预应力损失值仅考虑混凝土预压前的第一批损失，其非预应力钢筋中的应力 σ_{l5}，σ'_{l5} 值应取等于零；且 σ_{pc}，σ'_{pc} 值不得大于 $0.5f'_{cu}$，当 σ'_{pc} 为拉应力时，则式（10－14）和式（10－16）中的 σ'_{pc} 应取等于零，即 $\sigma'_{pc}=0$。计算混凝土法向应力 σ_{pc}，σ'_{pc} 时可根据构件制作情况考虑自重的影响；

f'_{cu}　——施加预应力时的混凝土立方体抗压强度；不宜低于设计的混凝土强度等级的 75％；

ρ，ρ'　——受拉区、受压区预应力钢筋和非预应力钢筋的配筋率。

对先张法构件：

$$\rho=\frac{A_p+A_s}{A_0},\quad \rho'=\frac{A'_p+A'_s}{A_0} \tag{10-17a}$$

对后张法构件：

$$\rho=\frac{A_p+A_s}{A_n},\rho'=\frac{A'_p+A'_s}{A_n} \tag{10-17b}$$

式中，A_0 ——混凝土换算截面面积；

A_n ——混凝土净截面面积。

对于对称配置预应力钢筋和非预应力钢筋的构件，取 $\rho=\rho'$，此时配筋率应按其钢筋截面面积的一半进行计算，即

先张法构件：　$\rho=\rho'=(A_p+A_s)/2A_0$

后张法构件：　$\rho=\rho'=(A_p+A_s)/2A_n$

由式（10－11）～式（10－14）可以看出：

（1）σ_{l5} 与相对应力 σ_{pc}/f'_{cu} 为线性关系。公式中所给出的是线性徐变条件下的应力损

失，因此要求符合$\sigma_{pc}<0.5f'_{cu}$的条件。否则，混凝土中将产生非线性徐变，导致预应力损失值显著增大。由此可见，过大的预加应力以及过低的混凝土张拉时的抗压强度均是不妥的，设计时应要求f'_{cu}达到75％的混凝土强度等级时才能放张。

(2) σ_{l5}，σ'_{l5}，随σ'_{pc}(或f'_{cu})的增大而减小。因为ρ(或ρ')的增加可减小混凝土的收缩和徐变。

(3)当/ f'_{cu}(或σ'_{pc}/f'_{cu})相同时，后张法构件σ_{l5}的取值比先张法构件为低。这是因为后张法构件在施加预应力的过程中，混凝土的收缩已完成了一部分。

上述公式是在一般相对湿度环境下给出的经验公式。国内外的试验资料表明，对处于高湿度环境(如相对湿度为100％)下的混凝土收缩量将降为零，而徐变量将降低30％～50％，对低湿度环境(如相对湿度为50％以下)的混凝土收缩量，徐变量将增大20％～30％。因此，对处于高湿度环境下的结构(如贮水池、桩等)，以上述公式算得的σ_{l5}，σ'_{l5}可降低50％，而对处于干燥环境的结构，σ_{l5}，σ'_{l5}应增加20％～30％。

当能预先确定构件承受外荷载的时间时，不考虑时间对混凝土收缩和徐变损失值的影响，此时可将σ_{l5}及σ'_{l5}乘以系数$\beta(\beta\leqslant 1)$，β按下式计算：

$$\beta=\frac{4j}{120+3j} \tag{10-18}$$

式中，j为结构构件从预加应力起至承受外荷载的天数。σ_{l5}在总的预应力损失中所占的比重较大。在曲线配筋中，σ_{l5}约占总预应力损失值的30％左右，在直线配筋中，σ_{l5}约占总预应力损失值的60％左右。所以应尽量减少σ_{l5}。减少此项损失的措施有：

(1)采用高标号水泥，减少水泥用量，降低水灰比，采用干硬性混凝土；

(2)采用级配较好的骨料，加强震捣，提高混凝土的密实性；

(3)加强养护，以减少混凝土的收缩。

6.用螺旋式预应力钢筋作配筋的环形构件，由于混凝土的层部挤压引起的预应力损伤

用螺旋式预应力钢筋作配筋的环形构件，由于混凝土的局部挤压引起的预应力损失　对水管、蓄水池等圆形结构物，可采用后张法施加预应力。把钢筋张拉完毕锚固后，由于张紧的预应力钢筋挤压混凝土，钢筋处构件的直径减小，一圈内钢筋的周长减小，预拉应力下降，即产生了预应力损失。

7.预应力损失的分阶段组合

不同的施加预应力方法，产生的预应力损失也不相同。

在实际计算中，以“预压”为界，把预应力损失分成两批，见表10－8。

表10－8　预应力损失组合

预应力损失的组合	先张法	后张法
混凝土预压前——第一批损失	$\sigma_{l1}+\sigma_{l3}+\sigma_{l4}$	$\sigma_{l1}+\sigma_{l2}$
混凝土预压后——第二批损失	σ_{l5}	$\sigma_{l4}+\sigma_{l5}+\sigma_{l6}$

考虑到预应力损失计算值与实际值的差异，并为了保证预应力混凝土构件具有足够的抗裂度，应对预应力总损失值做最低限值的规定。《砼规》规定，当计算求得的预应力总损失值小

于下列数值时，应按下列数值取用：

先张法构件：100 N/mm^2；

后张法构件：80 N/mm^2。

8.混凝土的弹性压缩(或伸长)

当混凝土受预应力作用而产生弹性压缩(或伸长)时，若钢筋(包括预应力钢筋和非预应力钢筋)与混凝土协调变形(即共同缩短或伸长)，则钢筋的应力变化量为

$$\Delta\sigma = \alpha_E \Delta\sigma_c$$

式中，α_E 为钢筋弹性模量与混凝土弹性模量的比值。

【例题 10-5】　(注册结构工程师类型题)顶应力钢筋的预应力损失，包括锚具变形损失(σ_{l1})，摩擦损失(σ_{12})，温差损失(σ_{l3})，钢筋松弛损失(σ_{l4})，混凝土收缩、徐变损失(σ_{l5})，局部挤压损失(σ_{16})。设计计算时，预应力损失的组合，在混凝土预压前为第一批，预压后为第二批。对于先张法构件预应力损失的组合是下列何项？

(A)第一批 $\sigma_{l1}+\sigma_{l2}+\sigma_{l4}$；第二批 $\sigma_{l3}+\sigma_{l5}$

(B)第一批 $\sigma_{l1}+\sigma_{l2}+\sigma_{l3}$；第二批 σ_{l5}

(C)第一批 $\sigma_{l1}+\sigma_{l2}+\sigma_{l3}+\sigma_{l4}$；第三批 σ_{l5}

(D)第一批 $\sigma_{l1}+\sigma_{l2}$；第二批 $\sigma_{l4}+\sigma_{l5}$

正答：(C)

根据《混凝土结构设计规范》表 10.2.7 。

【例题 10-6】　(注册结构工程师类型题)对后张法有黏结预应力混凝土构件，以下哪些因素可造成预应力损失？

Ⅰ. 张拉端锚具变形和钢筋滑动　　Ⅱ. 预应力筋与孔道壁之间的摩擦

Ⅲ.预应力筋应力松弛　　Ⅳ.混凝土收缩、徐变

(A) Ⅰ，Ⅱ，Ⅲ　(B) Ⅰ，Ⅱ，Ⅲ，Ⅳ　(C) Ⅱ，Ⅲ，Ⅳ　(D) Ⅰ，Ⅲ，Ⅳ

正答：(B)

根据《砼规》10.2.7 条表 10.2.7 规定，后张法预应力混凝土构件预应力损失值组合包括 $\sigma_{l1}+\sigma_{l2}+\sigma_{l4}+\sigma_{l5}+\sigma_{l6}$。

【例题 10-7】　(注册结构工程师类型题)有一长 3.6 m 的先张法预应力空心楼板，采用 C40 混凝土和 $\varphi^P 5$ 钢丝，长线一次张拉，台座长为 80 m，采用单根钢丝锥形锚具。张拉控制应力为 $\sigma_{con}=0.75f_{plk}$。试问由于锚具变形和钢丝内缩引起的预应力损失 σ_{ll} (N/mm^2) 应为下列何项数值？

(A) 12.5　(B) 25.0　(C) 15.0　(D) 30.0

正答：(A)

由《混凝土结构设计规范》10.2.2 条和表 10.2.2，取 $a=5$ mm，则

$$\sigma_{l1}=\frac{a}{l}E_s=\frac{5}{80\ 000}\times 2\times 10^5=12.5\ \text{N/mm}^2$$

10.3　预应力混凝土轴心受拉构件的应力分析

预应力混凝土轴心受拉构件从张拉钢筋开始到构件破坏为止，可分为两个阶段：施工阶段

和使用阶段。

构件内存在两个力系：内部预应力（施工制作时施加的）和外荷载（使用阶段施加的）。

用 A_p 和 A_p 表示预应力钢筋和非预应力钢筋的截面面积，A_c 为混凝土截面面积；以 σ_{pc}，σ_s 及 σ_{pc} 表示预应力钢筋、非预应力钢筋及混凝土的应力。

规定：σ_{pe} 以受拉为正，σ_s 及 σ_{pc} 以受压为正。

10.3.1 先张法轴心受拉构件

在施工制作阶段，应力图形如图 10－13 所示。此阶段构件任一截面各部分应力均为自平衡体系。

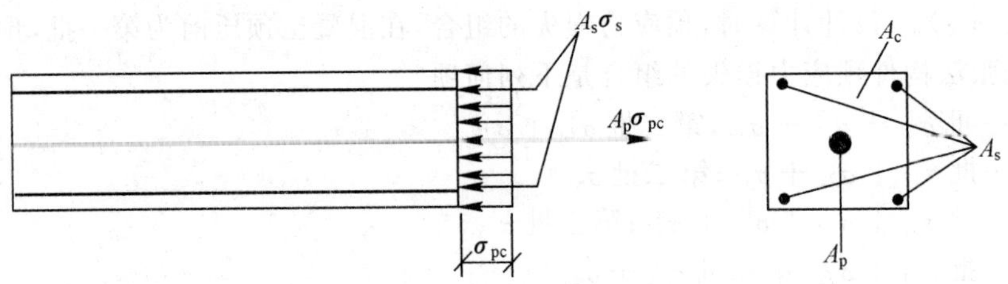

图 10－13 先张法构件截面预应力

平衡方程：

$$\sigma_{pe}A_p = \sigma_{pc}A_c + \sigma_s A_s$$

放松预应力钢筋，压缩混凝土（完成第一批预应力损失）

$$\sigma_{pc} = \sigma_{pc1}$$

$$\sigma_{pe} = \sigma_{con} - \sigma_{l1} - \alpha_E \sigma_{pc1}$$

$$\sigma_s = \alpha_{Es}\sigma_{pc1}$$

代入平衡方程可得

$$\sigma_{pc1} = \frac{(\sigma_{com} - \sigma_{l1})A_p}{A_c + \alpha_{Es}A_s + \alpha_E A_p} = \frac{(\sigma_{con} - \sigma_{l1})A_p}{A_0}$$

此时的应力状态，可作为施工阶段对构件进行承载能力计算的依据。完成第二批预应力损失：

$$\sigma_{pc} = \sigma_{pc\mathrm{II}}$$

$$\sigma_{pe} = \sigma_{com} - \sigma_l - \alpha_E \sigma_{pc\mathrm{II}}$$

$$\sigma_s = \alpha_{Es}\sigma_{pc\mathrm{II}} + \sigma_{l5}$$

代入平衡方程解得

$$\sigma_{pc\mathrm{I}} = \frac{(\sigma_{com} - \sigma_l)A_p - \sigma_{l5}A_s}{A_0} \tag{10-19}$$

式(10－19)给出了先张法构件中最终建立的混凝土有效预压应力。

使用阶段：

1)加荷至混凝土预压应力被抵消时（见图 10－14），有

$$\sigma_{pc} = 0,\quad \sigma_{pe} = \sigma_{p0} = \sigma_{com} - \sigma_l,\quad \sigma_s = \sigma_{l5}$$

平衡条件为

$$N_0 = \sigma_{pe} A_p - \sigma_s A_s$$

代入可得

$$N_0 = (\sigma_{com} - \sigma_l) A_p - \sigma_{l5} A_s = \sigma_{pc\,II} A_0$$

此时，构件截面上混凝土的应力为零，相当于普通钢筋混凝土构件还没有受到外荷载的作用，但预应力混凝土构件已能承担外荷载产生的轴向拉力，故称为“消压拉力”。

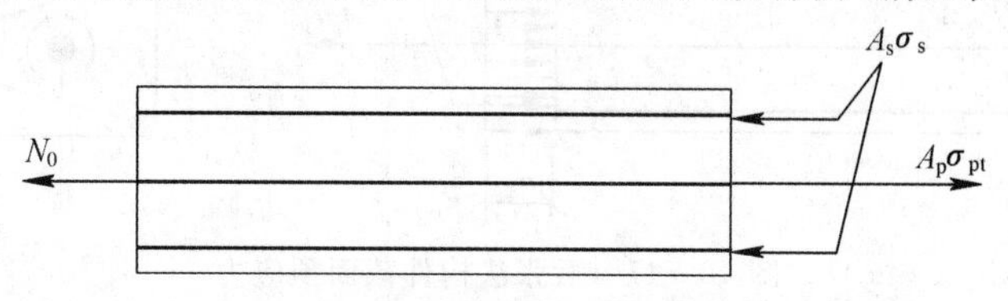

图 10-14　消压状态

2)继续加荷至混凝土即将开裂(见图 10-15)，有

$$\sigma_{pc} = -f_{tk}, \quad \sigma_{pe=} = \sigma_{com} - \sigma_l + \alpha_E f_{tk}, \quad \sigma_s = \sigma_{l5} - \alpha_{Es} f_{tk}$$

平衡条件为

$$N_{cr} = \sigma_{pe} A_p - \sigma_{pe} A_c - \sigma_s A_s$$

代入可得

$$\begin{aligned} N_{cr} = &(\sigma_{con} - \sigma_l + \alpha_E f_{tk}) A_p + f_{tk} A_c - (\sigma_{l5} - \alpha_{Es} f_{tk}) A_s = \\ &(\sigma_{con} - \sigma_l) + A_p - \sigma_{l5} A_s + f_{tk}(A_c + \alpha_E A_p + \alpha_{Es} A_s) = \\ &\sigma_{peII} A_0 + f_{tk} A_= N_0 + f_{tk} A_0 = (\sigma_{peII} + f_{tk}) A_0 \end{aligned} \tag{10-20}$$

式(10-20)可作为使用阶段对构件进行抗裂验算的依据。

图 10-15　截面即将开裂

3)加荷直至构件破坏。贯通裂缝截面相应的轴向拉力极限值(即极限承载力)，如图 10-16 所示。

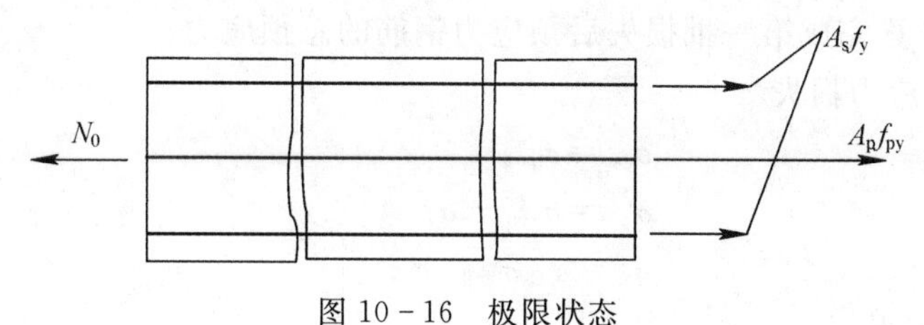

图 10-16　极限状态

由平衡条件可得

$$N = f_y A_s + f_{py} A_p \tag{10-21}$$

式(10-21)可作为使用阶段对构件进行承载能力极限状态计算的依据。

10.3.2 后张法轴心受拉构件

在施工阶段,应力图形如图 10－17 所示,构件任一截面各部分应力亦为自平衡体系。

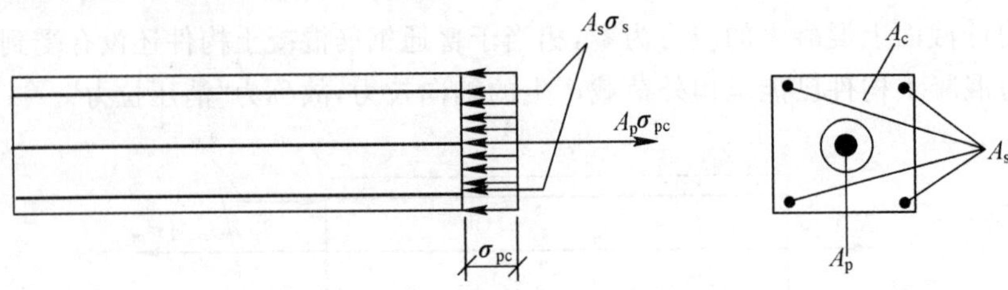

图 10－17 后张法构件截面预应力

平衡方程为

$$\sigma_{pe}A_p=\sigma_{pc}A_c+\sigma_sA_s$$

在构件上张拉预应力钢筋至 σ_{con}，同时压缩混凝土

$$\sigma_{pc}=\sigma_{cc}$$

$$\sigma_{pe}=\sigma_{con}-\sigma_{l2}$$

$$\sigma_s=\alpha_{Es}\sigma_{cc}$$

代入平衡方程可解得

$$\sigma_{cc}=\frac{(\sigma_{con}-\sigma_{l2})A_p}{A_c+\alpha_{Es}A_s}=\frac{(\sigma_{con}-\sigma_{l2})A_p}{A_n}$$

当 $\sigma_{l2}=0$ (张拉端)时，σ_{cc} 达最大值，即

$$\sigma_{cc}=\frac{\sigma_{con}A_p}{A_n} \tag{10-22}$$

式(10－22)可作为施工阶段对构件进行承载力验算的依据。

完成第一批预应力损失

$$\sigma_{pc}=\sigma_{pc\mathrm{I}}$$

$$\sigma_{pe}=\sigma_{con}-\sigma_{l1}$$

$$\sigma_s=\alpha_{Es}\sigma_{pc\mathrm{I}}$$

代入平衡方程解得

$$\sigma_{pc\mathrm{I}}=\frac{(\sigma_{con}-\sigma_{l1})A_p}{A_c+\alpha_{Es}A_s}=\frac{(\sigma_{con}-\sigma_{l1})A_p}{A_n}$$

这里的 $\sigma_{pc\mathrm{I}}$ 用于计算完成第一批损失后预应力钢筋的总预应力。

完成第二批预应力损失

$$\sigma_{pe}=\sigma_{pe\mathrm{II}}$$

$$\sigma_{pe}=\sigma_{con}-\sigma_l$$

$$\sigma_\sigma=\alpha_{Es}\sigma_{pc\mathrm{II}}+\sigma_{l5}$$

代入平衡方程,可解得

$$\sigma_{pc\mathrm{II}}=\frac{(\sigma_{con}-\sigma_l)A_p-\sigma_{l5}A_s}{A_n}$$

$\sigma_{pc\mathrm{II}}$ 即为后张法构件中最终建立的混凝土有效预压应力。

10.4　预应力混凝土轴心受拉构件的计算和验算

为了保证预应力混凝土轴心受拉构件(uniaxial tensile member of prestressed concrete)的可靠性(reliability),除要进行构件使用阶段的承载力(load - carrying capacity)计算和裂缝控制(crack control)验算外,还应进行施工阶段(制作、运输、安装)的承载力验算,以及后张法构件端部混凝土的局部受压验算。

10.4.1　使用阶段正截面承载力计算

目的是保证构件在使用阶段具有足够的安全性。因属于承载能力极限状态的计算,故荷载效应及材料强度均采用设计值。计算公式为

$$N \leqslant N_u$$

10.4.2　使用阶段正截面裂缝控制验算

预应力混凝土轴心受拉构件,应按所处环境类别和结构类别选用相应的裂缝控制等级,并按下列规定进行混凝土拉应力或正截面裂缝宽度验算。由于属正常使用极限状态的验算,因而须采用荷载效应的标准组合或准永久组合,且材料强度采用标准值。

1.一级——严格要求不出现裂缝的构件

在荷载效应的标准组合下应符合下列规定:

$$\sigma_{ck} - \sigma_{pc} \leqslant 0$$

2.二级——一般要求不出现裂缝的构件

应同时满足如下两个条件:

1)在荷载效应的标准组合下应符合下列规定:

$$\sigma_{ck} - \sigma_{pc} \leqslant f_{tk}$$

2)在荷载效应的准永久组合下宜符合下列规定:

$$\sigma_{cq} - \sigma_{pc} \leqslant 0$$

3.三级——允许出现裂缝的构件

按荷载效应的标准组合并考虑长期作用影响计算的最大裂缝宽度,应符合下列规定:

$$w_{max} \leqslant w_{lim}$$

$$w_{max} = \alpha_{cr} \Psi \frac{\sigma_{sk}}{E_s}\left(1.9c + 0.08\frac{d_{eq}}{\rho_{te}}\right)$$

$$\Psi = 1.1 - 0.65\frac{f_{tk}}{\rho_{te}\sigma_{sk}}$$

$$d_{eq} = \frac{\sum n_i d_i^2}{\sum n_i v_i d_i}$$

$$\rho_{ie}=\frac{A_s+A_p}{A_{te}}$$

【例题 10－8】～【例题 10－9】 （注册结构工程师类型题）24m 预应力混凝土屋架下弦拉杆，截面构造如图 10－18。采用后张法一端张拉施加预应力，并施行超张拉。室内正常环境屋架处于年平均相对虚度低于 40％ 的环境中。

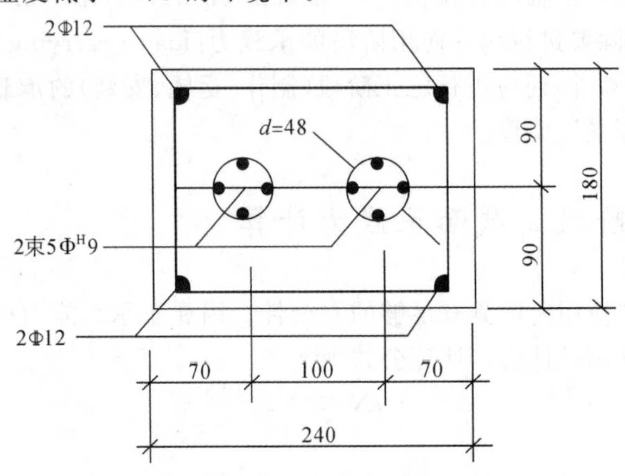

图 10－18　例题 10－8 图

【例题 10－8】 （注册结构工程师类型题）若孔道直径为 48 mm，选用 2 束消除应力钢丝，每束为 $5\varphi^H 9$ （A_p ＝785 mm²），非预应力钢筋为 HRB 400 级钢筋 4C12（A_s＝ 452. 4 mm²），C45 级混凝土，则净截面面积 A_n（mm²）与何项数值最为接近？

（A）39 580.9　　（B）41 829.3　　（C）4 228 1.7　　（D）43 482.4

正答：（B）

热处理钢筋：$E_s = 2\times10^5$ N/mm²；C45 级混凝土：$E_c = 3.35\times10^4$ N/mm²。则有

$$\alpha_E=\frac{E_s}{E_c}=\frac{20}{3.35}=5.97$$

由《砼规》10.1.6 条净截面面积，有

$$A_n=240\times180-2\times\frac{48^2\pi}{4}+(5.91-1)\times452.4=41\ 829.3\ \text{mm}^2$$

【例题 10－9】 （注册结构工程师类型题）采用夹片式锚具，孔道成型方式为预埋金属波纹管 f_{ptk} ＝1 470 MPa，张拉控制应力 $\sigma_{con} = 0.65 f_{pty}$。则第一批预应力损失 σ_{l1} （N/mm²）与何项数值最为接近？

（A）41. 7　　（B）76.12　　（C）80.0　　（D）109.62

正答：（B）

由《砼规》10.2.7 条，后张法构件第一批预应力损失为 $\sigma_{l1}=\sigma_{l1}+\sigma_{l2}$

（1）计算 σ_{l1}。由《砼规》表 10.2.2. 夹片式锚具变形和钢筋内缩值 a ＝5 mm，构件长 l ＝ 24 m。故有

$$\sigma_{l1}=\frac{a}{l}E_s=\frac{5}{24\times10^3}\times2\times10^5=41.7\ (\text{N/mm}^2)$$

（2）计算 σ_{l2}。

张拉控制应力为 $\sigma_{con}=0.65f_{pty}=0.65\times 1\,470=956\ (\mathrm{N/mm^2})$

查《砼规》表 10.2.4 可知 $k=0.001\,5$，直线配筋 $\mu\theta=0$，故

$$kx+\mu\theta=0.001\,5\times 24=0.036<0.2$$

由《砼规》式(10.2.4－2) 有

$$\sigma_{l2}=\sigma_{con}(kx+\mu\theta)=956(0.0015\times 24)=34.42\ (\mathrm{N/mm^2})$$

故第一批损失为　$\sigma_{l\,\mathrm{I}}=\sigma_{l1}+\sigma_{l2}=41.7+34.42=76.12\ (\mathrm{N/mm^2})$

【例题 10－10】（注册结构工程师类型题）上题中，若 $\sigma_{tl}=73.8\ \mathrm{N/mm^2}$，$A_n=41\,199\ \mathrm{mm^2}$。施加预应力时 $f'_{cu}=40\ \mathrm{N/mm^2}$ 时，则第二批预应力损失 $\sigma_{t\,\mathrm{II}}$ $(\mathrm{N/mm^2})$ 与何项数值最为接近？

(A) 158.04　　B) 161.91　　(C) 210.1　　(D) 209.71

正答：(C)

由《砼规》10.2.7 条，后张法构件第二批顶应力损失为 $\sigma_{l\,\mathrm{II}}=\sigma_{l4}+\sigma_{l5}$。

(1)计算 σ_{l4}。采用超张拉工艺，由《砼规》表 10.2.1，有

$$\sigma_{l4}=0.125\left(\frac{\sigma_{con}}{f_{ptk}}-0.5\right)\sigma_{con}=0.125\times\left(\frac{956}{14\pi}-0.5\right)\times 956=17.97\ \mathrm{N/mm^2}$$

(2)计算 σ_{l5}。张拉终止后混凝土的预压应力求解如下：

$$\sigma_{pc1}=\frac{(\sigma_{con}-\sigma_{l1})A_p}{A_n}=\frac{(956-73.8)\times 785}{41\,199}=16.8\ \mathrm{N/mm^2}$$

$$\frac{\sigma_{pc1}}{f'_{cu}}=\frac{16.8}{40}=0.42,\quad \rho=\frac{A_p+A_s}{2A_p}=\frac{785+452.4}{2\times 41\,199}=0.015$$

由《砼规》式(10.2.5－3)，得

$$\sigma_{l5}=\frac{55+300\cdot\dfrac{\sigma_{pc1}}{f'_{cu}}}{1+15\rho}=\frac{55+300\times 0.42}{1+15\times 0.015}=47.76\ \mathrm{N/mm^2}$$

当结构处于年平均相对湿度低于 40% 的环境下，σ_{l5} 值应增加 30%，即

$$\sigma_{l5}=1.3\times 147.76=192.1\ \mathrm{N/mm^2}$$

故第二批损失为

$$\sigma_{l\,\mathrm{II}}=\sigma_{l4}+\sigma_{l5}=17.97+192.1=210.1\ \mathrm{N/mm^2}$$

【例题 10－11】（注册结构工程师类型题）在上题中，若永久荷载作用下的轴向拉力标准值 $N_{Qk}=520\ \mathrm{kN}$，可变荷载作用下的轴向拉力标准值 $N_{Qk}=150\ \mathrm{kN}$，准永久值系数 $\Psi_q=0$，混凝土的收缩和徐变损失 $\sigma_{l5}=127.2\ \mathrm{N/mm^2}$，全部预应力损失 $\sigma_l=234.5\ \mathrm{N/mm^2}$时，换算截面面积 $A_o=45\,030\ \mathrm{mm^2}$，则下列何项表达正确？

(A)裂缝控制等级为一级，即严格要求不出现裂缝。

(B)荷载效应的标准组合值 $\sigma_{ck}=16.26\ \mathrm{N/mm^2}$。

(C)扣除全部顶应力损失后再验算抗裂边缘混凝土的预压应力 $\sigma_{pc}=12.35\ \mathrm{N/mm^2}$。

(D)此屋架下弦拉杆满足使用阶段抗裂验算要求。

正答：(C)

(A)由《砼规》3.4.4 条，裂缝控制等级为一级。

(B)在荷载放应的标准组合下，有

$$\sigma_{ck}=\frac{N_k}{A_0}=\frac{(520+150)\times10^3}{45\ 030}=14.88\ (\mathrm{N/mm^2})$$

$$\sigma_{ck}-\sigma_{pc}=14.88-12.35=2.53\ \mathrm{N/mm^2}>f_{tk}=2.51\ (\mathrm{N/mm^2})$$

出现拉应力所以(A) 不对，$\sigma_{ck}=14.88=14.88\ \mathrm{N/mm^2}$，(B) 项不对。

(C) 混凝土的预压应力为

$$\sigma_{con}=956\ \mathrm{N/mm^2},\quad \sigma_l=234.5\ \mathrm{N/mm^2},\quad \sigma_{l5}=127.2\ \mathrm{N/mm^2}$$

$$\sigma_{pc}=\frac{(\sigma_{con}-\sigma_l)A_p-\sigma_{l5}A_s}{A_n}=\frac{(956-234.5)\times785-127.2\times452.4}{41\ 199}=12.35\ (\mathrm{N/mm^2})$$

故(C)项正确。

(D)在荷载效应的准永久组合下，有

$$\sigma_{cq}=\frac{N_q}{A_0}=\frac{520\times10^3}{45\ 030}-11.5\ \mathrm{N/mm}$$

$$\sigma_{cq}-\sigma_{pc}=11.55-12.35=-0.8<0$$

故(D)项不满足要求。

【例题 10－12】～【例题 10－15】 (注册结构工程师类型题)先张法预应力混凝土梁截面尺寸和配筋如图 10－20 所示。混凝土强度等级为 C40，预应力钢筋采用消除应力钢丝($f_{py}=1\ 040\ \mathrm{N/mm^2}$，$f'_{py}=400\ \mathrm{N/mm^2}$，$E_p=200\ 000\ \mathrm{N/mm^2}$)，预应力钢筋面积为 $A_p=624.8\ \mathrm{mm^2}$，$A'_p=156.2\ \mathrm{mm^2}$，$a_p=43\ \mathrm{mm}$，$a'_p=25\ \mathrm{mm}$，换算截面面积 $A_0=98.52\times10^3\mathrm{mm^2}$，换算截面重心至底边距离为 $y_{max}=451\ \mathrm{mm}$，至上边缘距离 $y'_{max}=349\ \mathrm{mm}$，换算截面惯性矩 $I_0=8.363\times10^9\ \mathrm{mm^4}$，混凝土强度达到设计规定的强度等级时放松钢筋。受拉区张拉控制应力 $\sigma_{con}=1\ 029\ \mathrm{N/mm^2}$，受压区 $\sigma'_{con}=735\ \mathrm{N/mm^2}$。

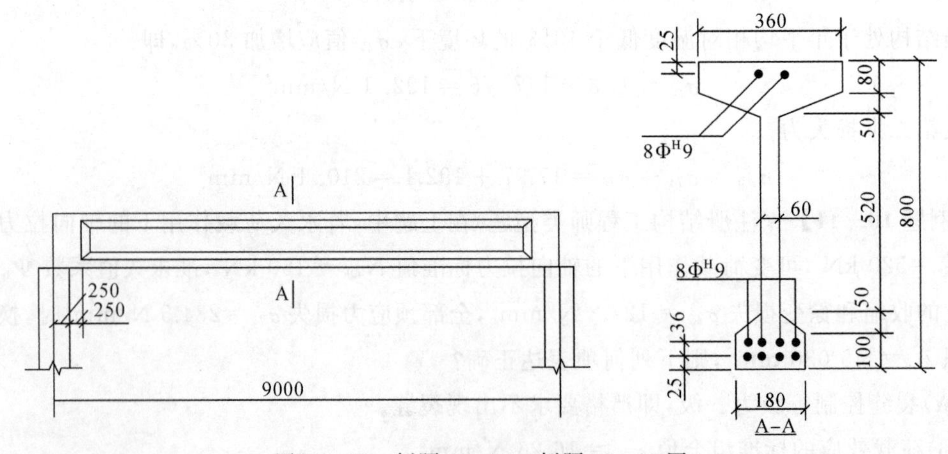

图 10－19　例题 10－12～例题 10－15 图

【例题 10－12】 (注册结构工程师类型题)若已知截面有效高度 $h_0=757\ \mathrm{mm}$，受压翼缘高度 $h'_f=$ ，受拉翼缘高度 $h_f=125\ \mathrm{mm}$，受压区总预应力损失值为 $130\ \mathrm{N/mm^2}$ 时，假定截面的中和轴通过翼缘，则截面的正截面受弯承载力(kN・m) 与下列何项数值最为接近？

(A) 459.08　　(B) 409.08　　(C) 392.45　　(D) 366.50

正答：(A)

预应力损失后受压区的 σ'_{p0} 为

$$\sigma'_{p0}=\sigma'_{con}+\sigma'_{l}=735-130=605\ N/mm^2$$

由《砼规》式(6.2.10-2)，截面受压区高度为

$$x=\frac{f_{py}A_p+(\sigma'_{p0}-f'_{py})A'_p}{\alpha_1 f_c b'_f}=\frac{1\ 040\times 624.8+(605-400)\times 156.2}{1.0\times 19.1\times 360}=99.2\ mm<h'_f$$

截面的中和轴通过翼缘，属于第一种 T 形截面。

由《砼规》式(6.2.10-1)，截面的受弯承载力为

$$M_u=\alpha_1 f_c b'_f(h_0-\frac{x}{2})-(\sigma'_{p0}-f'_{py})A'_p(h_0-a'_p)=$$

$$1.0\times 19.1\times 360\times 99.2\times\left(757-\frac{99.2}{2}\right)-156.2\times(757-25)=$$

$$459.08\times 10^6\ N\cdot mm=459.08\ kN\cdot mm$$

【例题 10-13】　(注册结构工程师类型题)上题中，若受拉以总预应力损失值为 246 N/mm^2 时，则使用阶段截面下边缘混凝土的预压应力(N/mm^2)与下列何项数值最为接近？

(A)12.90　　(B) 13.5　　(C) 14.5　　(D) 15.04

正答：(D)

由《砼规》式(10.1.6-3)，预应力损失后的截面受压、受拉区预应力钢筋的应力为

$$\sigma'_{p0}=\sigma'_{con}-\sigma'_{l}=735-130=605\ N/mm^2$$

$$\sigma_{p0}=\sigma_{con}-\sigma_{l}=1029-246=783\ N/mm^2$$

换算截面重心至受拉区钢筋合力点的距离为

$$y_p=y_{max}-a_p=451-43=408\ mm$$

换算截面重心至受拉区钢筋合力点的距离为

$$y'_p=y'_{max}-a'_p=349-25=324\ mm$$

由《混凝土结构设计规范》式(10. 1. 7-1)，预应力钢筋的合力为

$$N_{p0}=\sigma_{p0}A_p+\sigma'_{p0}A'_p=783\times 624.8+605\times 156.2=583\ 719\ N=583.72\ kN$$

由《砼规》式(10.1.7-2)，预应力钢筋合力作用点至换算截面重心轴的偏心距为

$$e_{p0}=\frac{\sigma_{p0}A_p y_p-\sigma'_{p0}A'_p y'_p}{N_{p0}}=\frac{783\times 624.8\times 408-605\times 156.2\times 324}{583.72\times 10^3}=289.5\ mm$$

由《混凝土结构设计规范》式(10.1.6-1)，使用阶段截面下边缘混凝土的预压应力为

$$\sigma_{pc}=\frac{N_{p0}}{A_0}+\frac{N_{p0}e_{p0}y_{max}}{I_0}=\frac{583.72\times 10^3}{98.52\times 10^3}+\frac{583.72\times 103\times 289.5\times 451}{8.363\times 10^9}=15.04\ N/mm$$

【例题 10-14】　(注册结构工程师类型题)放松钢筋时，截面上、下边缘的混凝土预应力(N/mm^2)与下列何项数值最为接近？

提示：计算时仅考虑第一批预应力损失；此时预应力钢筋合力 $N_{p01}=684.31\ kN$，预应力钢筋合力作用点至换算截面重心的偏心距 $e_{p01}=299.6\ mm$ 。

(A) 8.4 ,12.90　(B) −1.61,13.5　　(C)−1.61 ,18.01　　(D)−5.61 ,18.01

正答：(C)

由《砼规》式 (10. 1. 6-1)，可知：

截面上边缘的混凝土预应力为

$$\sigma'_{\mathrm{pc1}}=\frac{N_{\mathrm{p01}}}{A_0}-\frac{N_{\mathrm{p01}}e_{\mathrm{p01}}y'_{\max}}{I_0}=\frac{684.31\times10^3}{98.52\times10^3}-\frac{684.31\times10^3\times299.6\times349}{8.363\times10^9}=$$

$-1.61(\mathrm{N/mm^2})$(拉应力)

截面下边缘的预应力为

$$\sigma_{\mathrm{pc1}}=\frac{N_{\mathrm{p01}}}{A_0}+\frac{N_{\mathrm{p01}}e_{\mathrm{p01}}y_{\max}}{I_0}=$$

$$\frac{684.31\times10^3}{98.52\times10^3}+\frac{684.31\times10^3\times299.6\times451}{8.363\times10^9}=18.00\ \mathrm{N/mm^2}(\text{压应力})$$

【例题 10-15】 (注册结构工程师类型题)若已知在进行梁的吊装时,由预应力在吊点处截面的上边缘混凝土产生的应力为$-2.0\ \mathrm{N/mm^2}$,在下边缘混凝土产生的应力为$20.6\ \mathrm{N/mm^2}$时,梁自重为2.36 kN/m,设吊点距构件端部为700 mm ,动力系数为1.5 ,则在梁的吊装过程中,梁吊点处截面的上、下边缘混凝土应力($\mathrm{N/mm^2}$) 与下列何项数值最为接近?

(A) −3.60,15.85 (B) −1.61,18.82

(C) −2.04,20.65 (D) −4.32,20.56

正答:(C)

由梁的自重在吊点处产生的弯矩为

$$M_{\mathrm{b}}=1/2\times2.36\times0.7^3\times1.5=0.867\ 3\ \mathrm{kN\cdot m}$$

吊装时由梁的自主主在吊点处截面的上、下边翼缘产生的应力乱和内

$$\sigma'_{\mathrm{b}}=\frac{M_{\mathrm{b}}y'_{\max}}{I_0}=-\frac{867\ 300\times349}{8.363\times10^9}=-0.036\ \mathrm{N/mm^2}$$

$$\sigma_{\mathrm{b}}=\frac{M_{\mathrm{b}}y_{\max}}{I_0}=\frac{867\ 300\times451}{8.363\times10^9}=-0.05\ \mathrm{N/mm^2}$$

因此在梁的吊装过程中在梁的吊点处截面的上下边缘应力为

$$\sigma'_{\mathrm{c}}=-2.0-0.036=-2.036\ \mathrm{N/mm^2}$$

$$\sigma_{\mathrm{c}}=20.6+0.05=20.65\ \mathrm{N/mm^2}$$

10.5 本章小结

预应力混凝土主要是改善了构件的抗裂性能,正常使用阶段可以做到混凝土不受拉或不开裂(裂缝控制等级为一级或二级),因而适用于有防水、抗渗要求的特殊环境以及大跨度、重荷载的结构。

根据施工时张拉预应力钢筋与浇灌构件混凝土两者的先后次序不同,分为先张法和后张法两种,应很好掌握这两种方法的特点。

思考题

1.什么是张拉控制应力σ_{con}? 为什么张拉控制应力取值不能过高也不能过低?

2.预应力损失有哪几种？各种损失产生的原因是什么？计算方法及减小措施如何？先张法、后张法各有哪几种损失？哪些属于第一批，哪些属于第二批？

3.什么是预应力钢筋的松弛？为什么短时的超张拉可以减小松弛损失？

附　　录

附录 A　钢筋的公称直径、公称截面面积及理论重量

表 A.0.1　钢筋的计算截面面积及公称质质表

直径	不同根数直径的计算截面面积/mm²									单根钢筋公称质量 kg/m
	1	2	3	4	5	6	7	8	9	
6	28.3	57	85	113	141	170	198	226	254	0.222
8	50.3	101	151	201	251	302	352	402	452	0.395
10	78.5	157	236	314	393	471	550	628	707	0.617
12	113.1	226	339	452	565	679	792	905	1018	0.888
14	153.9	308	462	616	770	924	1078	1232	1385	1.21
16	201.1	402	603	804	1005	1206	1407	1608	1810	1.58
18	254.5	509	763	1018	1272	1527	1781	2036	2290	2.00(2.11)
20	314.2	628	942	1257	1571	1885	2199	2513	2827	2.47
22	380.1	760	1140	1521	1901	2281	2661	3041	3421	2.98
25	490.9	982	1473	1963	2454	2945	3436	3927	4418	3.85(4.10)
28	615.8	1232	1847	2463	3079	3695	4310	4926	5542	4.83
32	804.2	1608	2413	3217	4021	4825	5630	6434	7238	6.31(6.65)
36	1017.9	2036	3054	4072	5089	6107	7125	8143	9161	7.99
40	1256.6	2513	3770	5027	6283	7540	8796	10053	11310	9.87(10.34)
50	1963.5	3927	5829	7856	9820	11784	13784	15712	17676	15.42(16.28)

注：括号里数字为预应力螺纹钢筋的数值。

表 A.0.2　钢铰线的公称直径、公称截面面积及理论质量

种　类	公称直径/mm	公称截面面积/mm²	理论质量/(kg·m⁻¹)
1×3	8.6	37.7	0.296
	10.8	58.9	0.462
	12.9	84.8	0.666

续表

种　类	公称直径/mm	公称截面面积/mm^2	理论质量/($kg \cdot m^{-1}$)
1×7 标准型	9.5	54.8	0.430
	12.7	98.7	0.775
	15.2	140	1.101
	17.8	191	1.500
	21.6	285	2.237

表 A.0.3　钢丝的公称直径、公称截面面积及理论质量

公称直径/mm	公称截面面积/mm^2	理论质量/($kg \cdot m^{-1}$)
5.0	19.63	0.154
7.0	38.48	0.302
9.0	63.62	0.499

附录 B　近似计算偏压构件侧移二阶效应的增大系数法

B.0.1 在框架结构、剪力墙结构、框架-剪力墙结构及筒体结构中，当采用增大系数法近似计算结构因侧移产生的二阶效应（$P-\Delta$ 效应）时，应对未考虑 $P-\Delta$ 效应的一阶弹性分析所得的柱、墙肢端弯矩和梁端弯矩以及层间位移分别按公式(B.0.1－1)和公式(B.0.1－2)乘以增大系数 η_s，有

$$M = M_{ns} + \eta_s M_s \tag{B.0.1-1}$$

$$\Delta = \eta_s \Delta_I \tag{B.0.1-2}$$

式中　M_s——引起结构侧移的荷载或作用所产生的-阶弹性分析构件端弯矩设计值；

M_{ns}——不引起结构侧移荷载产生的一阶弹性分析构件端弯矩设计值；

Δ_I——阶弹性分析的层间位移；

η_s——$P-\Delta$ 效应增大系数，按第 B.0.2 条或第 B.0.3 条确定，其中，梁端 η_s 取为相应节点处上、下柱端或上、下墙肢端 η_s 的平均值。

B.0.2 在框架结构中，所计算楼层各柱的 η_s 可按下列公式计算：

$$\eta_s = \frac{1}{1 - \dfrac{\sum N_j}{DH_0}} \tag{B.0.2}$$

式中　D——所计算楼层的侧向刚度。在计算结构构件弯矩增大系数与计算结构位移增大系数时，应分别按本规范第 B.0.5 条的规定取用结构构件刚度；

N_j——所计算楼层第 j 列柱轴力设计值；

H_0——所计算楼层的层高。

B.0.3 剪力墙结构、框架——剪力墙结构、筒体结构中的 ηs 可按下列公式计算：

$$\eta_s = \frac{1}{1 - 0.14\dfrac{H^2\sum G}{E_c J_d}} \tag{B.0.3}$$

式中 $\sum G$ ——各楼层重力荷载设计值之和。

$E_c J_d$ ——与所设计结构等效的竖向等截面悬臂受弯构件的弯曲刚度，可按该悬臂受弯构件与所设计结构在倒三角形分布水平荷载下顶点位移相等的原则计算。在计算结构构件弯矩增大系数与计算结构位移增大系数时，应分别按本规范第 B.0.5 条规定取用结构构件刚度。

H ——结构总高度。

B.0.4 排架结构柱考虑二阶效应的弯矩设计值可按下列公式计算：

$$M = \eta_s M_0 \tag{B.0.4-1}$$

$$\eta_s = 1 + \frac{1}{1500 e_i / h_0}\left(\frac{l_0}{h}\right)\zeta \tag{B.0.4-2}$$

$$\zeta_c = \frac{0.5 f_c A}{N} \tag{B.0.4-3}$$

$$e_i = e_0 + e_a \tag{B.0.4-4}$$

式中 ζ_c ——截面曲率修正系数；当 $\zeta > 1.0$ 时，取 $\zeta = 1.0$

e_i ——初始偏心距；

M_0 ——一阶弹性分析柱端弯矩设计值；

e_0 ——轴向压力对截面重心的偏心距，$e_0 = M_0/N$；

e_a ——附加偏心距，按本规范第 6.2.5 条规定确定；

l_0 ——排架柱的计算长度，按本规范表 6.2.20-1 取用；

h, h_0 ——分别为所考虑弯曲方向柱的截面高度和截面有效高度；

A ——柱的截面面积。对于 I 形截面取：$A = bh + 2(b_f - b)h'_f$。

B.0.5 当采用本规范第 B.0.2 条、第 B.0.3 条计算各类结构中的弯矩增大系数 η_s 时，宜对构件的弹性抗弯刚度 $E_c I$ 乘以折减系数对梁，取 0.4；对柱，取 0.6；对剪力墙肢及核心筒壁墙肢，取 0.45；当计算各结构中位移的增大系数 η_s 时，不对刚度进行折减。

注：当验算表明剪力墙肢或核心筒壁墙肢各控制截面不开裂时，计算弯矩增大系数 η_s 时的刚度折减系数可取为 0.7。

附录 C　钢筋、混凝土本构关系与混凝土多轴强度准则

C.1 钢筋本构关系

C.1.1 普通钢筋的屈服强度及极限强度的平均值 f_{ym}，f_{stm} 可按下列公式计算：

$$f_{ym} = f_{yk}/(1 - 1.645\delta_s) \tag{C.1.1-1}$$

$$f_{stm} = f_{stk}/(1 - 1.645\delta_s) \tag{C.1.1-2}$$

式中　f_{yk}，f_{ym} ——钢筋屈服强度的标准值、平均值；

f_{stk}，f_{stm}——钢筋极限强度的标准值、平均值；

δ_s ——钢筋强度的变异系数，宜根据试验统计确定。

C.1.2　钢筋单调加载的应力-应变本构关系曲线（见图 C.1.1）可按下列规定确定。

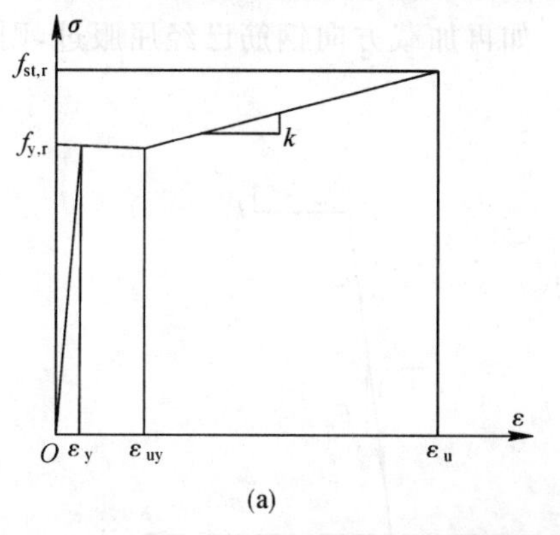

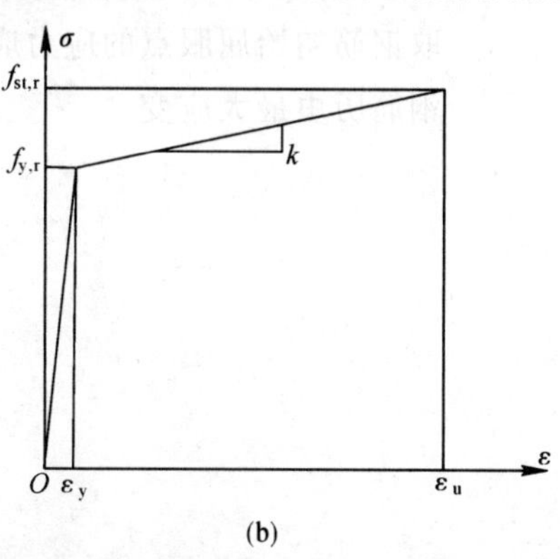

图 C.1.1　钢筋单调受拉应力-应变曲线

(a)有屈服点钢筋；(b) 无屈服点钢筋

1.有屈服点钢筋

$$\sigma_s=\begin{cases} E_s\varepsilon_s, & \varepsilon_s \leqslant \varepsilon_y \\ f_{y,r}, & \varepsilon_y < \varepsilon_s \leqslant \varepsilon_{uy} \\ f_{y,r}+k(\varepsilon_s-\varepsilon_{uy}), & \varepsilon_{uy} < \varepsilon_s \leqslant \varepsilon_u \\ 0, & \varepsilon_s > \varepsilon \end{cases} \tag{C.1.2-1}$$

2. 无屈服点钢筋

$$\sigma_p=\begin{cases} E_s\varepsilon_s, & \varepsilon_s \leqslant \varepsilon_y \\ f_{y,r}+k(\varepsilon_s-\varepsilon_y), & \varepsilon_y < \varepsilon_s \leqslant \varepsilon_u \\ 0 & \varepsilon_s > \varepsilon_u, \end{cases} \tag{C. 1. 2-2}$$

式中　E_s ——钢筋的弹性模量；

σ_s ——钢筋应力；

ε_s ——钢筋应变；

$f_{y,r}$——钢筋的屈服强度代表值，其值可根据实际结构分析需要分别取 f_y，f_{yk}或 f_{ym}；

$f_{st,r}$——钢筋极限强度代表值，其值可根据实际结构分析需要分别取 f_{st}，f_{stk} 或 f_{strn}；

ε_y ——与 $f_{y,r}$ 相应的钢筋屈服应变，可取 $f_{y,r}/E_s$；

ε_{uy} ——钢筋硬化起点应变；

ε_u ——与 $f_{st,r}$ 相应的钢筋峰值应变；

k ——钢筋硬化段斜率，$k=(f_{st,r}-f_{y,r})/(\varepsilon_u-\varepsilon_{uy})$

C.1.3　钢筋反复加载的应力-应变本构关系曲线图（见图 C.1.2）宜按下列式（C.1.3－1）确定，也可采用简化的折线形式表达：

$$\sigma_s=E_s(\varepsilon_s-\varepsilon_a)-\left(\frac{\varepsilon_s-\varepsilon_a}{\varepsilon_b-\varepsilon_a}\right)^p[E_s(\varepsilon_b-\varepsilon_a)-\sigma_b] \tag{C. 1. 3-1}$$

$$p=\frac{(E_s-k)(\varepsilon_b-\varepsilon_a)}{E_s(\varepsilon_b-\varepsilon_a)-\sigma_b} \quad (C.1.3-2)$$

式中 ε_a ——再加载路径起点对应的应变；

σ_b,ε_b——再加载路径终点对应的应力和应变，如再加载方向钢筋未曾屈服过，σ_b,ε_b 则取钢筋初始屈服点的应力应变。如再加载方向钢筋已经屈服过，则取该方向钢筋历史最大应变。

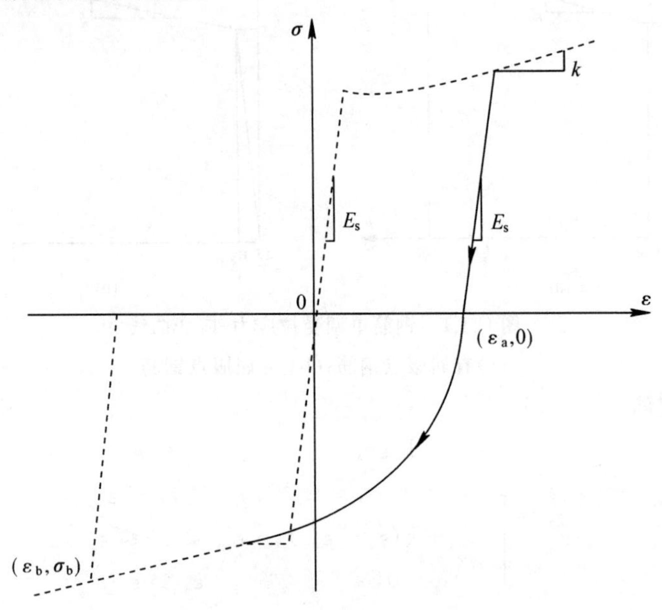

图 C.1.2　钢筋反复加载应力-应变曲线

C.2　混凝土本构关系

C.2.1　混凝土的抗压强度及抗拉强度的平均值 f_{cm}，f_{tm} 可按下列公式计算：

$$f_{cm}=f_{ck}/(1-1.645\delta_c) \quad (C.2.1-1)$$

$$f_{tm}=f_{tk}/(1-1.645\delta_c) \quad (C.2.1-2)$$

式中 f_{cm}，f_{ck} ——混凝土抗压强度的平均值、标准值；

f_{tm}，f_{tk} ——混凝土抗拉强度的平均值、标准值；

δ_c ——混凝土强度变异系数，宜根据试验统计确定。

C.2.2　本节规定的混凝土本构模型应适用于下列条件：

1)混凝土强度等级 C20 ～ C80；

2)混凝土质量密度 2 200～2 400 kg/m^3；

3)正常温度、湿度环境；

4)正常加载速度。

C.2.3　混凝土单轴受拉的应力-应变曲线(见图 C.2.1) 可按下列公式确定：

$$\sigma=(1-d_{t})E_{c}\varepsilon \tag{C.2.3-1}$$

$$d_{t}=\begin{cases}1-\rho_{t}[1.2-0.2x^{5}], & (x\leqslant 1)\\ 1-\dfrac{\rho_{t}}{\alpha_{t}(x-1)^{1.7}+x}, & (x>1)\end{cases} \tag{C.2.3-2}$$

$$x=\frac{\varepsilon}{\varepsilon_{t,r}} \tag{C.2.3-3}$$

$$\rho_{t}=\frac{f_{t,r}}{E_{c}\varepsilon_{t,r}} \tag{C.2.3-4}$$

式中　α_{t}——混凝土单轴受拉应力-应变曲线下降段的参数值，按表 C.2.1 取用；

$f_{t,r}$——混凝土的单轴抗拉强度代表值，其值可根据实际结构分析需要分别取 f_{t}，f_{tk} 或 f_{tm}；

$\varepsilon_{t,r}$—— 与单轴抗拉强度代表值元，$f_{t,r}$ 相应的混凝土峰值拉应变，按表 C.2.1 取用；

d_{t}——混凝土单轴受拉损伤演化参数。

表 C. 2. 1　混凝土单轴受拉应力-应变曲线的参数取值

$f_{t,r}/(\mathrm{N\cdot mm^{-2}})$	1.0	1.5	2.0	2.5	3.0	3.5	4.0
$\varepsilon_{t,r}/(10^{-6})$	65	81	95	107	118	128	137
α_{t}	0.31	0.70	1.25	1.95	2.81	3.82	5.00

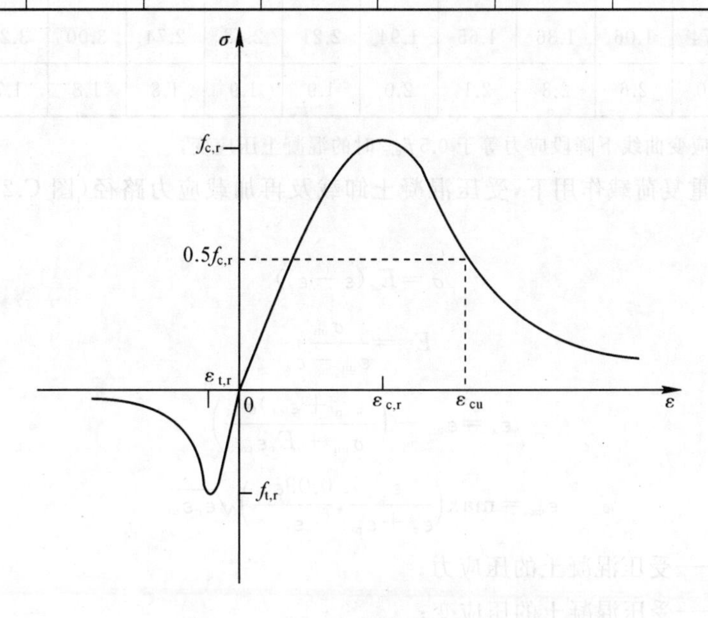

图 C.2.1　混凝土单轴应力-应变曲线

注：混凝土受拉、受压的应力-应变曲线示意图绘于同一坐标系中，但取不同的比例。符号取“受拉为负、受压为正”。

C.2.4　混凝土单轴受压的应力-应变曲线（见图 C.2.1）可按下列公式确定：

$$\sigma=(1-d_{c})E_{c}\varepsilon \tag{C.2.4-1}$$

$$d_t=\begin{cases}1-\dfrac{\rho_c n}{n-1+x^n} & (x\leqslant 1)\\[2ex] 1-\dfrac{\rho_c}{\alpha_c(x-1)^2+x} & (x>1)\end{cases} \tag{C.2.4-2}$$

$$\rho_c=\frac{f_{c,r}}{E_c\varepsilon_{c,r}} \tag{C.2.4-3}$$

$$n=\frac{E_c\varepsilon_{c,r}}{E_c\varepsilon_{c,r}-f_{c,r}} \tag{C.2.4-4}$$

$$x=\frac{\varepsilon}{\varepsilon_{c,r}} \tag{C.2.4-5}$$

式中 α_c ——混凝土单轴受压应力-应变曲线下降段参数值，按表 C.2.2 取用；

$f_{c,r}$ ——混凝土单轴抗压强度代表值，其值可根据实际结构分析的需要分别取 f_c，f_{ck} 或 f_{cm}；

$\varepsilon_{c,r}$ ——与单轴抗压强度 $f_{c,r}$ 相应的混凝土峰值压应变，按表 C.2.2 取用；

d_c ——混凝土单轴受压损伤演化参数。

表 C.2.2　混凝土单轴受压应力，应变曲线的参数取值

$f_{c,r}$ /(N·mm^{-2})	20	25	30	35	40	45	50	55	60	65	70	75
$\varepsilon_{c,r}$ /(10^{-6})	1 470	1 560	1 640	1 720	1 850	1 920	1 980	2 030	2 080	2 130	2 190	2 240
α_c	0.74	1.06	1.36	1.65	1.94	2.21	2.48	2.74	3.00	3.25	3.50	3.75
$\varepsilon_{cu}/\varepsilon_{c,r}$	3.0	2.6	2.3	2.1	2.0	1.9	1.9	1.8	1.8	1.7	1.7	1.7

注：ε_{cu} 为应力应变曲线下降段应力等于 $0.5f_{c,r}$ 时的混凝土压应变。

C. 2. 5　在重复荷载作用下，受压混凝土卸载及再加载应力路径（图 C.2.2）可按下列公式确定：

$$\sigma=E_r(\varepsilon-\varepsilon_z) \tag{C.2.5-1}$$

$$E_r=\frac{\sigma_{un}}{\varepsilon_{un}-\varepsilon_z} \tag{C.2.5-2}$$

$$\varepsilon_z=\varepsilon_{un}-\left(\frac{(\varepsilon_{un}+\varepsilon_{ca})\sigma_{un}}{\sigma_{un}+E_c\varepsilon_{ca}}\right) \tag{C.2.5-3}$$

$$\varepsilon_{ca}=\max\left(\frac{\varepsilon_c}{\varepsilon_c+\varepsilon_m},\frac{0.09\varepsilon_{un}}{\varepsilon_c}\right)\sqrt{\varepsilon_c\varepsilon_{un}} \tag{C.2.5-4}$$

式中 σ ——受压混凝土的压应力；

ε ——受压混凝土的压应变；

ε_z ——受压混凝土卸载至零应力点时的残余应变；

E_r ——受压混凝土卸载/再加载的变形模量；

σ_{un}，ε_{un} ——分别为受压混凝土从骨架线开始卸载时的应力和应变；

ε_{ca} ——附加应变；

ε_c ——混凝土受压峰值应力对应的应变。

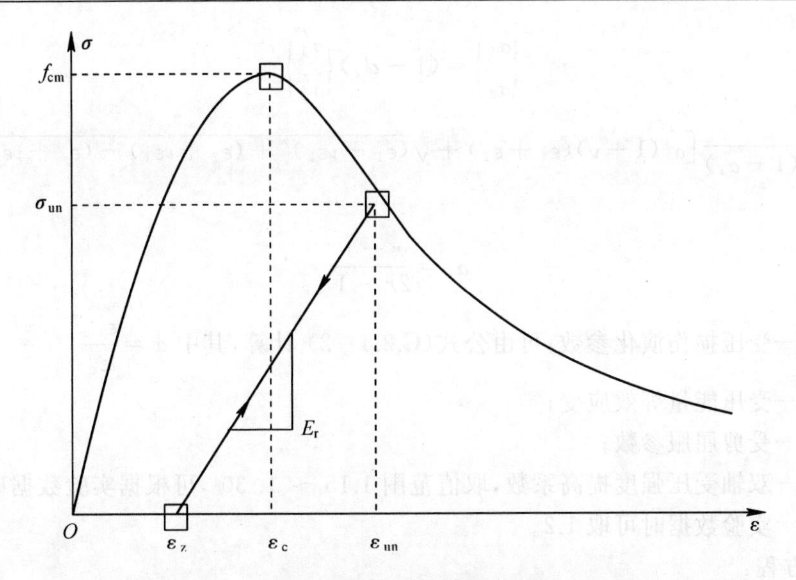

图 C.2.2 重复荷载作用下混凝土应力-应变曲线

C. 2. 6 混凝土在双轴加载、卸载条件下的本构关系可采用损伤模型或弹塑性模型。弹塑性本构关系可采用弹塑性增量本构理论,损伤本构关系按下列公式确定。

1.双轴受拉区（$\sigma'_1 < 0, \sigma'_2 < 0$）

1）加载方程：

$$\begin{Bmatrix}\sigma_1\\ \sigma_2\end{Bmatrix} = (1-d_t)\begin{Bmatrix}\sigma'_1\\ \sigma'_2\end{Bmatrix} \tag{C.2.6 - 1}$$

$$\varepsilon_{t,e} = \sqrt{\frac{1}{1-\nu^2}\left[(\varepsilon_1)^2+(\varepsilon_2)^2+2\nu\varepsilon_1\varepsilon_2\right]} \tag{C.2.6 - 2}$$

$$\begin{Bmatrix}\sigma'_1\\ \sigma'_2\end{Bmatrix} = \frac{E_c}{1-\nu_2}\begin{bmatrix}1 & \nu\\ \nu & 1\end{bmatrix}\begin{Bmatrix}\varepsilon_1\\ \varepsilon_2\end{Bmatrix} \tag{C.2.6 - 3}$$

式中 d_t ——受拉损伤演化参数,可由式(C.2.3 - 2) 计算,其中：$x=\dfrac{\varepsilon_{t,e}}{\varepsilon_t}$

$\varepsilon_{t,e}$ ——受拉能量等效应变；

σ'_1, σ'_2——有效应力；

ν ——混凝土泊松比,可取 0.18 ～ 0.22 。

2)卸载方程：

$$\begin{Bmatrix}\sigma_1-\sigma_{un,1}\\ \sigma_2-\sigma_{un,2}\end{Bmatrix} = (1-d_t)\,\frac{E_c}{1-\nu_2}\begin{bmatrix}1 & \nu\\ \nu & 1\end{bmatrix}\begin{Bmatrix}\varepsilon_1-\varepsilon_{un,1}\\ \varepsilon_2-\varepsilon_{un,2}\end{Bmatrix} \tag{C.2.6 - 4}$$

式中 $\sigma_{un,1}, \sigma_{un,2}, \varepsilon_{un,1}, \varepsilon_{un,2}$ ——二维卸载点处的应力、应变。

在加载方程中,损伤演化参数应采用即时应变换算得到的能量等效应变计算;卸载方程中的损伤演化参数应采用卸载点处的应变换算的能量等效应变计算,并且在整个卸载和再加载过程中保持不变。

2.双轴受压区($\sigma'_1 \geqslant 0, \sigma'_2 \geqslant 0$)

1)加载方程：

$$\begin{Bmatrix}\sigma_1\\ \sigma_2\end{Bmatrix}=(1-d_c)\begin{Bmatrix}\sigma_1'\\ \sigma_2'\end{Bmatrix} \tag{C.2.6-5}$$

$$\varepsilon_{c,e}=\frac{1}{(1-\nu^2)(1-\alpha_s)}\left[\alpha_s(1+\nu)(\varepsilon_1+\varepsilon_2)+\sqrt{(\varepsilon_1+\nu\varepsilon_2)^2+(\varepsilon_2+\nu\varepsilon_1)-(\varepsilon_1+\nu\varepsilon_2)(\varepsilon_2+\nu\varepsilon_1)}\right] \tag{C.2.6-6}$$

$$\alpha_s=\frac{r-1}{2r-1} \tag{C.2.6-7}$$

式中 d_c ——受压损伤演化参数，可由公式(C.2.4-2) 计算，其中 $x=\frac{\varepsilon_{c,e}}{\varepsilon_c}$

$\varepsilon_{c,e}$——受压能量等效应变；

α_s ——受剪屈服参数；

r ——双轴受压强度提高系数，取值范围 1.15 ～ 1. 30 ，可根据实验数据确定，在缺乏实验数据时可取 1.2。

2)卸载方程：

$$\begin{Bmatrix}\sigma_1-\sigma_{un,1}\\ \sigma_2-\sigma_{un,2}\end{Bmatrix}=(1-\eta_d d_c)\frac{E_c}{1-\nu^2}\begin{bmatrix}1 & \nu\\ \nu & 1\end{bmatrix}\begin{Bmatrix}\varepsilon_1-\varepsilon_{un,1}\\ \varepsilon_2-\varepsilon_{un,2}\end{Bmatrix} \tag{C.2.6-8}$$

$$\eta_d=\frac{\varepsilon_{c,e}}{\varepsilon_{c,e}+\varepsilon_{ca}} \tag{C.2.6-9}$$

式中 η_d ——塑性因子；

ε_{ca} ——附加应变，按公式(C.2.5-4) 计算。

3.双轴拉压区($\sigma_1'<0,\sigma_2'$)或($\sigma_1',\sigma_2'<0$)

1)加载方程：

$$\begin{Bmatrix}\sigma_1\\ \sigma_2\end{Bmatrix}=\begin{bmatrix}(1-d_c) & 0\\ 0 & (1-d_c)\end{bmatrix}\begin{Bmatrix}\sigma_1'\\ \sigma_2'\end{Bmatrix} \tag{C.2.6-10}$$

$$\varepsilon_{t,e}=\sqrt{\frac{1}{(1-\nu^2)}(\varepsilon_1+\gamma\varepsilon_2)} \tag{C.2.6-11}$$

式中 d_t ——受拉损伤演化参数，可由式(C.2.3-2) 计算，其中：$x=\frac{\varepsilon_{t,e}}{\varepsilon_t}$；

d_c ——受拉损伤演化系数，可由式(C.2.4-2) 计算，其中：$x=\frac{\varepsilon_{c,e}}{\varepsilon_c}$；

$\varepsilon_{t,e},\varepsilon_{c,e}$ ——能量等效应变，其中，$\varepsilon_{c,e}$ 按式(C.2.6-6) 计算，$\varepsilon_{t,e}$ 可按式(C.2.6-11) 计算。

2)卸载方程：

$$\begin{Bmatrix}\sigma_1-\sigma_{un,1}\\ \sigma_2-\sigma_{un,2}\end{Bmatrix}=\frac{E_c}{1-\nu^2}\begin{bmatrix}(1-d_t) & (1-d_t)\nu\\ (1-\eta_d d_c)\nu & (1-\eta_d d_c)\end{bmatrix}\begin{Bmatrix}\varepsilon_1-\varepsilon_{un,1}\\ \varepsilon_2-\varepsilon_{un,2}\end{Bmatrix} \tag{C. 2. 6-12}$$

式中，η_d 为塑性因子。

C.3 钢筋-混凝土黏结滑移本构关系

C.3.1 混凝土与热轧带肋钢筋之间的黏结应力-滑移($\tau-s$)本构关系曲线(图 C.3.1) 可

按下列规定确定，曲线特征点的参数值可按表 C.3.1 取用。

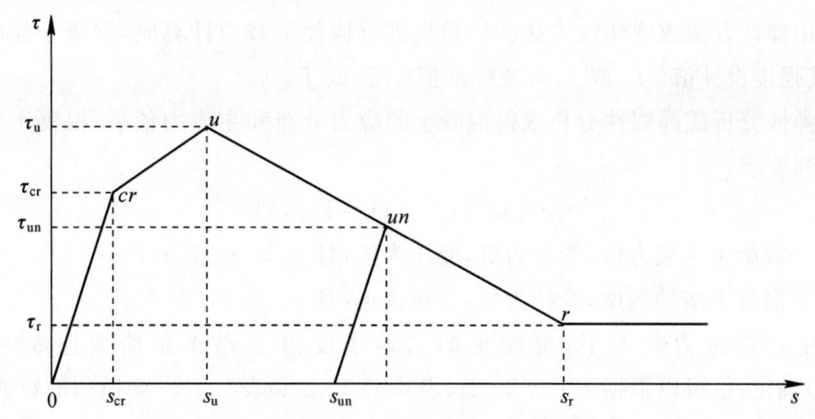

图 C.3.1　混凝土与钢筋间的黏结应力-滑移曲线

线性段　　$\tau = k_1 s, \quad 0 \leqslant s \leqslant s_{cr}$　　(C.3.1 - 1)

劈裂段　　$\tau = \tau_{cr} + k_2(s - s_{cr}), \quad s_{cr} \leqslant s \leqslant s_a$　　(C.3.1 - 2)

下降段　　$\tau = \tau_u + k_3(s - s_u), \quad s_a \leqslant s \leqslant s_r$　　(C.3.1 - 3)

残余段　　$\tau = \tau_r, \quad s > s_r$　　(C.3.1 - 4)

卸载段　　$\tau = \tau_{un} + k_1(s - s_{un})$　　(C.3.1 - 5)

式中　τ ——混凝土与热轧带肋钢筋之间的黏结应力(N/mm^2)；

s ——混凝土与热轧带肋钢筋之间的相对滑移(mm)；

k_1——线性段斜率，τ_{cr}/s_{cr}；

k_2——劈裂段斜率，$(\tau_u - \tau_{cr})/(s_u - s_{cr})$；

k_3——下降段斜率，$(\tau_r - \tau_u)/(s_r - s_u)$；

τ_{an} ——卸载点的黏结应力(N/mm^2)；

s_{un} ——卸载点的相对滑移(mm)。

表 C. 3.1　混凝土与钢筋间黏结应力-滑移曲线的参数值

特征点	劈裂(cr)		峰值(u)		残余(r)	
黏结应力/($N \cdot mm^{-2}$)	τ_{cr}	$2.5 f_{t,r}$	τ_u	$3 f_{t,r}$	τ_r	$f_{t,r}$
相对滑移/mm	s_{cr}	$0.025 d$	s_u	$0.04 d$	s_r	$0.55 d$

注：表中 d 为钢筋直径(mm)；$f_{t,r}$ 为混凝土的抗拉强度特征值(N/mm^2)。

C.3.2 除热轧带肋钢筋外，其余种类钢筋的黏结应力-滑移本构关系曲线的参数值可根据试验确定。

C.4　混凝土强度准则

C.4.1 当采用混凝土多轴强度准则进行承载力计算时，材料强度参数取值及抗力计算应符合下列原则：

1)当采用弹塑性方法确定作用效应时,混凝土强度指标宜取平均值。

2)当采用弹性方法或弹塑性方法分析结果进行构件承载力计算时,混凝土强度指标可根据需要,取其强度设计值(f_c 或 f_t)或标准值(f_{ck} 或 f_{tk})。

3)采用弹性分析或弹塑性分析求得混凝土的应力分布和主应力值后,混凝土多轴强度验算应符合下列要求:

$$|\sigma_i| \leqslant |f_i| \quad (i=1,2,3) \tag{C.4.1}$$

式中 σ_i——混凝土主应力值,受拉为负,受压为正,且 $\sigma_1 \geqslant \sigma_2 \geqslant \sigma_3$;

f_i——混凝土多轴强度,受拉为负,受压为正,且 $f_1 \geqslant f_2 \geqslant f_3$。

C.4.1 在二轴应力状态下,混凝土的二轴强度由下列 4 条曲线连成的封闭曲线(见图 C.4.2)确定;也可以根据表 C.4.2-1 、表 C.4. 2-2 和表 C.4.2-3 所列的数值内插取值。

强度包络曲线方程应符合下列公式的规定:

$$\left.\begin{aligned} L_1:&\quad f_1^2+f_2^2-2\nu f_1 f_2=(f_{t,r})^2 \\ L_2:&\quad \sqrt{f_1^2+f_2^2-f_1 f_2}-\alpha_s(f_1+f_2)=(1-\alpha_s)|f_{c,r}| \\ L_3:&\quad \frac{f_2}{f_{c,r}}-\frac{f_1}{f_{t,r}}=1 \\ L_4:&\quad \frac{f_1}{f_{c,r}}-\frac{f_2}{f_{t,r}}=1 \end{aligned}\right\} \tag{C.4.2}$$

式中,α_s 受剪屈服参数,由公式(C.2.5-7) 确定。

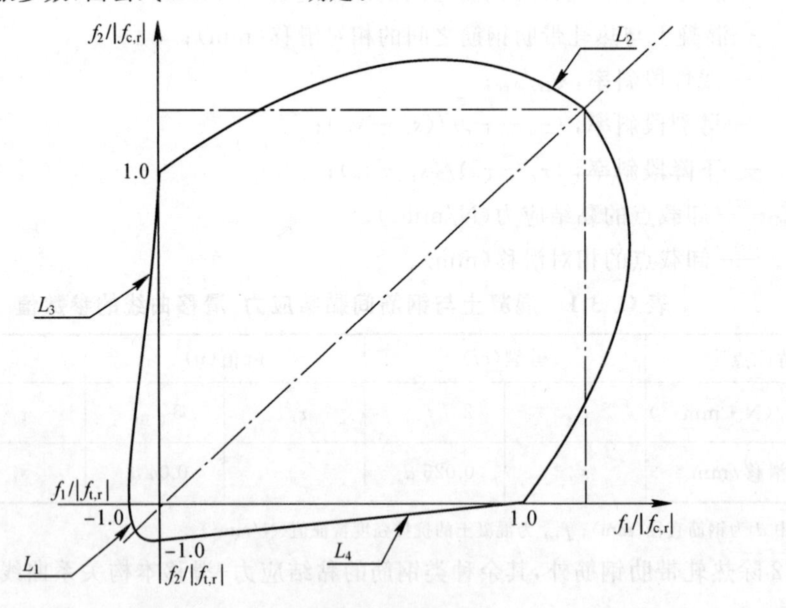

图 C.4.2 混凝土二轴应力的强度包络图

表 C.4.2-1 混凝土在二轴拉-压应力状态下的抗拉强度

f_3/f_{cr}	0	−0.1	−0.2	−0.3	−0.4	−0.5	−0.6	−0.7	−0.8	−0.9	−1.0
$f_1/f_{t,r}$	1.00	0.90	0.80	0.70	0.60	0.50	0.40	0.30	0.20	0.10	0

表 C. 4.2－2　混凝土在二轴受压状态下的抗拉强度

f_3/f_{cr}	−1.0	−1.05	−1.10	−1.15	−1.20	−1.25	−1.29	−1.25	−1.20	−1.16
$f_1/f_{t,r}$	0	−0.074	−0.16	−0.25	−0.36	−0.50	−0.88	−1.03	−1.11	−1.16

表 C.4.2－3　混凝土在二轴受拉状态下的抗拉强度

f_3/f_{cr}	0.79	−0.7	−0.6	−0.5	−0.4	−0.3	−0.2	−0.1	0
$f_1/f_{t,r}$	0.79	0.86	0.93	0.97	1.00	1.02	1.02	1.02	1.00

C.4.3　混凝土在三轴应力状态下的强度可按下列规定确定：

1)在三轴受拉(拉—拉—拉)应力状态下，混凝土的三轴抗拉强度 f_3 均可取单轴抗拉强度的 0. 9 倍；

2)三轴拉压(拉—拉—压、拉—压—压)应力状态下混凝土的三轴抗压强度 f_1 可根据应力比 σ_3/σ_1 和 σ_2/σ_1 按图 C.4.3 — 1 确定，或根据表 C.4.3 — 1 内插取值，其最高强度不宜超过单轴抗压强度的 1. 2 倍；

3)三轴受压(压—压— 压)应力状态下混凝土的三轴抗压强度 11 可根据应力比 σ_3/σ_1 和 σ_2/σ_1 按图 C.4.3－2 确定，或根据表 C.4.3－2 内插取值，其最高强度不宜超过单轴抗压强度的 5 倍。

表 C.4.3－1　混凝土在三轴拉-压状态下抗压强度的调整系数($f_1/f_{c,r}$)

σ_3/σ_1 \ σ_2/σ_1	−0.75	−0.50	−0.25	−0.10	−0.05	0	0.25	0.35	0.36	0.50	0.70	0.75	1.00
−1.00	0		0	0	0	0	0	0	0	0	0	0	0
−0.75	0.10	0.10	0.10	0.10	0.10	0.10	0.05	0.05	0.05	0.05	0.05	0.05	0.05
−0.50	—	0.10	0.10	0.10	0.10	0.10	0.10	0.10	0.10	0.10	0.10	0.10	0.10
−0.25	—	—	0.20	0.20	0.20	0.20	0.20	0.20	0.20	0.20	0.20	0.20	0.20
−0.12	—	—	—	0.30	0.30	0.30	0.30	0.30	0.30	0.30	0.30	0.30	0.30
−0.10	—	—	—	0.40	0.40	0.40	0.40	0.40	0.40	0.40	0.40	0.40	0.40
−0.08	—	—	—	—	0.50	0.50	0.50	0.50	0.50	0.50	0.50	0.50	0.50
−0.05	—	—	—	—	0.60	0.60	0.60	0.60	0.60	0.60	0.60	0.60	0.60
−0.04	—	—	—	—	—	0.70	0.70	0.70	0.70	0.70	0.70	0.70	0.70
−0.02	—	—	—	—	—	0.80	0.80	0.80	0.80	0.80	0.80	0.80	0.80
−0.01	—	—	—	—	—	0.90	0.90	0.90	0.90	0.90	0.90	0.90	0.90
0	—	—	—	—	—	1.00	1.20	1.20	1.20	1.20	1.20	1.20	1.20

注：正号为压，负号为拉。

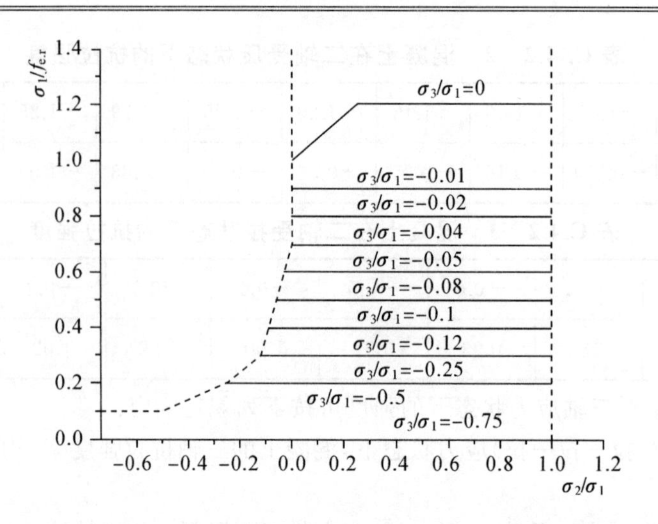

图 C.4.3－1 三轴拉-压应力状态下混凝土的三轴抗压强度

表 C.4.3－2　混凝土在三轴受压状态下抗压强度的提高系数($f_1/f_{c,r}$)

σ_3/σ_1	σ_2/σ_1										
	0	0.50	0.10	0.15	0.20	0.25	0.30	0.40	0.60	0.80	1.00
0	1.00	1.05	1.10	1.15	1.20	1.20	1.20	1.20	1.20	1.20	1.20
0.05	—	1.40	1.40	1.40	1.40	1.40	1.40	1.40	1.40	1.40	1.40
0.08	—	—	1.64	1.64	1.64	1.64	1.64	1.64	1.64	1.64	1.64
0.10	—	—	1.80	1.80	1.80	1.80	1.80	1.80	1.80	1.80	1.80
0.12	—	—	—	2.00	2.00	2.00	2.00	2.00	2.00	2.00	2.00
0.15	—	—	—	2.30	2.30	2.30	2.30	2.30	2.30	2.30	2.30
0.18	—	—	—	—	2.72	2.72	2.72	2.72	2.72	2.72	2.72
0.20	—	—	—	—	3.00	3.00	3.00	3.00	3.00	3.00	3.00

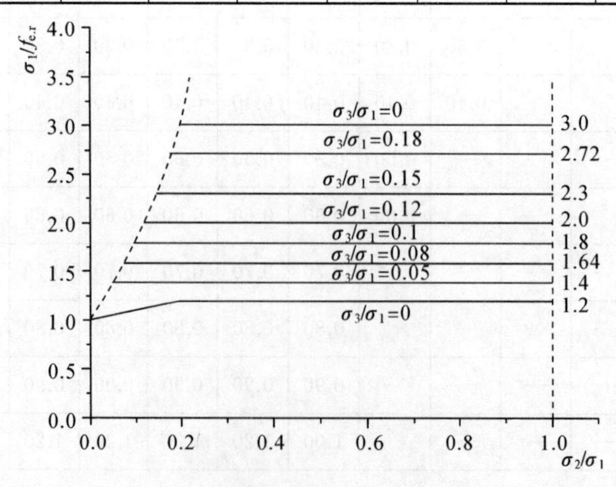

图 C.4.3－2　三轴受压状态下混凝土的三轴抗压强度

附录 D　素混凝土结构构件设计

D.1　一般规定

D.1.1　素混凝土构件王要用于受压构件。素混凝土受弯构件仅允许用于卧置在地基上以及不承受活荷载的情况。

D.1.2　素混凝土结构构件应进行正截面承载力计算；对承受局部荷载的部位尚应进行局部受压承载力计算。

D.1.3　素混凝土墙和柱的计算长度 l_0 可按下列规定采用：

1)两端支承在刚性的横向结构上时，取 $l_0 = H$；

2)具有弹性移动支座时，取 $l_0 = 1.25H \sim 1.50H$；

3)对自由独立的墙和柱，取 $l_0 = 2H$ 。

此处，H 为墙或柱的高度，以层高计。

D.1.4　素混凝土结构伸缩缝的最大间距，可按表 D.1.4 的规定采用。

整片的素混凝土墙壁式结构，其伸缩缝宜做成贯通式，将基础断开。

表 D.1.4　素混凝土结构伸缩缝最大间距(m)

结构类别	室内或土中	露天
装配式结构	40	30
现浇结构(配有构造钢筋)	30	20
现浇结构(未配构造钢筋)	20	10

D.2　受压构件

D.2.1　素混凝土受压构件，当按受压承载力计算时，不考虑受拉区混凝土的工作，并假定受压区的法向应力图形为矩形，其应力值取素混凝土的轴心抗压强度设计值，此时，轴向力作用点与受压区混凝土合力点相重合。

素混凝土受压构件的受压承载力应符合下列规定。

1.对称于弯矩作用平面的截面

$$N \leqslant \varphi f_{cc} A'_c \qquad (D.2.1-1)$$

受压区高度 x 应按下列条件确定：

$$e_c = e_0 \qquad (D.2.1-2)$$

此时，轴向力作用点至截面重心的距离 e_0 尚应符合下列要求：

$$e_0 \leqslant 0.9 y'_0 \qquad (D.2.1-3)$$

2.矩形截面(见图 D.2.1)

$$N \leqslant \varphi f_{cc} b(h - 2e_0) \qquad (D.2.1-4)$$

式中 N ——轴向压力设计值；

φ ——素混凝土构件的稳定系数，按表 D.2.1 采用；

f_{cc} ——素混凝土的轴心抗压强度设计值，按本规范表 4.1.4－1 规定的混凝土轴心抗压强度设计值 f_c 值乘以系数 0.85 取用；

A'_c——混凝土受压区的面积；

e_c ——受压区混凝土的合力点至截面重心的距离；

y'_0——截面重心至受压区边缘的距离；

b ——截面宽度；

h ——截面高度。

当按式(D.2.1－1) 或式(D.2.1－4) 计算时，对 e_0 不小于 0.45 约的受压构件，应在混凝土受拉区配置构造钢筋，其配筋率不应少于构件截面面积的 0.05％ 。但当符合本规范式(D. 2. 2－1) 或式(D.2.2－2) 的条件时，可不配置此项构造钢筋。

表 D.2.1　素混凝土构件的稳定系数 φ

l_0/b	<4	4	6	8	10	12	14	16	18	20	22	24	26	28	30
l_0/i	<14	14	21	28	35	42	49	56	63	70	76	83	90	97	104
φ	1.00	0.98	0.96	0.91	0.86	0.82	0.77	0.72	0.68	0.63	0.59	0.55	0.51	0.47	0.44

注：在计算 l_0/b 时，b 的取值：对偏心受压构件，取弯矩作用平面的截面高度；对轴心受压构件，取截面短边尺寸。

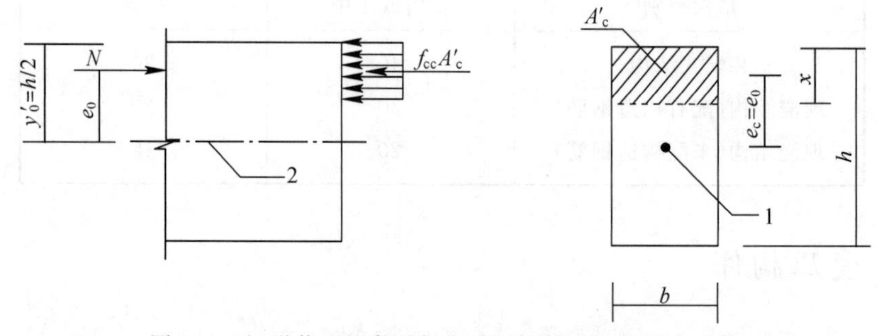

图 D.2.1 矩形截面的素混凝土受压构件受压承载力计算

1—重心；2—重心线

D.2.2　对不允许开裂的素混凝土受压构件(如处于液体压力下的受压构件、女儿墙等)，当 e_0 不小于 $0.45y'_0$ 时，其受压承载力应按下列公式计算。

1.对称于弯矩作用平面的截面

$$N \leqslant \varphi \frac{\gamma f_{ct} A}{\dfrac{e_0 A}{W} - 1} \qquad (D.2.2-1)$$

2.矩形截面

$$N \leqslant \varphi \frac{\gamma f_{ct} bh}{\dfrac{6e_0}{h} - 1} \qquad (D.2.2-2)$$

式中　f_{ct} ——素混凝土轴心抗拉强度设计值，按本规范表 4.1.4-2 规定的混凝土轴心抗拉强度设计值 f_t 值乘以系数 0.55 取用；

γ ——截面抵抗矩塑性影响系数，按本规范第 7.2.4 条取用；

W ——截面受拉边缘的弹性抵抗矩；

A ——截面面积。

D.2.3　素混凝土偏心受压构件，除应计算弯矩作用平面的受压承载力外，尚应按轴心受压构件验算垂直于弯矩作用平面的受压承载力。此时，不考虑弯矩作用，但应考虑稳定系数 φ 的影响。

D.3　受弯构件

D.3.1　素混凝土受弯构件的受弯承载力应符合下列规定。

1.对称于弯矩作用平面的截面

$$M \leqslant \gamma f_{ct} W \tag{D.3.1-1}$$

2.矩形截面

$$M \leqslant \frac{\gamma f_{ct} b h^2}{6} \tag{D.3.1-2}$$

式中，M 为弯矩设计值。

D.4　局部构造钢筋

D.4.1　素混凝土结构在下列部位应配置局部构造钢筋：

1)结构截面尺寸急剧变化处；

2)墙壁高度变化处(在不小于 1 m 范围内配置)；

3)混凝土墙壁中洞口周围。

注：在配置局部构造钢筋后，伸缩缝的间距仍应按本规范表 D.1.4 中未配构造钢筋的现浇结构采用。

D.5　局部受压

D.5.1　素混凝土构件的局部受压承载力应符合下列规定：

1.局部受压面上仅有局部荷载作用

$$F_l \leqslant \omega \beta_l f_{cc} A_l \tag{D.5.1-1}$$

2.局部受压面上尚有非局部荷载作用

$$F_l \leqslant \omega \beta_l (f_{cc} - \sigma) A_l \tag{D.5.1-2}$$

式中　F_l ——局部受压面上作用的局部荷载或局部压力设计值；

A_l ——局部受压面积；

ω ——荷载分布的影响系数：当局部受压面上的荷载为均匀分布时，取 $\omega=1$；当局部荷载为非均匀分布时(如梁、过梁等的端部支承面)，取 $\omega=0.75$；

σ ——非局部荷载设计值产生的混凝土压应力；

β_l ——混凝土局部受压时的强度提高系数，按本规范公式(6.6.1-2)计算。

附录 E 任意截面、圆形及环形构件正截面承载力计算

E.0.1 任意截面钢筋混凝土和预应力混凝土构件，其正截面承载力可按下列方法计算。

(1)将截面划分为有限多个混凝土单元、纵向钢筋单元和预应力筋单元(见图 E.0.1a)，并近似取单元内应变和应力为均匀分布，其合力点在单元重心处；

(2)各单元的应变按本规范第 6.2.1 条的截面应变保持平面的假定由下列公式确定(图 E.0.1(b))：

$$\varepsilon_{ci}=\varphi_u[(x_{ci}\sin\theta+y_{ci}\cos\theta)-r] \quad (E.0.1-1)$$

$$\varepsilon_{sj}=-\varphi_u[(x_{sj}\sin\theta+y_{sj}\cos\theta)-r] \quad (E.0.1-2)$$

$$\varepsilon_{pk}=-\varphi_u[(x_{pk}\sin\theta+y_{pk}\cos\theta)-r]+\varepsilon_{p0k} \quad (E.0.1-3)$$

(3)截面达到承载能力极限状态时的极限曲率 φ_u 应按下列两种情况确定：

1)当截面受压区外边缘的混凝土压应变 ε_c 达到混凝土极限压应变 ε_{cu} 且受拉区最外排钢筋的应变 ε_{s1} 小于 0.01 时，应按下列公式计算：

$$\varphi_u=\frac{\varepsilon_{cu}}{x_n} \quad (E.0.1-4)$$

2)当截面受拉区最外排钢筋的应变 ε_{s1} 达到 0.01 且受压区外边缘的混凝土压应变 ε_c 小于混凝土极限压应变 ε_{cu} 时，应按下列公式计算：

$$\varphi_u=\frac{0.01}{h_{01}-x_n} \quad (E.0.1-5)$$

(4)混凝土单元的压应力和普通钢筋单元、预应力筋单元的应力应按本规范第 6.2.1 条的基本假定确定。

(5)构件正截面承载力应按下列公式计算(见图 E.0.1)：

$$N\leqslant\sum_{i=1}^{l}\sigma_{ci}A_{ci}-\sum_{j=1}^{m}\sigma_{sj}A_{sj}-\sum_{k=1}^{n}\sigma_{pk}A_{pk} \quad (E.0.1-6)$$

$$M_x\leqslant\sum_{i=1}^{l}\sigma_{ci}A_{ci}x_{ci}-\sum_{j=1}^{m}\sigma_{sj}A_{sj}x_{sj}-\sum_{k=1}^{n}\sigma_{pk}A_{pk}x_{pk} \quad (E.0.1-7)$$

$$M_y\leqslant\sum_{i=1}^{l}\sigma_{ci}A_{ci}y_{ci}-\sum_{j=1}^{m}\sigma_{sj}A_{sj}y_{sj}-\sum_{k=1}^{n}\sigma_{pk}A_{pk}y_{pk} \quad (E.0.1-8)$$

式中 N ——轴向力设计值，当为压力时取正值，当为拉力时取负值；

M_x，M_y ——偏心受力构件截面 x 轴、y 轴方向的弯矩设计值：当为偏心受压时，应考虑附加偏心距引起的附加弯矩；轴向压力作用在 x 轴的上侧时 M_y 取正值，轴向压力作用在 y 轴的右侧时 M_x 取正值；当为偏心受拉时，不考虑附加偏心的影响；

ε_{ci}，σ_{ci} ——分别为第 i 个混凝土单元的应变、应力，受压时取正值，受拉时取应力 $\sigma_{ci}=0$；序号 i 为 1,2,…,l，此处，l 为混凝土单元数；

A_{ci} ——第 i 个混凝土单元面积；

x_{ci} 、y_{ci} ——分别为第 i 个混凝土单元重心到 y 轴、x 轴的距离，x_{ci} 在 y 轴右侧及 y_{ci} 在 x 轴上侧时取正值；

ε_{sj} ，σ_{sj} ——分别为第 j 个普通钢筋单元的应变、应力，受拉时取正值，应力 σ_{sj} 应满足本规范公式(6.2.1－6)的条件；序号 j 为 1，2，…，m，此处，m 为钢筋单元数；

A_{sj} ——第 j 个普通钢筋单元面积；

x_{sj} 、y_{sj} ——分别为第 j 个普通钢筋单元重心到 y 轴、x 轴的距离，x_{sj} 在 y 轴右侧及 y_{sj} 在 z 轴上侧时取正值；

ε_{pk}，σ_{pk} ——分别为第是个预应力筋单元的应变、应力，受拉时取正值，应力 σ_{pk} 应满足本规范公式(6.2.1－7)的条件，序号是为 1，2，…，n，此处，n 为预应力筋单元数；

ε_{p0k} ——第 k 个预应力筋单元在该单元重心处混凝土法向应力等于零时的应变，其值取 σ_{p0k} 除以预应力筋的弹性模量，当受拉时取正值；σ_{p0k} 按本规范公式(10.1.6－3) 或公式(10.1.6－6) 计算；

A_{pk} ——第 k 个预应力筋单元面积；

x_{pk}，y_{pk} ——分别为第 h 个预应力筋单元重心到 y 轴、x 轴的距离，x_{pk} 在 y 轴右侧及 y_{pk} 在 x 轴上侧时取正值；

x，y ——一分别为以截面重心为原点的直角坐标系的两个坐标轴；

r ——截面重心至中和轴的距离；

h_{01} ——截面受压区外边缘至受拉区最外排普通钢筋之间垂直于中和轴的距离；

θ —— x 轴与中和轴的夹角，顺时针方向取正值；

x_n ——中和轴至受压区最外侧边缘的距离。

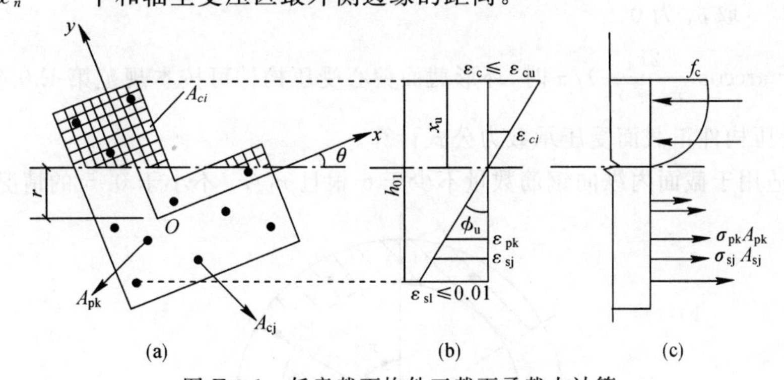

图 E.0.1　任意截面构件正截面承载力计算

(a)截面、配筋及其单元划分；(b) 应变分布；(c) 应力分布

E.0.2　环形和圆形截面受弯构件的正截面受弯承载力，应按本规范第 E.0.3 条和第 E.0.4 条的规定计算。但在计算时，应在式(E.0.3－1) 、式(E.0.3－3) 和式(E.0.4－1) 中取等号，并取轴向力设计值 $N=0$；同时，应将式(E.0.3－2)、式(E.0.3－4)和式(E.0.4－2) 中 Ne_i 以弯矩设计值 M 代替。

E.0.3　沿周边均匀配置纵向钢筋的环形截面偏心受压构件(见图 E.0.2)，其正截面受压承载力宜符合下列规定。

1.钢筋混凝土构件

$$N \leqslant \alpha\alpha_1 f_c A + (\alpha - \alpha_t) f_y A_s \tag{E.0.3-1}$$

$$Ne_i \leqslant \alpha_1 f_c A(r_1 + r_2) \frac{\sin\pi\alpha}{2\pi} + f_y A_s r_s \frac{(\sin\pi\alpha + \sin\pi\alpha_t)}{\pi} \tag{E.0.3-2}$$

2.预应力混凝土构件

$$N \leqslant \alpha\alpha_1 f_c A - \sigma_{p0} A_p + \alpha f'_{py} A_p - \alpha_t (f_{py} - \sigma_{p0}) A_p \tag{E.0.3-3}$$

$$Ne_i \leqslant \alpha_1 f_c A(r_1 + r_2) \frac{\sin\pi\alpha}{2\pi} + f'_{py} A_p r_p \frac{\sin\pi\alpha}{\pi} + (f_{py} - \sigma_{p0}) A_p r_p \frac{\sin\pi\alpha_1}{\pi} \tag{E.0.3-4}$$

在上述各公式中的系数和偏心距,应按下列公式计算:

$$\alpha_t = 1 - 1.5\alpha \tag{E.0.3-5}$$

$$e_i = e_0 + e_a \tag{E.0.3-6}$$

式中 A——环形截面面积;

A_s——全部纵向普通钢筋的截面面积;

A_p——全部纵向预应力筋的截面面积;

r_1,r_2——环形截面的内、外半径;

r_s——纵向普通钢筋重心所在圆周的半径;

r_p——纵向预应力筋重心所在圆周的半径;

e_0——轴向压力对截面重心的偏心距;

e_a——附加偏心距,按本规范第 6.2.5 条确定;

α——受压区混凝土截面面积与全截面面积的比值;

α_t——纵向受拉钢筋截面面积与全部纵向钢筋截面面积的比值,当 α 大于 2/3 时,取 α_t 为 0。

当 α 小于 $\arccos(\frac{2r_1}{r_1 + r_2})/\pi$ 时,环形截面偏心受压构件可按本规范第 E.0.4 条规定的圆形截面偏心受压构件正截面受压承载力公式计算。

注:本条适用于截面内纵向钢筋数量不少于 6 根且 r_1/r_2 不小于 0.5 的情况。

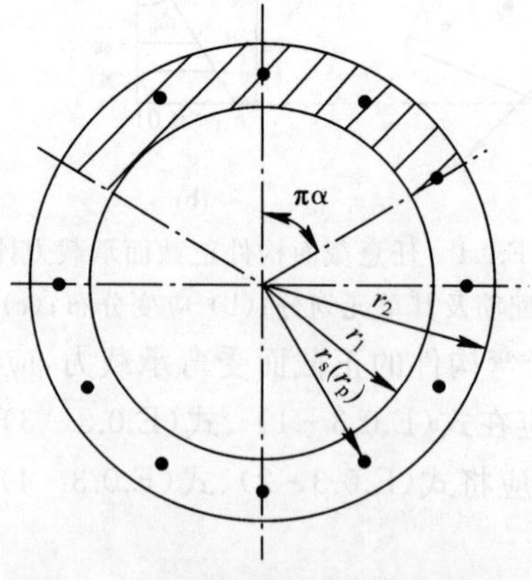

图 E.0.2 沿周边均匀配筋的环形截面

E.0.4 沿周边均匀配置纵向普通钢筋的圆形截面钢筋混凝土偏心受压构件(见图 E.0.3),其正截面受压承载力宜符合下列规定:

$$N \leqslant \alpha\alpha_1 f_c A\left(1-\frac{\sin 2\pi\alpha}{2\pi\alpha}\right)+(\alpha-\alpha_t) f_y A_s \quad (E.0.4-1)$$

$$Ne_i \leqslant \frac{2}{3}\alpha_1 f_c Ar\frac{\sin^3 \pi\alpha}{\pi} f_y A_s r_s \frac{(\sin\pi\alpha+\sin\pi\alpha_t)}{\pi} \quad (E.0.4-2)$$

$$\alpha_t = 1.25-2\alpha \quad (E.0.4-3)$$

$$e_i = e_0 + e_a \quad (E.0.4-4)$$

式中　A ——圆形截面面积；

A_s ——全部纵向普通钢筋的截面面积；

r ——圆形截面的半径；

r_s ——纵向普通钢筋重心所在圆周的半径；

e_0——轴向压力对截面重心的偏心距；

e_a ——附加偏心距，按本规范第 6.2.5 条确定；

α ——对应于受压区混凝土截面面积的圆心角(rad)与 2π 的比值；

α_t ——纵向受拉普通钢筋截面面积与全部纵向普通钢筋截面面积的比值，当 α 大于 0.625时，取 α_t 为 0。

注：本条适用于截面内纵向普通钢筋数量不少于 6 根的情况。

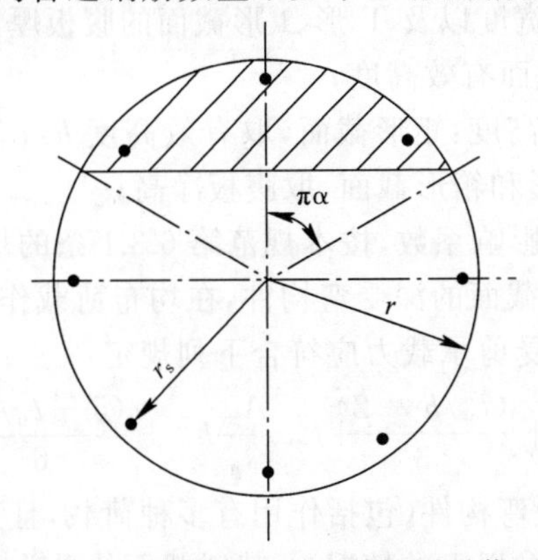

图 E.0.3　沿周边均匀配筋的圆形截面

E.0.5　沿周边均匀配置纵向钢筋的环形和圆形截面偏心受拉构件，其正截面受拉承载力应符合本规范公式(6.2.25－1)的规定，式中的正截面受弯承载力设计值 M_u 可按本规范第E.0.2条的规定进行计算，但应取等号，并以 M_u 代替 Ne_i。

附录 F　深受弯构件

F.0.1　简支钢筋混凝土单跨深梁可采用由一般方法计算的内力进行截面设计；钢筋混凝土多跨连续深梁应采用由二维弹性分析求得的内力进行截面设计。

F.0.2　钢筋混凝土深受弯构件的正截面受弯承载力应符合下列规定：

$$M \leqslant f_y A_s z \quad (F.0.2-1)$$

$$z = \alpha_d (h_0 - 0.5x) \quad (F.0.2-2)$$

$$\alpha_d = 0.80 + 0.04\frac{l_0}{h} \quad (F.0.2-3)$$

当 $l_0 < h$ 时，取内力臂 $z=0.6l_0$。

式中　x ——截面受压区高度，按本规范第 6.2 节计算；当 $x < 0.2h_0$ 时，取 $x=0.2h_0$。

h_0——截面有效高度：$h_0=h-a_s$，其中 h 为截面高度；当 $l_0/h \leqslant 2$ 时，跨中截面 a_s 取 $0.1h$，支座截面 a_s 取 $0.2h$；当 $l_0/h > 2$ 时，a_s 按受拉区纵向钢筋截面重心至受拉边缘的实际距离取用。

F.0.3　钢筋混凝土深受弯构件的受剪截面应符合下列条件：

当 h_w/b 不大于 4 时：

$$V \leqslant \frac{1}{60}(10+l_0/h)\beta_c f_c bh_0 \tag{F.0.3-1}$$

当 h_w/b 不小于 6 时：

$$V \leqslant \frac{1}{60}(7+l_0/h)\beta_c f_c bh_0 \tag{F.0.3-2}$$

当 h_w/b 大于 4 且小于 6 时，按线性内插法取用。

式中　V ——剪力设计值；

l_0——计算跨度，当 l_0 小于 $2h$ 时，取 $2h$；

b ——矩形截面的宽度以及 T 形、I 形截面的腹板厚度；

h，h_0——截面高度、截面有效高度；

h_w ——截面的腹板高度：矩形截面，取有效高度 h_0；T 形截面，取有效高度减去翼缘高度；I 形和箱形截面，取腹板净高；

β_c ——混凝土强度影响系数，按本规范第 6.3.1 条的规定取用。

F.0.4　矩形、T 形和 I 形截面的深受弯构件，在均布荷载作用下，当配有竖向分布钢筋和水平分布钢筋时，其斜截面的受剪承载力应符合下列规定：

$$V \leqslant 0.7\frac{(8-l_0/h)}{3}f_t bh_0+\frac{(l_0/h-2)}{3}f_{yv}\frac{A_{sv}}{s_h}h_0+\frac{(5-l_0/h)}{6}f_{yh}\frac{A_{sh}}{s_v}h_0 \tag{F.0.4-1}$$

对集中荷载作用下的深受弯构件（包括作用有多种荷载，且其中集中荷载对支座截面所产生的剪力值占总剪力值的 75% 以上的情况），其斜截面的受剪承载力应符合下列规定：

$$V \leqslant \frac{1.75}{\lambda+1}f_t bh_0+\frac{(l_0/h-2)}{3}f_{yv}\frac{A_{sv}}{s_h}h_0+\frac{(5-l_0/h)}{6}f_{yh}\frac{A_{sh}}{s_v}h_0 \tag{F.0.4-2}$$

式中　λ ——计算剪跨比：当 l_0/h 不大于 2.0 时，取 $\lambda=0.25$；当 l_0/h 大于 2 且小于 5 时，取 $\lambda=a/h_0$，其中，a 为集中荷载到深受弯构件支座的水平距离；λ 的上限值为 $(0.92l_0/h-1.58)$，下限值为 $(0.42l_0/h-0.58)$；

l_0/h ——跨高比，当 l_0/h 小于 2 时，取 2.0。

F.0.5　一般要求不出现斜裂缝的钢筋混凝土深梁，应符合下列条件：

$$V_k \leqslant 0.5f_{tk}bh_0 \tag{F.0.5}$$

式中，V_k 为按荷载效应的标准组合计算的剪力值。

此时可不进行斜截面受剪承载力计算，但应按本规范第 F.0.10 条、第 F.0.12 条的规定配置分布钢筋。

F.0.6 钢筋混凝土深梁在承受支座反力的作用部位以及集中荷载作用部位，应按本规范第 6.6 节的规定进行局部受压承载力计算。

F.0.7　深梁的截面宽度不应小于 140 mm。当 l_0/h 不小于 1 时，l_0/b 不宜大于 25；当

l_0/h 小于 1 时，l_0/b 不宜大于 25，深梁的混凝土强度等级不应低于 C20。当深梁支承在钢筋混凝土柱上时，宜将柱伸至深梁顶。深梁顶部应与楼板等水平构件可靠连接。

F.0.8　钢筋混凝土深梁的纵向受拉钢筋宜采用较小的直径，且宜按下列规定布置：

(1)单跨深梁和连续深梁的下部纵向钢筋宜均匀布置在梁下边缘以上 0.2 h 的范围内(见图 F.0.1－1 及图 F.0.1－2)。

(2)连续深梁中间支座截面的纵向受拉钢筋宜按图 F.0.1－3 规定的高度范围和配筋比例均匀布置在相应高度范围内。对于 l_0/h 小于 1 的连续深梁，在中间支囱底面以上 $0.2l_0$ ～ 0.$6l_0$ 高度范围内的纵向受拉钢筋配筋率尚不宜小于 0.5％ 。水平分布钢筋可用作支座部位的上部纵向受拉钢筋，不足部分可由附加水平钢筋补足，附加水平钢筋自支座向跨中延伸的长度不宜小于 $0.4l_0$(见图 F.0.1－2)。

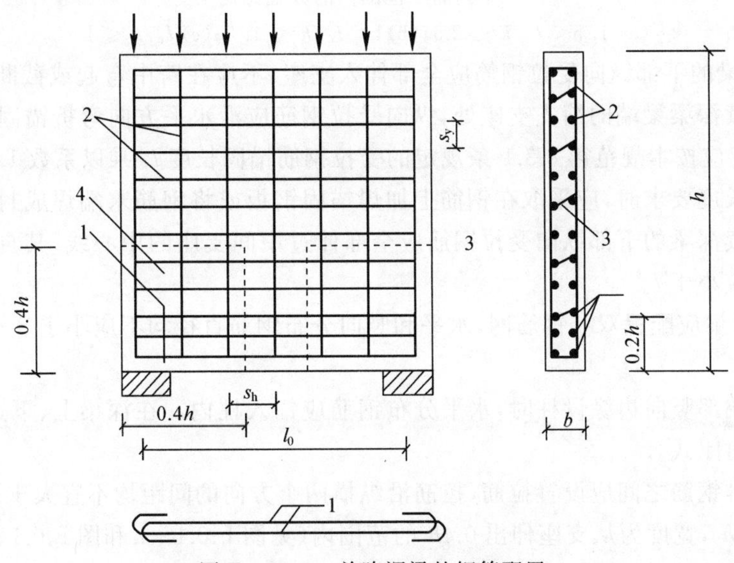

图 F.0.1－1　单跨深梁的钢筋配置

1 —下部纵向受拉钢筋及弯折锚固；2 —水平及竖向分布钢筋；

3 —拉筋；4 —拉筋加密区

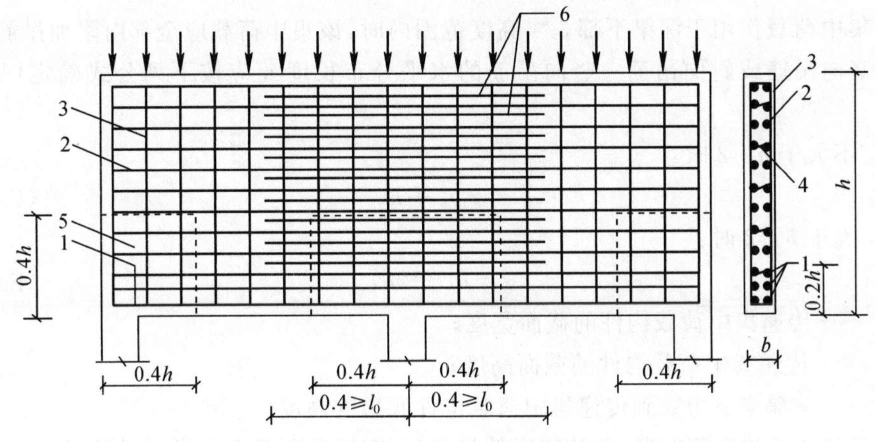

图 F.0.1－2　连续深梁的钢筋配置

1 —下部纵向受拉钢筋；2 —水平分布钢筋；3 —竖向分布钢筋；

4 —拉筋；5 —拉筋加密区；6 —支座截面上部的附加水平钢筋

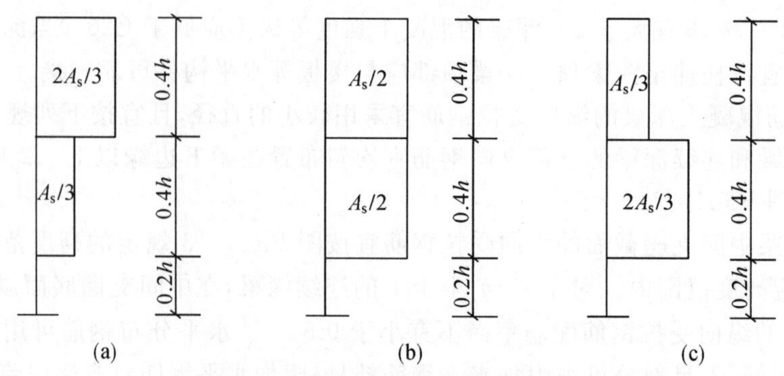

图 F.0.1－3　连续深梁中间支座截面纵向受拉钢筋在不同高度范围内的分配比例

(a) $1.5 < l_0/h \leqslant 2.5$；(b) $1 < l_0/h \leqslant 1.5$；(c) $l_0/h \leqslant 1$

F.0.9　深梁的下部纵向受拉钢筋应全部伸入支座，不应在跨中弯起或截断。在简支单跨深梁支座及连续深梁梁端的简支支座处，纵向受拉钢筋应沿水平方向弯折锚固(见图 F.0.8－1)，其锚固长度应按本规范第 8.3.1 条规定的受拉钢筋锚固长度 l_a 乘以系数 1.1 采用；当不能满足上述锚固长度要求时，应采取在钢筋上加焊锚固钢板或将钢筋末端焊成封闭式等有效的锚固措施。连续深梁的下部纵向受拉钢筋应全部伸过中间支座的中心线，其自支座边缘算起的锚固长度不应小于 l_a。

F.0.10　深梁应配置双排钢筋网，水平和竖向分布钢筋直径均不应小于 8 mm，间距不应大于 200 mm。

当沿深梁端部竖向边缘设柱时，水平分布钢筋应锚入柱内。在深梁上、下边缘处，竖向分布钢筋宜做成封闭式。

在深梁双排钢筋之间应设置拉筋，拉筋沿纵横两个方向的间距均不宜大于 600 mm，在支座区高度为 $0.4h$，宽度为从支座伸出 $0.4h$ 的范围内(见图 F.0.1－1 和图 F.0.1－2 中的虚线部分)，尚应适当增加拉筋的数量。

F.0.11　当深梁全跨沿下边缘作用有均布荷载时，应沿梁全跨均匀布置附加竖向吊筋，吊筋间距不宜大于 200 mm。

当有集中荷载作用于深梁下部 3/4 高度范围内时，该集中荷载应全部由附加吊筋承受，吊筋应采用竖向吊筋或斜向吊筋。竖向吊筋的水平分布长度 s 应按下列公式确定(见图 F.0.2a)：

当 h_1 不大于 $h_b/2$ 时：

$$s = b_b + h_b \tag{F.0.11-1}$$

当 h_1 大于 $h_b/2$ 时：

$$s = b_b + 2h_1 \tag{F.0.11-2}$$

式中　b_b——传递集中荷载构件的截面宽度；

h_b——传递集中荷载构件的截面高度；

h_1——从深梁下边缘到传递集中荷载构件底边的高度。

竖向吊筋应沿梁两侧布置，并从梁底伸到梁顶，在梁顶和梁底应做成封闭式。

附加吊筋总截面面积 A_{sv} 应按本规范第 9.2 节进行计算，但吊筋的设计强度 f_{yv} 应乘以承载力计算附加系数 0.8。

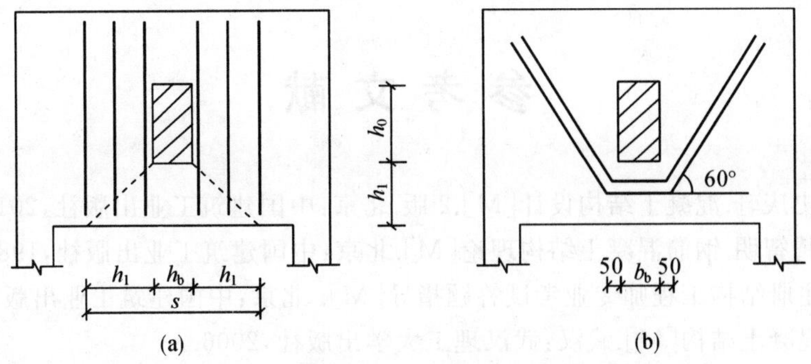

图 F.0.2　深梁承受集中荷载作用时的附加吊筋(单位:mm)

(a) 竖向吊筋;(b) 斜向吊筋

F.0.12　深梁的纵向受拉钢筋配筋率 $\rho\left(\rho=\dfrac{A_s}{bh}\right)$、水平分布钢筋配筋率 ρ_{sh}($\rho_{sh}=\dfrac{A_{sh}}{bs_v}$,$s_v$ 为水平分布钢筋的间距)和竖向分布钢筋配筋率 ρ_{sh}($\rho_{sh}=\dfrac{A_{sv}}{bs_h}$,$s_h$ 为竖向分布钢筋的间距)不宜小于表 F.0.2 规定的数值。

表 F.0.2　深梁中钢筋的最小配筋百分率(%)

钢筋种类	纵向受拉钢筋	水平分布钢筋	竖向分布钢筋
HPB300	0.25	0.25	0.20
HRB400,HRBF400,RRB400,HRB335,HRBF335	0.20	0.20	0.15
HRB500,HRBF500	0.15	0.15	0.10

注:当集中荷载作用于连续深梁上部 1/4 高度范围内且 l_0/h 大于 1.5 时,竖向分布钢筋最小配筋百分率应增加 0.05 。

F.0.13　除深梁以外的深受弯构件,其纵向受力钢筋、箍筋及纵向构造钢筋的构造规定与一般梁相同,但其截面下部 1/2 高度范围内和中间支座上部 1/2 高度范围内布置的纵向构造钢筋宜较一般梁适当加强。

参考文献

[1] 梁兴文,史庆轩.混凝土结构设计[M].2 版.北京:中国建筑工业出版社,2011.
[2] 王传志,腾智明.钢筋混凝土结构理论[M].北京:中国建筑工业出版社,1985.
[3] 施岚青.注册结构工程师专业考试答题指导[M]. 北京:中国建筑工业出版社,2012.
[4] 侯治国.混凝土结构[M].武汉:武汉理工大学出版社,2006.
[5] 国振喜.简明钢筋混凝土结构计算手册[M].北京:机械工业出版社,2012.